生态农业丛书

生态农田实践与展望

蒋高明　郭立月　著

科学出版社
龍門書局
北京

内 容 简 介

本书针对现代农业面临的生态环境与健康问题，提出了生态农田的基本概念、边界及特点，介绍了其中的生态学原理与应用技术。从养分、水分、病虫害、杂草等管理的角度提出了生态农田的管理技术和综合增产技术，并结合具体应用案例探讨了生态农田的经济效益、生态效益和社会效益。最后，以弘毅生态农场为例，介绍了生态农田的经营模式、发展策略及推广前景。

本书可供农业相关的政府工作人员、科研院所研究人员和高等院校师生参考使用。

图书在版编目(CIP)数据

生态农田实践与展望/蒋高明，郭立月著. —北京：龙门书局，2024.1

（生态农业丛书）

国家出版基金项目

ISBN 978-7-5088-6372-6

Ⅰ. ①生… Ⅱ. ①蒋… ②郭… Ⅲ. ①农田-农业生态系统-研究-中国 Ⅳ. ①S181.6

中国国家版本馆 CIP 数据核字（2023）第 247236 号

责任编辑：吴卓晶 / 责任校对：王万红
责任印制：肖 兴 / 封面设计：东方人华平面设计部

科学出版社
龍門書局 出版
北京东黄城根北街 16 号
邮政编码：100717
http://www.sciencep.com

北京中科印刷有限公司 印刷
科学出版社发行 各地新华书店经销
*
2024 年 1 月第 一 版 开本：720×1000 1/16
2024 年 1 月第一次印刷 印张：12 1/2
字数：250 000

定价：139.00 元

（如有印装质量问题，我社负责调换）
销售部电话 010-62136230 编辑部电话 010-62143239（BN12）

生态农业丛书 序言

世界农业经历了从原始的刀耕火种、自给自足的个体农业到常规的现代化农业，人们通过科学技术的进步和土地利用的集约化，在农业上取得了巨大成就，但建立在消耗大量资源和石油基础上的现代工业化农业也带来了一些严重的弊端，并引发一系列全球性问题，包括土地减少、化肥农药过量使用、荒漠化在干旱与半干旱地区的发展、环境污染、生物多样性丧失等。然而，粮食的保证、食物安全和农村贫困仍然困扰着世界上的许多国家。造成这些问题的原因是多样的，其中农业的发展方向与道路成为人们思索与考虑的焦点。因此，在不降低产量前提下螺旋上升式发展生态农业，已经迫在眉睫。低碳、绿色科技加持的现代生态农业，可以缓解生态危机、改善环境的生态系统、更高质量地促进乡村振兴。

现代生态农业要求把发展粮食与多种经济作物生产、发展农业与第二三产业结合起来，利用传统农业的精华和现代科技成果，通过人工干预自然生态，实现发展与环境协调、资源利用与资源保护兼顾，形成生态与经济两个良性循环，实现经济效益、生态效益和社会效益的统一。随着中国城市化进程的加速与线上网络、线下道路的快速发展，生态农业的概念和空间进一步深化。值此经济高速发展、技术手段层出不穷的时代，出版具有战略性、指导性的生态农业丛书，不仅符合当前政策，而且利国利民。为此，我们组织了本套生态农业丛书。

为了更好地明确本套丛书的撰写思路，于 2018 年 10 月召开编委会第一次会议，厘清生态农业的内涵和外延，确定丛书框架和分册组成，明确了编写要求等。2019 年 1 月召开了编委会第二次会议，进一步确定了丛书的定位；重申了丛书的内容安排比例；提出丛书的目标是总结中国近 20 年来的生态农业研究与实践，促进中国生态农业的落地实施；给出样章及版式建议；规定丛书编写时间节点、进度要求、质量保障和控制措施。

生态农业丛书共 13 个分册，具体如下：《现代生态农业研究与展望》《生态农田实践与展望》《生态林业工程研究与展望》《中药生态农业研究与展望》《生态茶业研究与展望》《草地农业的理论与实践》《生态养殖研究与展望》《生态菌物研究与展望》《资源昆虫生态利用与展望》《土壤生态研究与展望》《食品生态加工研究与展望》《农林生物质废弃物生态利用研究与展望》《农业循环经济的理论与实践》。13 个分册涉及总论、农田、林业、中药、茶业、草业、养殖业、菌物、昆虫利用、土壤保护、食品加工、农林废弃物利用和农业循环经济，系统阐释了生态农业的理论研究进展、生产实践模式，并对未来发展进行了展望。

本套丛书从前期策划、编委会会议召开、组织编写到最后出版，历经近 4 年的时间。从提纲确定到最后的定稿，自始至终都得到了李文华院士、沈国舫院士和刘旭院士等编委会专家的精心指导；各位参编人员在丛书的撰写中花费了大量的时间和精力；朱有勇院士和骆世明教授为本套丛书写了专家推荐意见书，在此一并表示感谢！同时，感谢国家出版基金项目（项目编号：2022S-021）对本套丛书的资助。

我国乃至全球的生态农业均处在发展过程中，许多问题有待深入探索。尤其是在新的形势下，丛书关注的一些研究领域可能有了新的发展，也可能有新的、好的生态农业的理论与实践没有收录进来。同时，由于丛书涉及领域较广，学科交叉较多，丛书的编写及统稿历经近 4 年的时间，疏漏之处在所难免，恳请读者给予批评和指正。

生态农业丛书编委会

2022 年 7 月

前言

农田最早出现在《礼记·王制》，“制：农田百亩。”农田是农业生产的特殊用地，即耕种的田地，是从自然生态系统改造来的。在地理学上，农田是指可以用来种植农作物的土地。根据一定时期人口和国民经济发展对农产品的基本需求，以及对建设用地的预测，所确定的在土地利用总体规划期内，未经国务院批准不得占用的耕地为基本农田。农田是从战略高度出发确保的耕地最低需求量，是“吃饭田”和“保命田”。

无论从学术上还是国家战略高度上，农田的概念都是十分清楚的，为什么还要提生态农田呢？这是从环境、健康与农业技术保护角度出发而考虑的。从环境保护角度来看，目前的农田是充满“杀机”的，盲目使用各种农药、化肥、除草剂、激素、地膜，使耕地越来越不健康，造成严重的农田面源污染，以及生物多样性，尤其栽培种类下降等问题；从健康角度来看，食物链污染导致各种重大疾病发生，医院人满为患与食物污染有很大的关系；从农业技术保护角度来看，由于谷贱伤农，农民纷纷进城打工，农业不被人看好，农田撂荒严重，农产品只有提高附加值才能吸引“农二代”、大学生二代从事农业。

要解决上述 3 个角度问题，生态农田应运而生。生态农田是以生产优质安全食物为主的农田，其管理技术不同于普通农田，投入物也与普通农田不同，如要求不能使用农药、除草剂、激素、地膜，尽量不使用化肥。这样，生态农田生产出来的食物才具有市场竞争力，农民收入才能大幅提高，农业技艺才有人传承。

生态农田如何管理？这是本书要介绍的重要内容，其基本思路是：对于害虫，用生态的办法，尽量不用化学物质对抗乃至灭杀，恢复生态平衡；对于杂草，采取机械＋人工办法，从源头控制杂草种源，而不用除草剂等危害土地与食物安全的化学方法，或将杂草资源化处理；对于病害，尽量创造无病害的生态环境，利用有益菌抑制有害菌，对于严重的病害，用中草药替代化学农药防治；对于土壤养分，采取自然界中所有的光合产物及其衍生物替代化肥，恢复并持续提高土壤地力，增加土壤碳库与氮库。

上述是根据生态理论改造农田，并提升农田生产力，尤其是经济产出的基本设想，在实践中能否实现？这还需要用数据说话，需要农民说好，需要市场认可。

为此，本团队进行了十几年的生态农业实践。该实践证明了生态农业的理论是科学的，即完全不用农药化肥，在生态农田里能够生产出足够的主粮，并且能使低产田变成高产稳产田。目前我们在全国大力宣传本团队的科研成果，已在全国累计推广了 55 万亩（1 亩≈666.7 平方米）。本团队的科研成果表明，利用 6 亿亩耕地就能够生产出 6 亿多吨粮食，且不出现土地退化、环境污染和食物污染等问题。

其实，过去本团队的生态农业实践不仅限于农田，对于果园、菜园、中草药园、草原等也进行了科学试验。由于其他分册都有专家专门撰写，本书没有涉及生态农田之外的内容，仅在害虫资源化利用部分，可能与本套丛书其他分册有重叠。但为了保留生态农田管理系统的完整性，本书保留了该部分。

按照生态农业丛书编委会的要求，对于理论部分本团队参考了学者的专著或论文，部分进行了创新；对于实践，尽量采用本团队试验的案例和数据，部分参考国内外成功案例。此外，本书还强调了农产品加工与销售，这对于生态农田非常重要。其实，目前农业的主要矛盾不是生产不出来，而是如何在优于市场价的基础上，提高农产品附加值，进而提高种田人的积极性问题。

感谢中国科学院植物研究所助理研究员李彩虹博士、工程师吴光磊博士；博士研究生岑宇、谷仙、崔晓辉、王岚；硕士研究生宋彦洁、原寒、徐子雯、秦天羽、吴志远、张易成、周改芳等，他们为本书查找了部分资料，并完善有关章节内容；感谢为本书提供案例的全国生态农场基地的有关人员，尤其本书推广的弘毅生态农场农业模式的负责人。没有他们的大力支持，本书是完不成的。

“仁者见仁，智者见智”。生态农田是一个新生事物，对于生态农田的学科框架、科学原理与应用技术，不同的专家有不同的理解。尽管本书观点是作者团队长期实践、观察与思考的结晶，但由于作者水平有限，本书难免存在不足之处，敬请广大读者批评指正。

蒋高明　郭立月

2023 年 1 月 6 日

目　录

第1章 绪论

1.1 第一次绿色革命及其问题

1.1.1 背景

自人类从类人猿中分离开来，进化动力促使人类向更文明的目标发展。生存是第一要务，吃饭问题在奴隶社会及整个封建社会都没有得到很好地解决，就更不用说原始社会了。直到工业革命以后，部分发达国家才借助现代科学技术，将粮食生产者从繁重的体力劳动中解放出来，大量食物商品进入市场，出现了国与国之间的食物贸易。引发这场农业革命的就是第一次绿色革命。下面简要回顾这段历史及其带来的农业结构变化和生态环境变化。

农业绿色革命是指农业中通过培育高产品种，使用灌溉机械、化肥、农药，应用科技手段促进粮食增产。20 世纪 50 年代以来，人类开展了水稻等作物由高秆变矮秆，并辅助农药、化肥、农业机械等的第一次绿色革命。这场革命解决了19 个发展中国家粮食自给自足的问题。但是，其间全球人口同步激增，环境污染加剧（Pingali，2012）。20 世纪 60 年代末期，印度率先开始了依靠先进技术，提高粮食产量的第一次绿色革命试验，使粮食总产量得到了大幅提高。随后，从西部的巴基斯坦到东部的朝鲜等国家，以及延伸于斯里兰卡和日本之间数千英里（1 英里＝1.609 344 公里）的一系列岛屿国家纷纷效仿印度，使用化肥、农药等提高粮食产量。

发达国家（如美国、欧洲各国、澳大利亚）紧跟着也开展利用“矮化基因”，培育和推广以矮秆、耐肥、抗倒伏的高产水稻、小麦、玉米等新品种为主要内容的农业技术革新。小麦、水稻等作物，矮化以后秸秆中的光合产物转化到籽粒中，地上部可收获的部分越多意味着越高产。另外，矮化以后，作物耐倒伏，也方便机械化操作。绿色革命从亚洲发起，在发达国家进行了验证，并取得了较大进展。如今，世界粮食市场的很大份额来自美国和加拿大等发达国家，尤以美国为主。

这场来自农业领域的改革对人类历史产生的影响十分深远，不亚于 18 世纪蒸汽机在欧洲所引起的产业革命。但是，以农药、化肥、品种改良为主进行的第一次绿色革命，从具体做法来看，尤其是化肥、农药的大量使用，显然与绿色环保不搭界。

几乎与第一次绿色革命同时，我国科学家袁隆平等在研发三系杂交水稻。三系杂交水稻是水稻育种和推广的一个巨大成就，三系的内容如下。①雄性不育系：雌蕊发育正常，而雄蕊发育退化或败育，不能自花授粉结实。②保持系：雌雄蕊发育正常，将其花粉授予雄性不育系的雌蕊，不但可结成种子，而且播种后仍可获得雄性不育植株。③恢复系：其花粉授予不育系的雌蕊，所产生的种子播种后，长成的植株又恢复了可育性。三系杂交水稻的研发至今仍然对全球粮食增产的贡献很大。我国是在 20 世纪 70 年代末 80 年代初引入化肥、农药，比国外晚。1974 年前后，山东农村开始建氨水池；1980 年前后，我国从日本引进了尿素。第一次绿色革命成果的应用，对中国农业的生态环境造成巨大的影响。第一次工业革命，再加上第一次绿色革命，最终引起了全球变暖、雾霾、农田污染、食物污染等严重的生态环境与社会问题。

1.1.2 第一次绿色革命并非“绿色”

当今世界有很多环境、社会、经济乃至军事冲突问题与农业密不可分。全球变暖、环境恶化、生物多样性减少、人类健康质量下降及人类繁殖力降低，与传统农业模式变为化学农业模式有很大的关系（Reganold and Wachter，2016），如现代农田就是温室气体的一个重要来源。2001～2010 年，全球林地、农业用地等土地利用格局变化产生的温室气体量占全球温室气体排放量的 21%，其中单纯农田的温室气体排放量占 11%（FAO，2014），而适宜耕种的土地面积占地球陆地覆盖面积的比例不足 10%（UNEP，2014）。农田温室气体排放比例如此之高，主要是现代农业依赖石化能源输入，使用化肥、农药和地膜等化学物质，释放了大量温室气体（FAO，2011），造成大气中的二氧化碳浓度升高。目前大气中的二氧化碳浓度已达到 421 毫克/千克，为近 80 万年来最高浓度（刘霞，2022）。

现代农业造成的环境问题非常严重。例如，过量施用化肥，尤其是氮肥，导致土壤酸化严重，1981～2007 年，我国化肥使用量从 1 334.9 万吨增加到 5 107.8 万吨，其中氮肥施用量增加了 191%，1980～2000 年，土壤 pH 下降了 0.13～0.8（Guo et al.，2010）。过量使用化肥，还会导致土壤板结、耕地质量下降、生产力降低、土壤侵蚀、土壤有机质流失等（Pimentel et al.，1995）。

在现代农业模式下，全球每年约 460 万吨化学农药喷洒到环境中，其中 99% 释放到土壤、水体和大气中（Pimentel et al.，1995；Zhang et al.，2011）。研究者甚至在格陵兰冰盖和南极企鹅体内检测到农药残留（Geisz et al.，2008），在我国西藏南迦巴瓦峰顶海拔 4 250 米的雪中也检测到有机氯农药（Shan，1997）。研究发现，美国在 2004 年解决农药使用造成的环境和健康问题需要花费 120 亿美元（Pimentel，2005）。

现代农业使用塑料薄膜产生了大量覆盖物残留，污染了农田环境，造成“白色污染”和作物减产（Liu et al.，2014）。从现有统计资料中提取我国 2015 年各省农用塑料薄膜（农膜）使用量（图 1-1A）、地膜使用量（图 1-1B）和 1993～2015 年地膜累计使用量（图 1-1C）发现，2015 年我国农膜使用总量为 260.3 万吨，地膜使用总量为 145.5 万吨，其中新疆地膜使用量在 2015 年达到 23.1 万吨，位居全

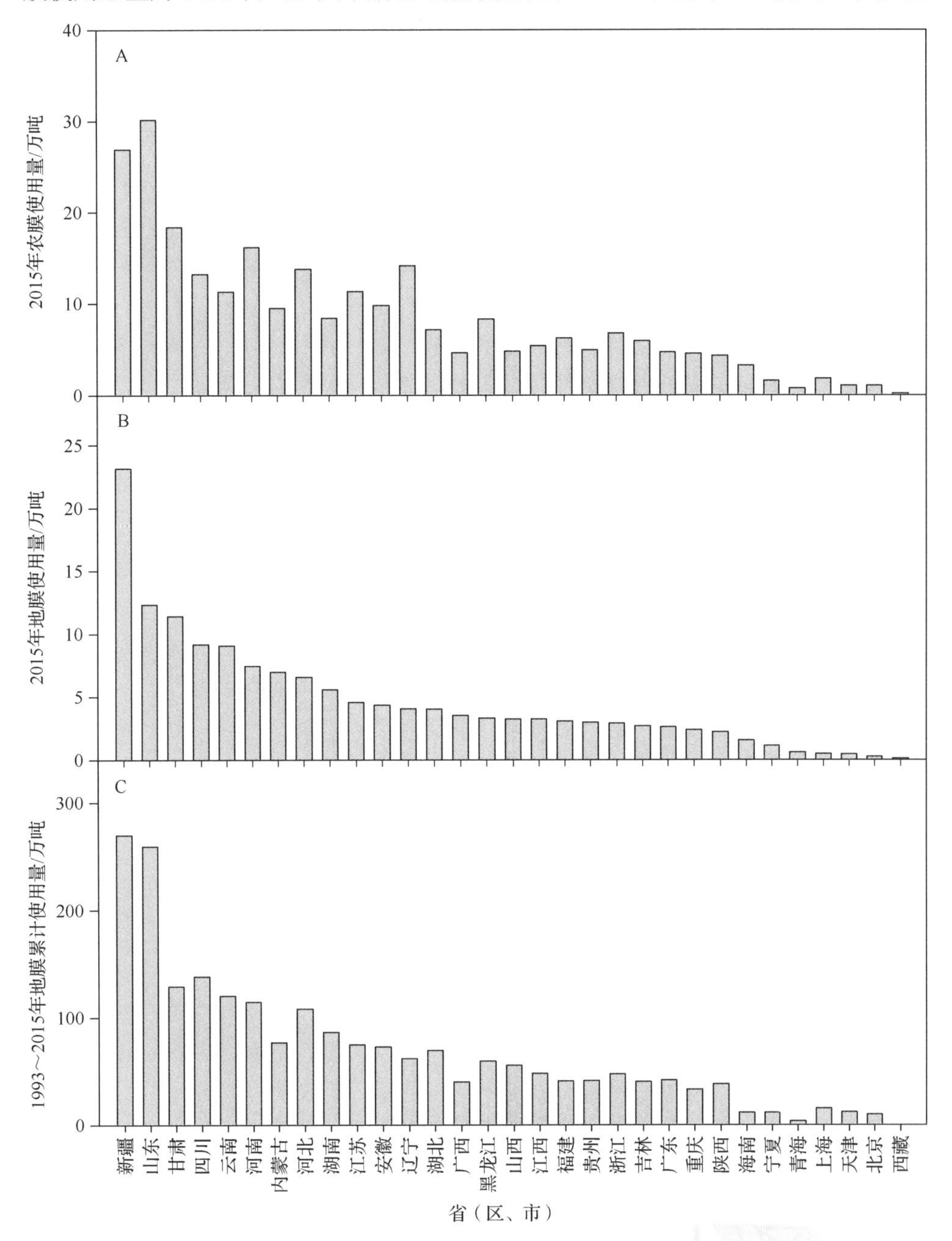

图 1-1　我国塑料薄膜使用情况

国第一。在1993～2015年地膜累计使用量中，新疆累计使用量最高，达到269.8万吨，其次是山东，累计使用量达到259.4万吨。山东寿光有“中国蔬菜之都”称号，借助设施农业生产大量反季节蔬菜，产品销往全国，通过遥感手段对寿光土地利用进行分类发现，2015年寿光各类温室大棚面积已经达到7.75万公顷（Yu et al.，2017），占寿光总面积的34%。邻苯二甲酸酯类化合物是塑料中不可缺少的增塑剂，是一类严重的激素类环境污染物，容易释放到环境中，其中6种邻苯二甲酸酯类化合物被列入美国环境保护局（United States Environmental Protection Agency，USEPA）“优先污染物黑名单”，并给出了相应的控制标准（表1-1）（赵胜利 等，2009）。在《农用地土壤环境质量标准（征求意见稿）》（环办函〔2015〕69号）中给出了6种邻苯二甲酸酯类化合物总量限值为10毫克/千克，而在2011年以前新疆棉田土壤的邻苯二甲酸酯类化合物残留检出浓度达到124～1 232毫克/千克，在全国最高（郭冬梅和吴瑛，2011）。虽然后来在《土壤环境质量 农用地土壤污染风险管控标准（试行）》（GB 15618—2018）中去掉了邻苯二甲酸酯类总量这一限值，但也能说明国家已经开始重视邻苯二甲酸酯类化合物在土壤中的含量。

表1-1 土壤中邻苯二甲酸酯类化合物控制标准（赵胜利 等，2009）

化合物	控制标准/（毫克/千克）	推荐土壤治理标准/（毫克/千克）
邻苯二甲酸二甲酯	0.02	2
邻苯二甲酸二乙酯	0.071	7.1
邻苯二甲酸二正丁酯	0.081	8.1
邻苯二甲酸丁基苄基酯	1.215	50
邻苯二甲酸二（2-乙基己基）酯	4.35	50
邻苯二甲酸二正辛酯	1.2	50

人类寿命缩短与传统农耕方式改变密不可分。根据世界卫生组织（World Health Organization，WHO）和联合国环境规划署（United Nations Environment Programme，UNEP）的报告，全世界每年有2 600万人农药中毒，其中22万人死亡；美国每年有67 000人农药中毒（Richter，2002）。农药的使用加剧了多种癌症（如肺癌、直肠癌、骨髓瘤、乳腺癌及白血病等）的发生概率（Weichenthal et al.，2010），使用农药导致的癌症病人数量占全部癌症病人数量的10%（Gu and Tian，2005），其中乳腺癌的发生与农药使用频率呈线性关系（陈佳鹏 等，2004）。很多研究表明，农药残留增加了患帕金森综合征的概率（Betarbet et al.，2000；van der mark et al.，2012）。农药还会严重影响儿童智力发育，孕期接触最大剂量和最小剂量农药的产妇，孩子出生后在7岁时智商相差7分（Bouchard et al.，2011），而

在孕期接触多氯联苯的浓度每增加 1 纳克/克，孩子出生后智商就会降低 3 分（Stewart et al.，2008）。近年来，随着人们生活压力的增大，日益严重的环境污染及饮食安全等问题，导致不孕不育的发病率逐年上升（杨靖，2019）。全球约 15%的育龄夫妇存在不孕不育的问题，发展中国家的某些地区可高达 30%（Bonnici et al.，2017；莫金桦 等，2018），我国居民不孕不育发病率为 8%～17%（杨靖，2019）。

为追求高经济效益，现代农业实行农畜分开，集约化的养殖业给食品安全和人类健康带来威胁。具有代表性的是将牲畜和动物内脏制成的肉骨粉作为饲料喂牛，使动物内脏中的致病菌进入饲料并最终进入人体，从而导致疯牛病发生（Prusiner，1997）。

现代农业过于重视作物的产量和口感，在世代耕作中忽略了其营养性能，从而导致很多作物营养品质下降（Gruber，2016）。Davis 等（2004）研究发现，1950～1999 年，43 种水果和蔬菜的蛋白质、钙、磷、铁、维生素 B 和维生素 C 含量有明显下降趋势。作物营养品质下降加剧了营养不良和隐性饥饿问题。根据联合国粮食及农业组织（Food and Agriculture Organization of the United Nations，FAO）在 2015 年的统计，全世界营养失调和营养不良的人数接近 8 000 万，并且在接下来 10 年中没有下降的趋势。由微量元素缺乏导致的隐性饥饿威胁着世界上 20 多亿人口（Burchi et al.，2011），隐性饥饿（如常见的铁、碘和维生素 A 的缺乏）能够引起大量慢性疾病和其他健康失调（Welch and Graham，2004）。最易受隐性饥饿威胁的人群是儿童、老人和生育年龄的妇女（Diaz et al.，2003）。

现代农业是生物多样性的最大威胁（Kiers et al.，2008）。农业活动的集约化导致生境破碎、土地利用方式改变、农药和化肥使用量增加、机械化强度增加等，从而造成生物多样性的损失（Butler et al.，2007）。以蜜蜂为例，蜜蜂作为全球生物多样性的一个关键组分，能为农作物提供重要的生态系统服务功能，但受生境破碎和农药等因素的影响，其数量在近年严重下降（Potts et al.，2010），美国在 1947～2005 年失去了 59%的蜜蜂群落（van Engelsdorp et al.，2008）。除非农业足迹能够向可持续性的方向延伸，否则农业系统和现存的自然生态系统将受到进一步破坏，世界上面临灭绝的物种比例将进一步增加（Chapin et al.，2000；Tilman et al.，2001）。

伴随着全球人口的持续增长及永无止境的消费对自然世界的破坏，地球上现存物种正遭遇前所未有的灭绝危机。联合国在巴黎发布的《生物多样性和生态系统服务全球评估报告》中显示，近 100 个物种可能在几十年内灭绝，而目前为保护地球资源所做的努力，可能会因人类发展方式尤其工业化农业扩展而失败（南博一和韩丽婷，2019）。

1.1.3 教训与经验

现代农业不可持续的一个案例来自朝鲜。朝鲜国土面积约为12万平方公里，在中国和苏联两大国支持下，朝鲜迅速提升了农业现代化装备水平，仅用了17年（1953～1970年）实现了农业机械化。1960年，基本完成水稻灌溉；1970年，完成灌溉和农村通电项目；1975年，野外作业（如翻耕、插秧）全面实现机械化；增加化肥生产，到1980年，化肥的施用量已经增加到1 000千克/公顷（Kim et al.，1998）。据世界银行报道，1985～1988年，朝鲜人均收入是2 000美元（The World Bank，1993）。一般认为，1979年的朝鲜已成为一个准现代化国家。

1991年苏联解体，石油停供，农机配件短缺，农业机械全面瘫痪，迫使朝鲜动员城市居民重新回农村当农民，并且使用锄头、铁锨和镰刀种地。这种城市化的“逆转”异动显然有悖人的天性，因而遭遇诸多阻力。FAO和WHO联合报告指出，朝鲜80%的农业机械和设备由于缺少燃料和配件而无法使用，由于找不到运输卡车，已收割的粮食被长期堆放在地里（文佳筠，2010）。一段时间，朝鲜城市居民遭遇了饥饿痛苦，运到城市的粮食数量不足以喂饱它的城市居民。

遭受苏联解体、东欧剧变影响的不仅有朝鲜，还有加勒比海北部岛国古巴。但令人意外的是，古巴的农业并没有像朝鲜那样彻底崩溃。相反，该国在经历了第一波打击之后及时调整政策，终于化险为夷，顺利实现了由现代化石油农业向绿色生态农业的转型，通过发展有机农业摆脱了粮食危机。1991～2007年，古巴在不同地区及省市层面设立了280个有害生物防治中心，使用生物防控产品，被认为是名副其实的基层控制害虫的革命（Clausen，2007）。

古巴生态农业的发展，得到了农民、多个行政机构、大学和研究中心的支持，成功地找到替代短缺燃料、肥料和农药的方法，如用畜力牵引替代使用燃料的拖拉机；多种作物轮作、间作等丰富作物种植的多样化；绿肥、堆肥、蚯蚓养殖、豆科作物种植及菌根、根瘤菌和生物质等快速增加土壤肥力；种子保护和生物防控替代化学农药（Clausen，2007）。1999年，古巴的农业生产得到恢复，并在某种程度上达到了历史最高水平（Funes et al.，2002）。

与朝鲜不同，古巴人应对上述农业危机的思路很清晰，即果断放弃石油农业，广泛动员民众，迅速恢复传统生态农业。1990～2010年，古巴在有机肥获取、土壤保持、作物与禽畜管理等方面取得一系列重要进展，实现了生态农业的顺利转型，从而扭转了粮食短缺的被动局面。以上两个截然相反的例子充分说明，石油农业是不可持续的，而建立在生态循环原理基础上的生态农业才具有抵抗各种风险的强大能力。

1.1.4 呼唤生态的绿色革命

今后几十年，世界人口将从60亿增至90亿，第一次绿色革命的成果将难以继续满足庞大人口对食物和生态环境的需求（Fedoroff et al.，2010）。要解决农业化肥污染和温室气体排放问题，政府和各农业组织应积极探索更生态的耕作方式，即发起以生态学为主导的绿色革命。

生态学的解决方案不是将眼光只放在提高粮食产量上，而是将人们废弃的50%以上的光合产物（以秸秆为主）高效循环利用起来，通过植物生产（截获太阳能）、动物生产（收获肉奶等食品）、微生物生产（生产饲料和肥料）等，使单位土地面积升值，既增加了食物产量，又增加了肥料产量。有机肥产量增加后，大量的中低产田得以改造，反过来可提高粮食产量，即实现循环农业。在英国，持续了150年以上的洛桑试验发现，施用有机肥的小麦平均产量比施用化肥要高。

今后的我国，如果人口就地城镇化，那么发展高效生态农业产业，让40%的农业人口生产出自己的优质食物，并为剩余人口的10%提供优质食物，以优价卖出优质食物，使在农村从事农业的人群收入比进城打工还要高。留守的农村居民优先享受有机食品供应，加上城市的高消费人口食用有机食品，全国有机食品消费者比例达到60%，超过发达国家的比例（20%～30%）。经过合理规划，我国利用其中约4亿亩（1亩≈667平方米）耕地，利用生态农业技术，每年可提供2亿吨粮食、3.25亿吨蔬菜和1.04亿吨水果（蒋高明 等，2017），其余的耕地可生产动物的饲料或有机农业的肥料，将人与动物消耗的粮食分类生产，实现自给自足，减少进口压力。

1.1.5 来自我国的成功案例

山东弘毅生态农场开发了一种产量与经济效益兼顾的高效生态农业模式。首先将作物秸秆加工成饲料养殖肉牛，再将腐熟牛粪作为肥料还田，替代化肥。其中秸秆饲料的加工与储备是关键，农场自主研发了大型遮雨式分室青贮池，每年加工“微贮鲜秸草”1 500吨。这种循环的生态模式最大限度地利用了每种产品的副产物，不但减少了环境污染，改良了土壤，增加了土壤生物多样性，使有机果园的蚯蚓数量是普通果园的将近20倍（蒋高明 等，2017），而且提高了作物产量，使冬小麦和夏玉米在8年内的产量提高了65%，同时实现了生态和经济上的高效益（Liu et al.，2016）。

在害虫控制方面，以物理＋生物方法取代杀虫剂，即通过脉冲诱虫灯、鸡、野生鸟类、天敌昆虫、人工除草控制越冬害虫。在杂草控制方面，以人工＋机械除草取代除草剂，聘请经验丰富的农民承包除草工作。在果园杂草控制方面采取以草治草策略，种植高覆盖且有固氮功能的本地草本植物，形成单优种群落，占据杂草生态位。另外，停用地膜、人工合成激素和转基因种子，生产优质安全产品，进行线上线下销售，增加经济效益，此种生产方式的农田平均每公顷效益是普通化学生产方式的 3～5 倍（蒋高明 等，2017）。

这种生态农业模式解决了现代农业带来的环境和人类健康等问题，实现了可持续发展，同时也带来更高的经济效益。如果按照这种模式，我国 2 亿亩耕地即可满足我国对主粮的需求。

生态农业模式的推广还需要政府的努力。政府应加强对生态农业模式的补贴，扩大规模；在当地建立研究部门、技术部门和教育部门，研发更多的生态农耕技术和方法；增加基础设施（如农民培训学校）建设，加强技术（如通信技术）的传播；完善生态产品的贸易、补贴机制，增加农民收入；完善知识产权机制，保护开发新技术的农民的研究成果；加强对禁用非生态技术的管理等。我国成功的生态农业模式或可为可持续农业发展指明方向。

1.2 生态农田概述

1.2.1 生态农田的基本概念和要求

生态农田是指农田是生态的，是在健康的生态环境下，用健康的方法进行管理的农田，以种植粮食作物与经济作物为主。生态农田尽量在自然界就地取材来满足作物对水、热、矿物质等的需求，不用农药、农膜、植物生长添加剂和转基因种子，尽量不用或少量使用化肥，其产量不低于或略高于常规农田。这样的农田生态是平衡的，具有较高的生物多样性，尤其具有较高的土壤微生物多样性；在必要的时候用物理＋生物方法控制虫害，不用化学农药灭杀；对于杂草，则采取人工＋机械除草的方法，避免使用除草剂。

生态农田是在生态科学理论指导下，所开发的环境友好型、耕地固碳增氮型农田。如果长期坚持下去，耕地生产力会不断提高，生产出来的食物为绿色食物或有机食物。因此，生态农田不是“落后、低产、低效”的代名词，而是具有十分明显的生态效益、社会效益与经济效益。如果仅因为环境保护而发展生态农田，不能满足日益增长的人口需求，这样的农田没有推广的必要。实际上，生态农田是在传统农业智慧的基础上，利用现代生态学原理和技术提升作物产量和质量的一类环境友好型农业模式。

1.2.2 生态农田的特点

生态农田涉及的范围很广，涉及农、林、牧、副、渔等行业，在每个环节都有物种的贡献，都有该行业从事者的贡献。生态农田的典型特点：①优美的农业生态环境，人与自然和谐共生；②元素循环再生、生态平衡；③多样性的栽培物种；④大幅减少乃至杜绝农药、化肥和人工合成激素的使用；⑤大部分肥料被作物吸收而不是污染环境。概括起来，生态农田具有以下八大优势。

1. 生态农田保护生态环境，没有面源污染

没有健康的生态农田就无从谈生态农业。农田中的主要害虫和杂草其实都是自然界正常的物种，能够用物理方法干扰控制的，尽量不用化学方法干扰控制；能够恢复生态平衡，对产量不造成明显影响的，尽量减少人为干预，既节约人工成本，又保护农田生态环境。生态农田可以使用少量的农药，主要是应急之用；可以使用少量的化肥，但化肥利用效率高、用量少。根据前期研究，如果发展生态农田，停止使用90%以上的农药和50%以上的化肥，对产量影响并不大（Guo et al.，2016；Guo et al.，2018）。

2. 生态农田产出的食物质量高，农药残留少或无

由于前期投入的化学物质非常少，且尽量投入可降解的生物农药或低毒农药，再加上自然界的自净能力，使用的肥料以有机肥为主，这样的农产品营养丰富、口感好。最终产品需通过农药残留检测，基本不含有害化学物质残留（Yu et al.，2018）。如果农产品后期检测出多种农药残留，那么生产该农产品的农田就不是生态农田。

3. 生态农田单位面积土地经济效益高

目前采取粗放式的化学方法种地，产量相对较高，但价格便宜，市场销售不好时还会烂在地里，资源浪费严重。提高经济效益的方法有两种：要么继续扩大土地规模，但农产品质量不提高价格也不变，仅生产者有利可图；要么提高产品质量，提高价格，使1公顷土地上的高质量农产品产生的效益等于几公顷土地上的质量不高的农产品产生的效益，这样对于消费者和生产者双方都是有利的，前者购买了放心食品，保护了自身与家人健康，后者增加了收入，更愿意向土地中投入优质劳动。

4. 种养结合、种植多样化、间作套种、立体种植

种养结合、种植多样化、间作套种、立体种植是生态农田的最大特点。生态农田的大量肥料来自系统本身，只有“六畜兴旺”才能“五谷丰登”。少量的土地可以提供大量的食物种类，豆科作物与禾本科作物间作套种，可以直接利用空气中的氮源。生态农田的物种多样性是其他农业方式所不能比拟的，物种越丰富，系统就越稳定，抗风险能力就越强。据粗略估计，在北方一个1 000人左右的村庄，采用生态农业模式可以提供的食物种类近200种，而采用美国农业模式，几

百甚至几千平方公里内只生产一两种作物，即玉米或小麦。不要说作物的间作套种，即使轮作也做不到。

5. 生态农田产量高

生态农田的产量并不低，为了用地养地，被带走的养分通过有机肥或少量化肥补充。更关键的是，生态农田中化学物质少，土壤动物和土壤微生物丰富，这些生物会间接将土壤中的矿物质释放出来供植物根系吸收。在这种模式下，如果坚持长期养地，产量是稳步增加的。弘毅生态农场通过 8 年实践，已成功将低产田改造成高产稳产的吨粮田（Liu et al.，2016）。

6. 全面提高水分与养分利用效率，节约资源，减少浪费

生态农田遵循植物生长规律，因地制宜，根据农业的气候特点合理安排种植和养殖，重在与自然规律一致，遵守农时 24 节气，其水分、养分利用效率高，加上饲养的畜禽能够利用乡村厨余和作物秸秆，提高了资源利用效率。

7. 生态农田为固碳型农田，由碳排放逆转为碳吸收

目前的农业模式是排放温室气体的，高达 44%～57%的温室气体来自现代农业及其相关的工业活动。用有机肥替代化肥可显著减少农田温室气体排放量。长期研究发现，在现代农业模式下，普通农田的温室气体净释放量为 2.7 吨二氧化碳当量/（公顷·年），而生态农田的温室气体净吸收量达 8.8 吨二氧化碳当量/（公顷·年），两者合计为 11.5 吨二氧化碳当量/（公顷·年）（Liu et al.，2015）。由此可见，减少化肥使用，增加耕地有机质含量，可将温室气体埋藏到地下，这是生态农田的功能之一。

8. 发展生态农田可全面带动农民就业

生态农产品优质优价，加上生态农田的环境优美，对城市人群有很强的吸引力。因此，农业要素容易变成商业要素，从种植到养殖，从收获到加工，从加工到销售，从餐饮到观光旅游，从保健到养生养老，乡村可以就地城镇化，吸引农二代、大学生二代乃至城市精英就业。这样，遍布全国的乡村如果发展生态农田，可能成为新的经济增长点。

生态农田的缺点是投入的劳动力多。农忙季节需要投入更多劳动力，所以农民多不愿意采用生态农业模式。因此，需要研究一些方法，减少劳动力投入，如减少或停止施用农药的劳动力投入、用机械播种与收获等。不过，只要经济效益高，就会调动农民生产的积极性。如果进城打工收入不如在家种地多，农民就不愿意进城打工，可以解决生态农田劳动力不足的问题。

1.3　农田生态系统基本原理

1.3.1　水热耦合

农田生态系统是由气候、土壤、生物等因子共同作用而形成的。其中，大气温度和降水量占主导地位，对其他因子产生重大影响。农田是在改造自然生态系统的基础上产生的，不同植被地理背景下农田的生产力或产量受水热组合影响最大。自然界中拥有最高生产力的生态系统是热带雨林，是在不施肥、不施药的基础上实现的，这是因为热带雨林的水热条件好，元素循环快。在农田中，光照、二氧化碳都不是限制因子，而水热条件尤其是水热组合，最能反映农田生态状况。即使有些农田面临季节性干旱胁迫，我国农田依然比真正的地中海荒漠区域的农田具有更有利的条件。我国草原是水热同期，而地中海附近、非洲的部分草原，水热出现的最佳时期是冬夏季分离的。

在不同气候带上的水热组合决定了生态系统的生产力水平，生态农田尽量利用天然降水，适度利用客水或地下水，做到“旱能浇、涝能排”。热，即热量，地球上的一切热量来自太阳，其对植物生长发育乃至群落分布有重要的作用。在不缺少阳光的地方，热量与水的耦合对农业增产的作用大于化学肥料。生态农田利用自然界的热量，不进行反季节种植，而是充分利用我国水热同期优势，因地制宜发展适合的作物。在高温的夏季杂草生长也很繁茂，如果将杂草作为资源利用起来改良土壤，也是生态农田利用热量资源的有效途径之一。

为发展人工草地，草原上除了通过干湿沉降补充一些氮素，其余的营养元素补充完全靠天然循环，较难提高生产力，可以考虑补充化肥或有机肥，克服养分不足的缺陷。适度利用草原水热同期的有利因素，及时灌溉，发展人工草地，可以减少放牧压力；农牧耦合，减少越冬牲畜数量，可以减少经济损失。

1.3.2　土壤碳氮库培育

碳表现在土壤中即有机质。目前我国耕地有机质含量普遍很低，平均为 1%左右。通过有机肥养地，可大幅提高土壤含碳量。这里的有机肥指自然界中的所有光合产物及其衍生物，不仅是传统理解的人粪尿和动物排泄物。高效生态农业中的有机肥以植物源肥料（如绿肥、秸秆肥、杂草肥）为主。

氮是植物光合生长必需的元素。空气中氮气含量为 78%，自然界可以利用的氮均来自此。生物固氮、雷电固氮、干湿沉降等方式都可以提供氮源。在种植过程中，培育土壤氮库，通过微生物活动固定空气中的氮，并活化土壤中的氮。碳与氮之间的比例变化为（10∶1）～（12∶1），当土壤含碳量增加到 5%时，意味着 20 厘米耕作层（1 亩）中有 1.75 吨纯氮，这些氮不会像化肥那样流失。因此，即使不加施化肥，也能够满足作物需要的氮。

增加土壤碳氮库的方法有很多，除每年添加有机肥外，秸秆还田、种植或施加绿肥、利用杂草肥等都是有效的方法。生态农田必须每年添加碳和氮，不能用化肥代替。我国农区的农田使用了四五千年没有退化，就是有机肥养地的结果。只不过过去动力不足，有机肥来源少，农田产量低。如今，这些问题已基本得到解决，培育土壤碳氮库增产技术已非常成熟。

1.3.3 生物多样性及其维持机制

生态农田具有丰富的生物多样性，尤其是土壤生物多样性。农田生物多样性包括种植物种与养殖物种多样性。对一个具有生物多样性的农业生态系统，其稳定性提高，抗自然灾害能力加强，同时延长了农产品货架期，避免集中上市带来的农产品滞销。本团队在 10 亩农田的基础上发展的弘毅生态农场中，经济物种有 73 种，包括植物、动物与微生物三大类（徐子雯，2019）。在这个系统中，害虫和杂草都变成资源被利用起来。同时还发现，由于土壤健康，农田生态系统健康，植物病害基本消失。

害虫和杂草等普通的物种，它们的作用是辩证的。害虫会吃作物，但也会给一些虫媒作物授粉，害虫是益虫的食物，害虫死亡后，其尸体可以参与构造土壤的团粒结构；杂草会与作物争养料，但也会增加土壤碳、氮等营养。杂草根系及其分泌物对维持土壤中的生物多样性及保持良好的土壤结构也起到很重要的作用。当然，对害虫和杂草，生态农田主要的任务是适当管理它们，不使其造成危害，并变害为宝。

1.3.4 生态位

农田生态系统中的不同物种都有自己的生态位，在时间空间上占据各自的位置，这些物种大部分时间相安无事，只有当生态位重叠时才会发生激烈的竞争或对抗。生态位是生态系统中每种生物生存所必需的生境最小阈值。两个拥有相似功能生态位、但分布于不同地理区域的生物，在一定程度上可称为生态等值生物。生态位宽度是指被一种生物利用的不同资源的总和。在农田生态系统中，因种间竞争，一种生物不可能利用其全部原始生态位，所占据的只是现实生态位。作物的生态位是受人为保护的，为了高产，往往对农田进行人工或机械干预，去除竞争者。土壤表面上下一定高度和深度，是土壤微生物、蚯蚓、线虫等的生态位，一些害虫的幼虫也分布在土壤中。利用生态位的空间差异，可以减少杂草控制成本。例如，果园下面生草，就是利用乔木与草本的生态位不同；种植高粱也可以控制杂草，因为高粱为高秆作物。利用生态位的时间差异可以控制和利用害虫及杂草。例如，诱虫灯捕杀的往往是夜行害虫，而益虫多在白天捕食，因而较少受诱虫灯捕杀；夏季的杂草很难在春季生长，因此可以利用夏季高温多雨的特点让杂草生长，同时混播豆科植物养地，然后种植越冬小麦，提高小麦产量。在北方农田，夏季玉米农田杂草以牛筋草等为主，小麦以播娘蒿为主。

1.3.5 人工生态系统设计

掌握了农田生态因子变化特点、物种组成及其相关关系，就可以利用这些生态学知识对农田进行人工生态系统设计，力求获得较高的产量、生物量或经济效益。

粮食作物间作套种、林粮互作、药粮互作等，都是利用生态学原理进行的农田生态系统设计方案。在农田生态系统设计中，最重要的因素是种子。种子是农业的重要“芯片”，人类无法造出种子。高效生态农业杜绝使用转基因种子，除在生产动物饲料时利用一部分杂交种外，鼓励农户自留种子，经过常年生态育种与自留种，产量有增加趋势。

在生态农田生态系统中，农业再也不是现代化学污染源，不是温室气体排放源，而是温室气体库，从源头解决了面源污染问题；农田生态环境大幅改善；农田生物多样性将逐渐恢复；农产品不再含有人为添加的有害化学物质（目前围绕食物链合法使用的化学物质高达 5 万多种）；农产品提供的优质健康能量使人类重大疾病发生率大幅下降；农业将成为附加值高的产业，大学生二代、“农二代”等年轻人进入农业领域工作；优良种子资源可以长期保留下去；病虫草害发生率基本可控，土地越养越“肥”，耕地生产力得到稳定提高。

1.4 生态农田管理技术体系

生态农田管理除使用机械、电力和燃油外，基本不用化肥、农药，主要的投入是优质劳动力。生态农田不是不需要现代科学技术，而是需要很多环境友好的科学技术。生态农田管理的技术体系包括如下几个方面的内容。

1. 物理+生物防虫技术

物理+生物防虫技术利用害虫的趋光特点诱捕害虫，同时利用天敌控制害虫。该技术是来自物理学和生态学的贡献，即从源头控制雌虫数量，将交配后的雌虫连同雄虫通过物理方法控制，使其不能回到农田产卵，因此留下的后代越来越少，再加上天敌控制，害虫数量被控制在产生危害范围内。

2. 有机肥养地技术

有机肥养地技术是来自生态学的直接贡献。地球上所有的光合产物及其衍生物均可以做肥料，这些物质包括植物枯落物、秸秆、人与动物排泄物、农产品加工废弃物、菌类养殖废弃物、可降解生活垃圾等。我国仅大型养殖场产生的粪便量折合化肥量就达 7 000 万吨，超过化肥使用量 5 900 万吨。

3. 生物与机械控草技术

生物与机械控草技术是来自生态学与物理学的贡献。除草是生态农田管理中的重要环节，采用生物、机械、人工等方法，根据不同生态位，利用动物除草和以草控草，同时研发小型除草机械。

4. 生物控病技术

生物控病技术是来自生态学的贡献。该技术充分发挥生态农田物种的作用，尤其是微生物的作用，尽量不让作物生病，从源头上停止使用农药。该技术与有机肥养地技术配合使用，会发挥更有效的作用。在自然界中，热带雨林、草原、湿地、森林是基本不发生病害的。在生物控病技术中，微生物制剂、中草药提取液、沼液等也可发挥有效的补充治理作用。

5. 动力与灌溉技术

动力与灌溉技术是来自物理学的贡献。为了降低劳动强度，在收获、储存、运输和灌溉环节尽量采取机械措施，农机部门应多研发一些农田实用性机械。目前的设备动力充足，大型设备可用作整地、耕地和中耕除草，自动喷灌设备可布局到田间地头，大幅提高劳动效率，同时降低劳动强度。

6. 农产品加工技术

农产品加工是使生态农田生产出来的农产品升值的重要渠道。农产品加工技术是指利用物理或生态的方法替代几万种有害化学添加剂，进行农产品加工，提升农产品附加值。鼓励农产品加工小型化、家庭化、多元化和标准化，带动农民专业化分工，带动更大范围内的农民就业。传统的食品加工工艺将在高效生态农业体系中发挥巨大的作用。生态农业的食品加工，要停止使用防腐剂和形形色色的工业食品调节剂。

7. 互联网技术

互联网技术是来自数学的贡献。对于优质农产品，销售是关键。要发挥互联网与物联网的优势，实现线上与线下相结合，网上购买与现场体验相结合，将优质农产品以优质价格进行销售。互联网技术保障了顺季节多种经营，延长了货架期，避免了集中上市带来的农副产品积压。

8. 物流技术

目前物流技术已经非常成熟。该技术可使自然界中适合人类食用的产品，从深山老林或远洋进入餐桌，满足人们日益增长的对食物的需求，这极大限度地扩大了农田的范围。收获或捕捞各种自然（如海洋、草原、森林、湿地、荒漠）来源的食物都是生态农业的范畴。

1.5 生态农田能养活更多的人口

长期以来，生态农业被一些人斥为“会饿死人的”农业，其实这是一个误区。生态农业不仅需要建构人与自然的共生关系和人与自然的循环关系，还需要创造人与人的合作关系。

自2006年起，在山东平邑连续开展了生态农业的小区试验和大田试验，试验数据充分说明，生态农业生产的粮食产量，如果管理得当，不仅不会减产，还会让人吃得更好，可增加可食动物蛋白质。

为了使生态农田获得理想的产量，本团队对土地进行了3年的调整，前两年玉米和小麦的产量的确低于常规产量，严重时仅为常规产量的50%～60%（试验地为复垦地）。对于严重退化的耕地，进行生态修复需要一定的时间，大约为3年。在有机模式下，大田玉米产量可达6 837千克/公顷，小麦产量可达6 118.5千克/公顷；而用常规化肥施用量的50%来补充氮素，另外50%缺乏的氮素以有机肥来补充，该模式下，大田玉米试验产量为8 065.5千克/公顷，比常规化肥玉米产量高12.3%。

从试验结果可以看出，发展生态农田可能是我国农业的未来发展方向。如果这个试验在更大范围上得到验证，那么发展生态循环型农业，我国至少可以减少50%的化肥使用量，其环境保护与节能减排的意义是巨大的。进一步求证发现，将秸秆、杂草、害虫等资源作为食物链中的成分充分利用起来，1亩地产生的可食热量可满足2.5～2.8人的需求。以我国约18亿亩耕地中50%为中高产田的比例计算，我国生态农业可满足23亿～25亿人的食物需求。

在本试验中，除了粮食产量没有下降，还可将秸秆变成可食热量。试验数据表明，每头牛每年可消耗2.1吨秸秆，产生约150千克净肉，相当于750千克粮食的可食热量。扣除养殖过程中消耗的300千克粮食，即1头牛（按两亩地1头牛算）可带来约450千克粮食，相当于间接增产45%。另外，每头牛还产出了约

5吨牛粪，将这些牛粪施加到大田里，即使使用50%的化肥，也可增产10%～20%。可见，粮食增产是立竿见影的。很显然，发展生态循环农业，大力发展生态农田，还有很大的增产空间。

本团队的长期试验结果得到国际同行的观点验证。2017年11月，英国期刊*Nature Communications*（《自然·通讯》）发表题为Strategies for feeding the world more sustainably with organic agriculture（《用有机农业更可持续地养活世界人口的策略》）的文章称，科学家基于2050年全球人口将达90亿的推测和不同气候变化的模型认为，要实现100%的有机农业转化，同时满足全球粮食需求，所需耕地面积将比2005～2009年的平均耕地面积增加16%～33%；要实现100%有机农业转化，但如果不增加耕地面积，则需要减少50%的食物浪费，并且停止生产动物饲料——种植饲料作物的土地可用于生产粮食，而人类饮食中的动物蛋白质会从38%减少至11%（Muller et al.，2017）。这一结论与Badgley等（2007）的结论基本一致，即发展有机农业不会饿死人。

建立可持续的食物供给系统不仅需要增加粮食产量，还需要减少浪费，降低作物、草和牲畜之间的互相依赖性，并削减农产品消耗（Muller et al.，2017）。国外学者对农产品产量的预测是基于有机农业模式的，其标准更为严格。生态农田可以使用少量化肥，这样，产量更能得到保证。因此，发展生态农田不会饿死人，相反将耕地碳库与氮库及土壤微生物库培育好以后，产量有很大的提升空间。

1.6 生态农田综合效益

由于生态农田模式尊重生态规律与市场规律，具有较高的生态效益、经济效益与社会效益，分别介绍如下。

1. 生态效益高，是大型环保工程

在传统的化学农业模式下，由于农民不愿意多投入劳动，转而利用更多的化学物质代替劳动，加上现有的政策是国家补贴化肥、农药、农膜，农民大量使用这些对土壤和人体健康有害的化学物质，而工厂生产这些化学物质造成大量污染与温室气体排放。发展生态农田仅施用少量化肥，可倒逼一些化肥厂、农药厂、农膜厂转为从事其他对环境破坏小的产业。由此看来，生态农业是大型环保工程，可从源头减少工业的点源污染和农业的面源污染，恢复青山绿水的生态环境。

2. 经济效益高，农民愿意从事农业

当前影响农民种地积极性的最大障碍是谷贱伤农。如果按照黄金价格折算，与20世纪70年代相比，2022年粮食价格应当在20元/斤左右（1斤＝500克），但实际上，粮食价格只有1.2～1.3元/斤。如此低廉的价格，使农民不愿向地里多投入劳动，食品安全从何谈起？70年代的食品几乎全部是有机食品，如果按照有机食品价格出售，农民的积极性会提高。有机食品价格普遍是普通食品价格的3～5倍，甚至个别产品价格是普通食品价格的10倍。由此可见，生态农业的附加值高、经济效益高。

3. 健康效益高，有利于城市消费者远离医药和医院之苦

城市消费者用低廉的价格购买品质差的食物，难以避免健康受损，要用高价去购买药物恢复健康。这在一些发达国家得到验证，某些发达国家居民的健康程度达到发达国家的最低线，即用来购买食品的支出远低于购买药物的支出，前者约为11%，后者为17%～20%。我国也正在步人后尘。许多慢性疾病（包括癌症、性早熟、高血压、糖尿病等）的形成与食物（包括中草药）及其工业化、化学化生产过程密不可分。

4. 社会效益高，可使我国村镇成为最有活力的地方

当前的经济发展更重视城市发展，使人群向大城市集中，而农村衰败萎缩，这是有史以来发生的最严重的城乡差距扩大化。如果将城市中的要素（教育、卫生、涉农产业、银行、旅游等）搬到农村，而不是将农民装进城市，那么我国人口的居住压力将大幅降低，城市高房价问题将率先得到解决。农民可以在农村住上别墅，吃上有机食品，有活干，收入提高，从此告别“三留守”（留守妇女、留守儿童、留守老人）现象。

5. 和谐效益高，使城乡真正良性互动发展

优质安全农产品是健康生命的第一保障。只有先富者带头消费农民辛苦种植的优质安全农产品，用市场手段鼓励农民用健康环保的技术生产食品，才能保护生态环境，实现真正意义上的先富带后富。政府的涉农资金应当率先向生态农业及其从业者倾斜。“农二代”及农业大学生应积极投入到这种可持续的行业中，严格确保优质农产品质量，使物流与货币流在城乡之间和谐流动，带动生态就业。

经过几十年的发展与探索，我国已具备了发展生态农业的良好条件。建议我国生态农业发展从6亿亩低产田开始，带动60亿亩草原保护，既不影响现有的粮食供应格局，又能提高耕地质量，使低产田变为中产田，甚至高产田。利用市场和政策机制，科学解决中国人吃得饱和吃得好的问题，健康发展城镇化。

1.7 生态农田与乡村振兴

2017年10月18日，习近平在党的十九大报告中提出了实施乡村振兴战略；2018年1月2日，发布了《中共中央 国务院关于实施乡村振兴战略的意见》，对实施乡村振兴战略进行了全面部署；2018年9月，中共中央、国务院印发了《乡村振兴战略规划（2018－2022年）》，明确了乡村振兴的目标任务、工作重点及重大工程、计划和行动；2020年10月，中国共产党第十九届中央委员会第五次全体会议提出，优先发展农业农村，全面推进乡村振兴。这一系列的重要指示与行动，预示了全球最大的发展中国家在向中等发达国家迈进的过程中，要对人口占“半壁江山”，但居住面积远大于城市的我国乡村进行重大改革。我国新一轮经济转型、产业升级或将从乡村振兴开始。

乡村振兴的核心是产业兴旺，发展生态产业，即生态种植、生态养殖、生态加工、运输，同时发展销售与乡村旅游服务，能够吸引农民在家乡就业。其中生态种植和生态养殖是基础，农民生产了优质安全的农产品，再发展加工业、销售与物流，农民就有了定价权，其收入就可以在现有基础上大幅提高。

从理论上讲，地球上任何光合产物及其衍生物，只要有了种子、孢子、受精卵或其他动植物繁殖体，都可以转变为人类所需要的食物。告别目前人类为生产食物所发明的数万种化学物质，这一理论的成果就是生态农业。围绕食物链，人类已经发明了5万多种化学物质，这些化学物质包括饲料、肥料、农药、地膜、激素、食品添加剂等，部分具有致癌作用。其实，在生产源头不使用任何农药和化肥，不使用激素，仅施入动植物排泄物、枯枝落叶、菌床或菌棒废弃物、厨余等天然有机物，所生产出的食材就是符合中外有机认证标准的安全食品，这样的食品在市场上有很强的竞争力。

生态农业是高效的，是乡村振兴的重要支柱产业。一般意义上的现代农业其实是美国式农业，以集约化、规模化、化学化为主要特征，容易造成环境污染、生物多样性下降和温室气体浓度升高，食物安全存在很多隐患。

在美国每户拥有的土地，多的可达1万英亩（1英亩＝4 046.86平方米），合6万亩土地。他们每亩的净收入折合人民币为100多元，6万亩耕地就是600多万人民币，政府给予40%的补贴，他们还会向政府交税。美国农户每年收入100万～200万美元，收入比城市居民高，但美国土地广袤，可以休耕，有很大的回旋余地，我国的农民根本做不到。我国也有一种类似美国的规模化农业模式，即农垦，机械化水平毫不逊色。呼伦贝尔市的国有土地，有4万平方公里草原或农垦地，土地不需要交租金，但经济效益仔细核算起来，如果规模化种植小麦或者玉米之类的作物收入为 200～300 元/亩；如果发展牧业，收入不到 100 元/亩，有的地方仅为 10 元/亩。

山东、河南、河北、江苏等地农民种植单一化作物，如果不计算劳动力成本，收益为 500～600 元/亩。如果是 5 口之家，依靠种地挣钱，每年要有 5 万～10 万元收入，必须有 100～200 亩耕地，这在我国根本是不现实的。目前，如果农民进城打工，夫妻两人一年收入为 5 万～10 万元。目前农民工工资上涨很快，个别工种早已突破 500 元/天。农民工收入高于大学生甚至硕士研究生、博士研究生早已不是稀奇的事情。貌似农民打工收入很高，但家庭与社会成本很大，孩子失去父母陪伴，或夫妻分居，老人没有人照料，这些也成为社会问题。

通过现场考察农村并了解农民的需求发现，如果在家乡每年有 5 万～10 万元的稳定收入（5 口之家），他们不会进城打工。然而，我国的农民既没有美国那么多的土地，也没有国营农垦集团那样不需要交租金的土地，在人多地少的前提下实现单位耕地面积的经济效益大幅提升，只有发展生态农业。发展生态农业，必须从生态农田开始做起。

第2章 生态农田养分管理

2.1 生态农田养分来源

农田中的金属类矿质元素养分最初来源于土壤，而土壤来自岩石风化；非金属元素中的碳和氮来源于大气，碳来自绿色植物的光合作用，氮来自雷电氮合成作用及微生物的生物固氮作用。如果土壤足够健康，尤其是土壤生物多样性丰富，那些固氮、解钾、解磷的微生物发挥重要的作用，是能够满足作物养分需求的，不需要人类合成化学肥料，这样可从源头控制大部分环境污染。在一些沼泽地或者森林地新开垦的耕地基本不使用化肥或有机肥，也能有较高的产量，就是利用了大自然储存的有效营养元素的缘故。

土壤是各类成土因素综合作用下的产物，不同地区形成相应的土壤类型。土壤在地理位置上的分布，既与生物气候条件相适应，表现为广域的水平分布规律和垂直分布规律，又与地方性的地形、水文、地质和成土时间等因素相适应，表现为微域分布规律；同时，在耕种、灌溉等人为条件下形成不同类型的土壤。土壤纬向地带性在我国表现为：在东部形成湿润海洋性地带谱，由北向南依次分布着暗棕壤、棕壤、黄棕壤、红壤、黄壤、砖红壤。土壤经向地带性在我国由沿海到内陆表现为：干旱内陆性地带谱，由东向西依次分布着黑钙土、栗钙土、棕钙土、灰钙土、荒漠土。在这两个土壤地带谱之间，自东北向西南则形成一个过渡性地带谱，依次分布着黑土、黑钙土、栗钙土、褐土、黑垆土（史学正 等，2007）。

土壤结构是指土壤固相颗粒的排列形式、孔隙度及团聚体的大小、多少和稳定的程度等物理构成。这些都能影响土壤中固体、液体、气体三相的比例，从而影响土壤供应水分、养分的能力，以及通气和热量状况。土壤结构可分为微团粒结构（直径小于0.25毫米）、团粒结构（0.25～10毫米）、块状结构、核状结构、柱状结构和片状结构6种，其中以团粒结构最为重要（熊顺贵，2001）。团粒结构是土壤中的腐殖质把矿质土粒相互黏结成0.25～10毫米的小团块，具有泡水不散的水稳定性特点，常被称为水稳定性团粒（李勇，2013）。无结构土壤和结构不良的土壤，土体坚实，通气透水性差，植物根系发育不良，土壤微生物和土壤动物的活动也受限制。

植物正常生长发育需要量或含量较大的必需营养元素为大量元素。在正常生长条件下，这些元素的单体含量占植物干物质质量的1%以上（磷素除外），磷含量一般为0.2%～1%，超过1%可能会出现磷中毒现象。碳、氢、氧主要来自空气和水，是植物有机体的主要成分，三者占植物干物质总质量的90%以上，是植物中含量最多的几种元素。它们可形成多种多样的碳水化合物，在植物中所起的作用往往不能分割，如纤维素、半纤维素和果胶质等。这些物质是细胞壁的主要组成成分。植物光合作用的产物糖是由碳、氢、氧构成的，而糖是植物呼吸作用和体内一系列代谢作用的基础物质，同时也是代谢作用所需能量的原料。碳水化合物不仅构成植物永久的骨架，而且是植物临时储存的食物，并积极参与植物体内的各种代谢活动。氢和氧在植物体内的生物氧化还原过程中也起着很重要的作用。

一般地，碳、氢、氧、氮、磷、钾、硫、镁、钙9种元素，因植物对其需要量相对较大，研究者将之称为大量元素；而植物对铁、氯、锰、锌、硼、铜、钼、镍8种元素需要量极微，上述元素含量稍多即会使植物发生毒害，故称为微量元素。上述17种元素为植物生长的必需元素（李合生，2012）。

植物对元素的需求量有最适范围，缺少和过多均造成元素胁迫。需要指出的是，植物对元素的需求不仅要求某种元素绝对量，还要求各种元素的相对关系，即比例。具有合适的比例时，植物的生长发育最好，反之有害。植物通常有主动吸收离子的能力，会选择性地吸收、富集或逆浓度梯度吸收离子。在具有不同元素含量的土壤中分布着不同植物。如果某些元素含量异常高，生长有特殊植物，就可将其作为指示植物（蒋高明，2004）。

有机质包括非腐殖质和腐殖质两大类。非腐殖质是动植物的死亡组织和部分分解组织。腐殖质是土壤微生物分解有机质时，重新合成的具有相对稳定性的多聚体化合物，腐殖质含量可占有机质含量的80%～90%。在生态农田中，土壤有机质对植物十分重要，因为它是植物矿质营养的重要来源，并可增加元素的有效性；土壤有机质还可改善土壤物理、化学性质，促使团粒结构形成，调节土壤水、气、热条件；促进植物的生长和养分吸收（Guo et al.，2016）。经过10年的连续观察发现，当不使用化肥、农药和地膜，保护合理的土壤结构，土壤有机质含量达到5%时，即使一两年不施肥，其周年产量依然能够保持在吨粮的水平，即小麦和玉米周年亩产量为1 000千克以上（Liu et al.，2016）。可见，有机质含量高是生态农田的重要指标之一。

2.2 氮素循环

现代农业主要依赖化肥等化学生产资料补充养分亏损。在农业生产中大量使用化肥，虽然提高了作物产量，但也带来一系列问题，如养分资源浪费、生产成本上升、产出投入比低、农产品品质下降、土壤板结、水源污染等（袁新民 等，2000；郭胜利 等，2005）。利用有机肥中含有的氮素来平衡土壤中的氮素是生态农田的重要特征。有机肥是指利用动植物残体、排泄物及生物废料等，通过堆制腐熟技术消除其中的有害物质（病原菌、病虫卵害、杂草种子等）后，形成的一种自然肥料（甄珍 等，2012）。有机肥富含植物生长所需的各种元素及有机养分，可满足作物不同生长时期的养分需要（孙宁科和索东让，2011）。

有机肥料与化学肥料一样，在生态农田管理中也存在施用量问题。施用量过少，无法满足作物生长必需的养分需要；施用量过多，不仅造成资源浪费，还易造成土壤氮素过剩，从而影响作物生长（张福锁和巨晓棠，2002；娄庭 等，2010）。因此，农业生产中有机肥的施用量应根据土壤中各种养分及有机质的消耗情况确定，做到合理施肥。

以河南省贞德有机农业公司生态农场（简称河南贞德生态农场）的农田生态系统为例，通过估算农业生态系统中的氮素平衡指标，探讨农田的最佳有机肥施用量。河南贞德生态农场坐落于河南省安阳市汤阴县，占地 200 公顷，土地肥沃，水资源丰富，远离工矿企业和污染源；该区气候温和、四季分明、日照充足，年平均气温为 12.7～13.7℃，全年降水量为 620 毫米，全年无霜期 210 天以上，为典型的暖温带半湿润大陆性季风气候。此农场采用冬小麦-夏玉米轮作耕种模式，不施化肥，不使用农药，作物秸秆大部分沤制沼气（1 000 立方米的沼气池），沼液沼渣还田，采用人工＋机械除草，作物产量实现了 1 000 千克/（亩·年）。在无化肥使用的前提下，提出了有机肥补充氮肥的具体计算依据（甄珍 等，2012）。

2.2.1 农田生态系统氮素输入项

农田生态系统氮素输入项，除施加有机肥外，还包括大气干湿沉降（逯超普和颜晓元，2010）、沼渣沼液还田（张昌爱 等，2009）、农田杂草还田（侯红乾 等，2007）。

在河南贞德生态农场每年的氮素输入量中，大气干湿沉降的氮量为 3 320 千克；1 000 立方米沼渣还田的氮量为 4 600 千克，沼液还田的氮量为 280 千克；杂草还田的氮量为 510 千克（表 2-1）。除有机肥输入氮素外，

$$\text{该农田生态系统每年的氮素输入总量}=\text{干沉降的氮量}+\text{湿沉降的氮量}+\text{沼渣还田的氮量}+\text{沼液还田的氮量}+\text{杂草还田的氮量}=8\,710\text{（千克）} \tag{2-1}$$

表 2-1　河南贞德生态农场（200 公顷）的氮素平衡及其参考依据

氮素平衡方式	氮素输入（输出）项	氮素输入（输出）项的含氮量/%	每年每公顷氮素输入（输出）项的量/千克（干重）	每年 200 公顷农田氮素输入（输出）总量/千克	参考文献
氮素输入	有机肥	2.1	25 729.5	108 064	张翔　等，2004
	氮素干沉降	100	1.35±0.15	270±30	逄超普和颜晓元，2010
	氮素湿沉降	100	15.25±3.85	3 050±770	逄超普和颜晓元，2010
	沼渣还田	1.15±0.35	2 000	4 600±1 400	张昌爱　等，2009
	沼液还田	0.07	2 000	280	张昌爱　等，2009
	杂草还田	2.55	100	510	侯红乾　等，2007
氮素输出	籽粒	小麦：3.07±1.49	5 163.6	71 050	马国胜　等，2007
		玉米：2.00±1.20	9 836.4		
	秸秆	小麦：0.7	7 500	25 500	赵鹏　等，2010
		玉米：1.00	7 500		
	反硝化损失	100	16	3 200	刘红梅　等，2011
	硝酸盐氮淋失	22.6	376.6	17 024	巨晓棠和张福锁，2003

2.2.2　农田生态系统氮素输出项

农田生态系统氮素输出项包括作物携出（籽粒和秸秆）（马国胜　等，2007；赵鹏　等，2010）和氮的损失，其中氮的损失包括反硝化损失（刘红梅　等，2011）和硝酸盐氮淋失（巨晓棠和张福锁，2003）。

经计算，在农场每年的氮素输出量中，小麦和玉米籽粒带走的氮量为 71 050 千克；小麦和玉米秸秆带走的氮量为 25 500 千克；反硝化损失的氮量为 3 200 千克；硝酸盐氮淋失的氮量（施加有机肥）为 17 024 千克（表 2-1）。

该农田生态系统每年的氮素输出总量＝小麦和玉米籽粒带走的氮量
＋小麦和玉米秸秆带走的氮量＋反硝化损失的氮量
＋硝酸盐氮淋失的氮量＝116 774（千克）　　（2-2）

2.2.3　农田生态系统氮素收支

由式（2-1）和式（2-2）可知：

该农场每年所需的最低有机肥添加量＝每年的氮素输出总量
－每年的氮素输入总量＝108 064（千克）　　（2-3）

按照有机肥（纯牛粪堆肥）含氮量为 2.1%计算：

该农场每年所需有机肥的最佳用量＝108 064 千克÷2.1%＝5 146 吨 （2-4）

即为了保持农田生态系统的氮素平衡，此农场每年需要施加有机肥 5 146 吨，即 25.7 吨/公顷。这个用量既可以提高农田中无机氮的利用率，减少氮素的损失，又可以减轻因过量施用化肥导致的氮素盈余及农田污染的问题。

2.3 土壤有机质培育技术

2.3.1 土壤有机质的概念

有机质是由有机物组成的物质，其最初的来源是植物光合产物，所含的能量来自太阳能，合成所需要的元素均来自自然界。土壤中的有机质是存在于土壤中的所有含碳的有机物质，包括各种动植物残体、微生物及其分解和合成的各种有机物质。土壤有机质是土壤固相部分的重要组成成分，尽管土壤有机质含量只占土壤总量的少部分，但它对土壤形成、土壤肥力、环境保护及农林业可持续发展等都有着极其重要的作用（熊顺贵，2001）。

由于用地不养地或养地不充分，我国耕地有机质含量出现了明显的下降趋势，直接影响了耕地质量。如果控制不住该下降趋势，还会进一步影响粮食供应，影响人们的身体健康乃至寿命。养地应当从培育土壤有机质开始。

1999～2014 年，由中国地质调查局会同省（区、市）级人民政府及其国土资源主管部门，协调全国 77 家单位 10 万多人次，对全国耕地质量状况进行了全面调查。调查土地总面积约 150.7 万平方千米，其中调查耕地 13.86 亿亩，占全国耕地总面积的 68%。通过对 60 多万件土壤、水、生物等样品的 54 种元素指标进行精度测试，获得了 3 000 多万个数据，建立了全国和 31 个省（区、市）土地的地球化学动态数据库，并据此对我国耕地总体状况形成初步认识和基本判断。调查显示，我国东北区、闽粤琼区、西北区和青藏区部分耕地有机碳含量比 20 世纪 80 年代呈现明显下降趋势，其中东北区耕地有机碳含量下降了 21.9%，严重降低了土壤肥力。调查耕地中，29.3%的土壤碱化趋势加剧，pH 上升 0.64，主要分布在北方地区；21.6%的耕地酸化严重，pH 降低 0.85，主要分布在重金属污染问题突出的闽粤琼区和湘鄂皖赣区，在降低耕地质量的同时增加了重金属活性，加大了耕地生态和地下水质量恶化风险（国土资源部中国地质调查局，2015）。耕地酸度升高，土壤板结，肥力下降，不利于作物吸收养分。同时，长期投入过多化学物质，不利于土壤有机质的形成。

尽管我国部分地区采取了秸秆还田措施，耕地有机质含量下降的趋势有所减缓，但健康的土壤有机质含量仍然很低。除了大量使用化肥和农药，焚烧秸秆、污水灌溉、农膜覆盖、施用除草剂等也会造成有机质含量下降、土壤动物和微生物多样性降低。

不同土壤的有机质含量差异很大，有机质含量高的可达20%或30%以上（如泥炭土、某些肥沃的森林土壤），有机质含量低的不足1%或0.5%（如荒漠土和风沙土）。在土壤学中，一般把耕作层中含有机质20%以上的土壤称为有机质土壤，20%以下的土壤称为矿质土壤。在健康的土壤中，耕作层土壤有机质含量通常在5%以上。

2.3.2 土壤有机质的来源

土壤有机质来源十分广泛。下面几种是土壤有机质的重要来源。

1. 植物残体

植物残体包括各类植物的凋落物、死亡的植物体及根系。这是自然状态下土壤有机质的主要来源。森林土壤相对农业土壤而言，具有大量的凋落物和庞大的树木根系等。热带雨林凋落物干物质质量可达16 700千克/（公顷·年），而荒漠植物群落凋落物干物质质量仅为530千克/（公顷·年）。

2. 动物和微生物残体

动物和微生物残体包括土壤动物和非土壤动物的残体，以及各种微生物的残体。这部分来源相对较少。但对原始土壤来说，微生物是土壤有机质的最早来源。

3. 动物排泄物和分泌物

土壤有机质源自动物排泄物和分泌物的量很少，但对土壤有机质转化起着非常重要的作用。在传统农业生产中，通过大量收集人和动物的排泄物，来满足植物营养需求并保持耕地有机质的数量和质量。

4. 废水废渣

废水废渣包括施入土壤中的各种有机肥料（绿肥、堆肥、沤肥等）、工农业和生活废水、废渣等，以及各种微生物制品等。进入土壤中的有机质一般有以下 3 种类型状态。

1）新鲜的有机物

新鲜的有机物是指那些进入土壤尚未被微生物分解的动植物残体，它们仍保留着原有的形态等特征。

2）分解的有机物

经微生物分解，进入土壤中的动植物残体失去了原有的形态等特征。有机质已部分分解，并且相互缠结，呈褐色。分解的有机物包括有机质分解产物和新合成的简单有机化合物。

3）腐殖质

腐殖质是指有机质经过微生物分解后再合成的一种褐色或暗褐色的大分子胶体物质，与土壤矿物质土粒紧密结合，是土壤有机质存在的主要形态类型，其含量占土壤有机质总量的85%～90%。

进入土壤的有机质组成相当复杂。各种动植物残体的化学成分和含量因动植物种类、器官、年龄等不同而有很大的差异。一般情况下，动植物残体中的主要有机化合物有木质素、蛋白质、树脂、蜡质等。土壤有机质的主要元素组成是碳、氧、氢、氮，其含量分别占土壤有机质总量的 52%～58%、34%～39%、3.3%～4.8%、3.7%～4.1%。

有机质只有进入土壤才能形成自然界中的稳定成分，这个过程是通过矿质化过程完成的，必须有微生物的参加。有机质矿质化过程分为化学转化过程、动物转化过程和微生物转化过程。这一过程使土壤有机质转化为二氧化碳、水、氨和矿质养分（磷、硫、钾、钙、镁等简单化合物或离子），同时释放出能量。这一过程为植物和土壤微生物提供了养分和能量，并直接或间接地影响着土壤性质，同时也为合成腐殖质提供了物质基础。

2.3.3 土壤有机质的生态功能

耕地中的有机质最初来自天然植物群落的土壤封存。我国很早就有用地养地的良好习惯，中原地区很多耕地连续耕作了四五千年，基本不退化，就是用了生态农业的方法养地。近 40 年，连续使用化肥、农药、农膜，耕地出现了严重的退化；在草原、荒漠绿洲开垦的耕地，起初有机质含量（＞5%）很高，但使用不到 10 年就严重退化，直到成为荒漠。

土壤有机质的含量与土壤肥力水平是密切相关的。虽然有机质含量仅占土壤总量的很小一部分，但它在土壤肥力上起到的作用是显著的。通常在其他条件相同或相近的情况下，有机质含量与土壤肥力水平呈正相关。

1. 土壤有机质为植物提供营养

土壤有机质中含有大量的植物营养元素，如氮、磷、钾、钙、镁、硫、铁等重要元素，还有一些微量元素。土壤有机质经矿质化过程释放大量的营养元素，为植物生长提供养分；腐殖化过程合成腐殖质，保存了养分；腐殖质又经过矿质化过程再度释放养分，从而保证植物生长全过程的养分需求。

有机质在矿质化过程中分解产生的二氧化碳是植物碳素营养的重要来源。据估计，土壤有机质的分解及微生物和根系呼吸作用产生的二氧化碳每年可达 135 亿吨，大约相当于陆地植物光合作用对二氧化碳的需要量。由此可见，土壤有机质矿质化过程产生的二氧化碳既是大气中二氧化碳的重要来源，又是植物光合作用的重要碳源。土壤有机质还是土壤氮、磷最重要的营养库，是植物速效氮、磷的主要来源。土壤全氮含量的 92%～98%都是储藏在土壤有机氮中的，植物吸收的氮素有 50%～70%来自土壤。土壤有机质中有机态磷的含量一般占土壤全磷含量的 20%～50%，随着有机质的分解而释放出的速效磷，可为植物提供营养。在大多数非石灰性土壤中，有机质中的有机硫含量占全硫含量的 75%～95%，有机硫随着有机质的矿质化过程而释放，被植物吸收利用。

2. 土壤有机质促进植物对其他营养元素的吸收

土壤有机质在分解转化过程中产生的有机酸和腐殖酸对土壤矿物部分有一定的溶解能力，可以促进矿物风化，有利于某些养分的有效化。一些与有机酸和富里酸络合的金属离子可以保留在土壤溶液中，不致沉淀而影响其有效性。土壤腐殖质与铁形成的某些化合物，在酸性或碱性土壤中对植物及微生物是有效的。

土壤腐殖质是一种胶体，有着巨大的比表面积和表面能。腐殖质胶体以带负电荷为主，从而可吸附土壤溶液中的交换性阳离子（如 K^+、NH_4^+、Ca^{2+}、Mg^{2+}），一方面可避免其随水流失，另一方面又能被交换供植物吸收利用。土壤腐殖质的保肥性能非常显著。在水分保持方面，土壤腐殖质和黏土矿物一样具有较强的吸附能力，单位质量腐殖质保存阳离子养分的能力比黏土矿物大几倍至几十倍，因此，土壤有机质具有巨大的保肥能力。

3. 土壤有机质促进植物生长发育

土壤有机质，尤其是其中的胡敏酸，具有芳香族的多元酚官能团，可以加强植物呼吸过程，提高细胞膜的渗透性，促进养分迅速进入植物体。胡敏酸的钠盐对植物根系生长具有促进作用，胡敏酸钠对玉米等禾本科植物及草类的根系生长发育具有极大的促进作用。土壤有机质中含有的维生素 B_1、维生素 B_2、吡醇酸和烟碱酸、激素、异生长素（β-吲哚乙酸）、抗生素（链霉素、青霉素）等对植物的生长起促进作用，并能增强植物抗病能力。

4. 土壤有机质改善土壤物理性质

有机质在改善土壤物理性质中的作用是多方面的，其中最主要、最直接的作用是改良土壤结构，促进团粒结构的形成，从而增加土壤的疏松性，改善土壤的通气性和透水性。腐殖质是土壤团聚体的主要胶结剂，土壤中的腐殖质很少以游离态存在，多数与矿质土粒相结合，通过功能基、氢键、范德瓦耳斯力等机制，以胶膜形式包被在矿质土粒外表中，形成有机-无机复合体。其所形成的团聚体，大、小孔隙分配合理，且具有较强的水稳性，是较好的结构体。在干旱区，有机质能通过改善黏性，降低土壤的胀缩性，防止土壤干旱时出现大的裂隙（龟裂）。

据测定，腐殖质的吸水率为500%左右，而黏土矿物的吸水率仅为50%左右，因此，腐殖质能提高土壤的有效持水量，这对砂土有着重要的意义。腐殖质被土粒包围后使土壤颜色变暗，从而增加了土壤吸热的能力，提高土壤温度，这一特性对北方早春时节促进种子萌发特别重要。腐殖质的热容量比空气、矿物质大，比水小，导热性居中，因此，有机质含量高的土壤其土壤温度相对较高，且变幅小、保温性好。

5. 土壤有机质是土壤生物能量的主要来源

没有土壤微生物就不会有土壤中的生物化学过程。土壤微生物的种群数量和活性随着有机质含量的增加而增加，呈极显著的正相关。土壤有机质的矿质化率低，不会像新鲜植物残体那样对微生物产生迅猛的激发效应，而是持久稳定地向微生物提供能源。因此，富含有机质的土壤，其肥力平稳而持久，不易造成植物的徒长和脱肥现象。

土壤中的动物（如蚯蚓）也以有机质为食物和能量来源；有机质能改善土壤物理环境，增加土壤的疏松程度和提高土壤的通透性（对砂土而言则降低通透性），从而为土壤动物的活动提供了良好的条件，而土壤动物本身又加速了有机质的分解（尤其是新鲜有机质的分解），进一步改善了土壤通透性，为土壤微生物和植物生长创造了良好的环境条件。蚯蚓粪有良好的团粒结构，具有泡水不散的特点（Guo et al.，2015）。自然繁衍的蚯蚓种群大小是健康土壤的重要指标（Guo et al.，2016）。

6. 土壤有机质具有活化磷、钾等营养元素的作用

土壤库中的磷一般不以速效态存在，而是常以迟效态和缓效态存在，因此土壤中磷的有效性低。土壤有机质具有与难溶性的磷发生反应的特性，可增加磷的溶解度，从而提高土壤中磷的有效性和磷肥的利用率。一些微生物具有解钾的功能，这些微生物生存的前提是必须有大量有机质存在。

2.3.4 健康的源头在于土壤有机质

耕地土壤是由固体、空气和水分组成的，固体部分主要来自其发育的岩石母体的原生和次生矿物颗粒，以及来自生物（动植物和微生物）活体和残体留下的

有机质。土壤有机质是为作物生长发育提供养分的仓库。有机质在土壤中的数量一定要保持相对稳定。我国的土壤有机质含量一般旱地为 0.5%～4.0%，水田为 1.5%～5.0%。因为有机质的分解和转化是在不断进行的。土壤有机质在消长过程中，土壤肥力也相应地不断改变。

在理想的土壤中，固体占 50%，空气和水分各占 25%。固体占的 50%中矿物部分占 45%，在余下 5%的有机质中，各种活动的生物有机质占 10%，根系有机质占 10%，已经转化为稳定的高分子的“死的”有机质占 80%左右（陈能场，2015a）。

耕地有机质本身就是养分的储藏库，同时深刻地影响着土壤的物理、化学和生物学性质。假设某一土壤表土有机质含量为 4%，有机质中的氮含量为 5%，一季作物中有机质分解率为 2%，则土壤有机质供应的氮可达 80 千克/公顷，此供应量几乎可满足大部分作物的需求量。据估算，1%的土壤有机质相当于含有 18 千克养分/亩。土壤有机质还深刻影响着水分的存储。1 英亩大、1 英寸厚（1 英寸＝2.54 厘米）、含 2%有机质的土壤储水量可达 12.1 万升，含 5%和 8%有机质的土壤分别可储水 30.3 万升和 48.4 万升。研究表明，土壤有机质含量从 1%升到 3%，土壤的保水能力增加 6 倍（陈能场，2015a）。

土壤有机质是土壤中各种大大小小生物的碳源和能源。丰富的有机质使土壤中自然形成庞大的食物网，构建健康的生态系统。这个庞大的生态系统是土壤活力的来源，从养分转化到病虫害控制，该生态系统都起着极为重要的作用。在理想的土壤生态系统中，每平方米的土壤中含脊椎动物 1 只、蜗牛和蛞蝓共 100 只、蚯蚓数百至上千条，线虫 500 万只、原生动物 100 亿只、细菌和放线菌 10 万亿个。这些动物和微生物组成一个食物网金字塔，这些生物一年中生物量总和达 400～470 千克/亩（陈能场，2015b；刘亚柏 等，2017）。

对照上述指标不难判断出，我国耕地质量是严重下降的。其中最重要的变化在于以高产为目的的现代农业耕作体系下，土壤状况已经距理想土壤越来越远。人类大量合成化学肥料，提供给作物的是速效的无机物，但没有考虑土壤中动物和微生物群落的需求。土壤微生物和动物群落失衡，造成大量病害和虫害出现。杂草本来是可以为土壤提供有机质的，但除草剂杀死了杂草，并杀死了土壤中的其他有益生物，使天敌益虫、两栖爬行类动物和鸟类减少，病害虫害增多，只能依靠农药，消除病虫害。大量使用抗生素、农药，虽然暂时控制了作物病虫害，然而食物链被抗生素、农药污染，会大量引发人类疾病。

提高耕地有机质含量的方法有很多，有人提出了以下主要农业技术措施。①增加生物总产量。在增产的前提下增加土壤有机质，由于地上部分产量增加了，地下的根系数量也随之增加，同时地下生物也相应兴旺发达，致使动植物残体增多。②秸秆还田（马力 等，2011；赵伟 等，2012）。秸秆还田直接为土壤增加了有机物。要改变在田间焚烧秸秆的习惯，因为焚烧秸秆既浪费有机物，又使有机物变成二氧化碳释放到空气中污染环境。③增施有机肥（邱学礼 等，2011；姚姗姗 等，2015；Guo et al.，2016；Erdem and Mehmet，2017；徐基胜 等，2017）。合理施肥，实行有机肥和无机肥料的配合，不断增加有机物在土壤中的数量。④减少土壤有机质消耗。采取少耕、免耕、覆盖等措施（刘亚柏 等，2017），减少和控制土壤氧气的供应，削弱微生物分解活动。覆盖还可以减少土壤水土流失。

然而，上述方法在实践中还存在一些困难：增加生物总产量就需要加大化肥投入；秸秆还田如果影响下茬作物种植，农民多不愿意采用；增施有机肥如果不能带来经济效益，推广起来困难；免耕方法在理论上成熟，但在实践中推广面积不大。耕地不是森林土壤，完全靠自然过程实现有机质增加比较缓慢，需要人工补充。免耕容易造成土壤板结，作物根系无法生长影响耕地上的作物产量。克服上述困难最好的方法是发展高效生态农业，只要收入高，农民就愿意增加耕地地力，就愿意多投入劳动。山东弘毅生态农场经过 8 年调整，土壤有机质含量从 0.7% 增加到 2.4%（Liu et al.，2016）；2023 年，土壤有机质含量高达 5%。

耕地有机质含量下降严重影响作物产量，使耕地无法生产优质的食物。当前，农产品价格低迷造成从事农业的一线农民增产不增收，国家补贴农药、化肥、农膜后，农用物资更便宜，很方便地替代了劳动力。然而生产安全放心的食品，需要提高土壤有机质含量，但使用有机肥会增加农业生产劳动强度。解决这个矛盾的方法是，科学宣传生态农业，让市民觉醒，购买安全放心的生态食品，优质优价，尊重农民的劳动，使耕者有其利。只有这样，才能从源头使人们少生病，促进城乡和谐。

2.3.5 弘毅生态农场案例

1. 长期施入有机肥试验

2006 年在弘毅生态农场以冬小麦-夏玉米轮作系统为研究对象进行了有机肥长期施入定位试验。试验共有两种处理：一是有机肥处理，二是化肥处理。在有机肥处理中，有机肥的来源为经过蚯蚓处理过的牛粪（牛粪-蚯蚓粪），施肥量为 75 吨/公顷。在化肥处理中，小麦季每公顷分别施入 225 千克氮、750 千克五氧化二磷和 150 千克氧化钾，玉米季每公顷施入 150 千克氮、600 千克五氧化二磷和 210 千克氧化钾。

牛粪-蚯蚓粪的获取过程如下：将牛粪堆成宽 1.5 米、高 0.3 米的长方体，蚯蚓接种密度为 0.5 千克/平方米，堆肥期间洒水以保持适宜湿度，3 个月后将蚯蚓与牛粪分离，分离出来的肥料即为试验用有机肥。

研究结果发现：2007～2015 年，0～20 厘米土层的土壤有机质含量，有机肥处理从 0.7%增加到 3.5%，而化肥处理没有明显变化（图 2-1）（刘海涛，2016）。

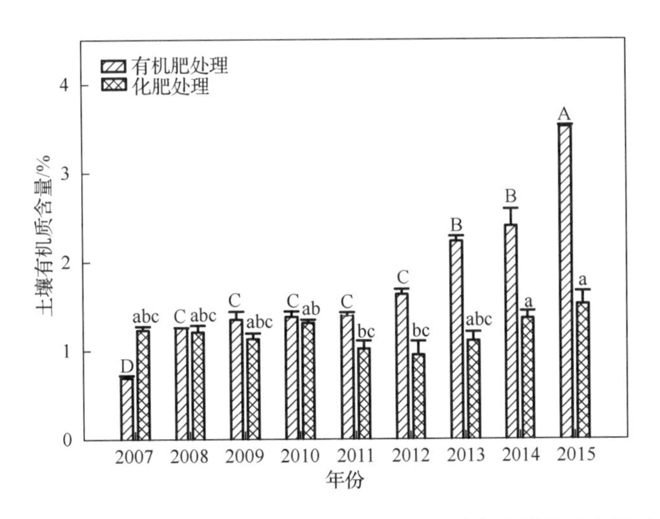

图 2-1　2007～2015 年有机肥处理和化肥处理 0～20 厘米土层土壤有机质含量变化（刘海涛，2016）

注：不同大写字母表示有机肥处理年际间差异显著（$P<0.05$）；不同小写字母表示化肥处理年际间差异显著（$P<0.05$）。

2. 有机无机肥配施试验

2009～2012 年，在弘毅生态农场以冬小麦-夏玉米轮作模式为研究对象设置了 4 个试验处理，分别为：①不施肥（CK）；②全施有机肥（CM）；③化肥减半配施有机肥（HCM）；④全施化肥（NPK）。以上各处理，除 CK 处理外，氮、磷、钾施入量分别为 375 千克/公顷、92 千克/公顷、317 千克/公顷。每年施肥前先测定牛粪含氮量，再根据施氮量和牛粪含氮量计算牛粪施用量，最终使各处理施氮总量相等，在等氮水平上研究了有机无机肥配施对土壤 0～20 厘米原状土和土壤团聚体组分中有机质的影响（李勇，2013）。

研究结果发现，各施肥处理均增加了原状土、大团聚体、微团聚体、黏粒和粉粒的有机碳含量（图 2-2）。2012 年，与 CK 相比，CM 分别增加原状土、大团聚体、微团聚体、黏粒和粉粒的有机碳含量 56%（$P<0.05$）、54%（$P<0.05$）、52%（$P<0.05$）、81%（$P<0.05$），并达到显著水平。说明施用有机肥可以增加土壤各级团聚体的有机碳含量，尤其是增加了大团聚体有机碳的含量。原状土有机

碳储量是大团聚体、微团聚体、黏粒和粉粒有机碳储量的总和，原状土有机碳储量的增加主要是大团聚体和微团聚体有机碳储量的增加。CM 和 HCM 基本上增加各组分土壤有机碳储量（图 2-3）。累积碳输入量与原状土碳固定量呈显著正相关关系（$R^2=0.78$，$P=0.002$）（图 2-4A）。累积碳输入量与大团聚体有机碳固定量（$R^2=0.87$，$P<0.001$）及黏粒和粉粒有机碳固定量（$R^2=0.54$，$P=0.02$）之间存在显著正相关关系，而与微团聚体有机碳固定量之间也存在相关关系，但不显著（$R^2=0.17$，$P=0.26$）（图 2-4B、C、D）（李勇，2013）。

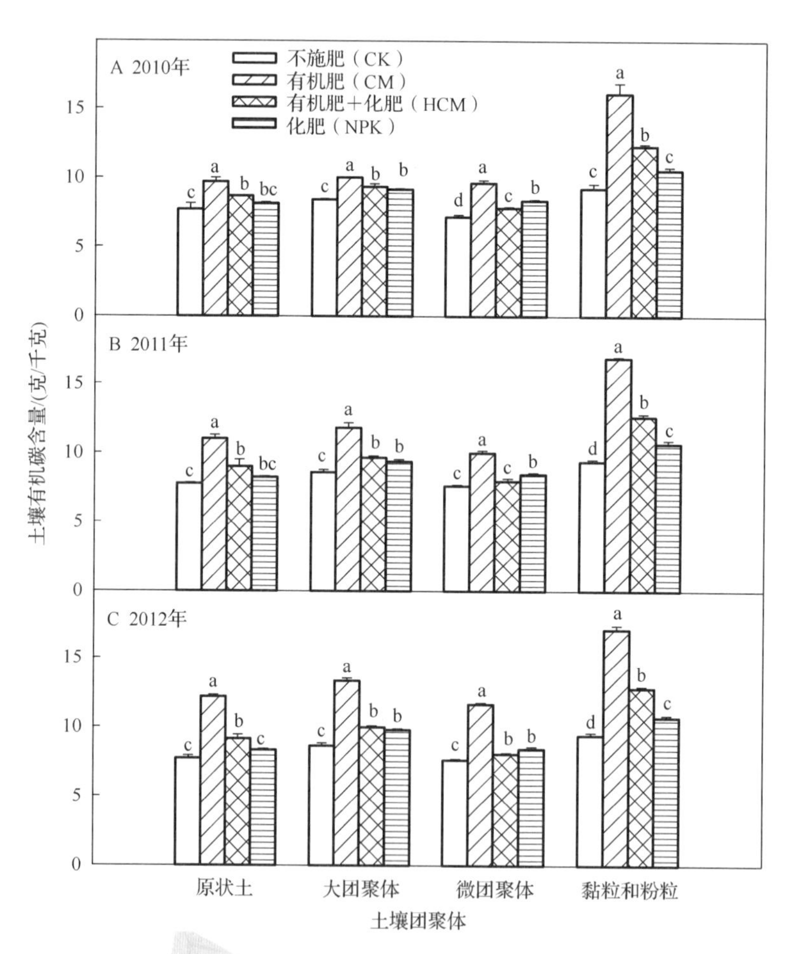

图 2-2 2010～2012 年有机无机肥配施对土壤有机碳含量的影响（李勇，2013）

注：不同小写字母表示同一年份相同组分不同处理间在 $P<0.05$ 水平上差异显著。

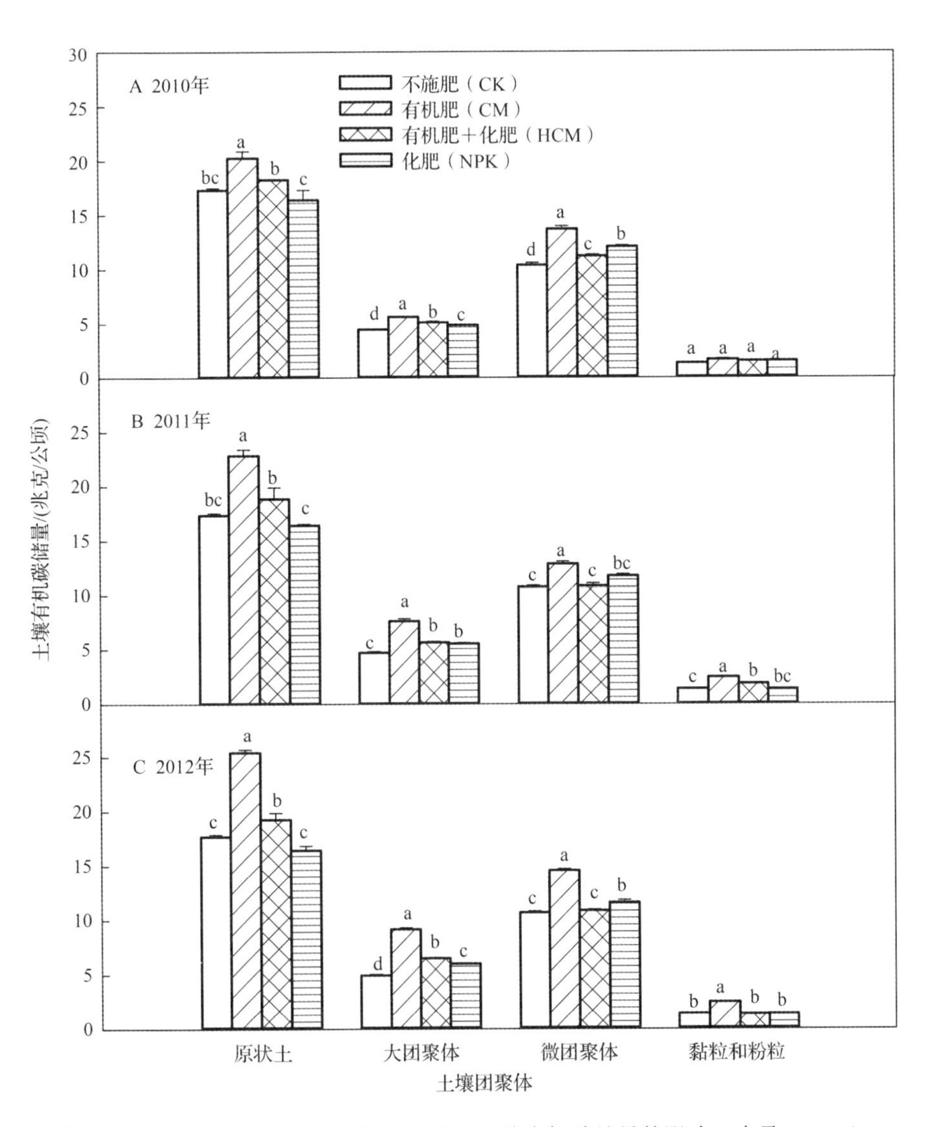

图 2-3　2010～2012 年有机无机肥配施对土壤有机碳储量的影响（李勇，2013）

注：不同小写字母表示同一年份相同组分不同处理间在 $P<0.05$ 水平上差异显著。

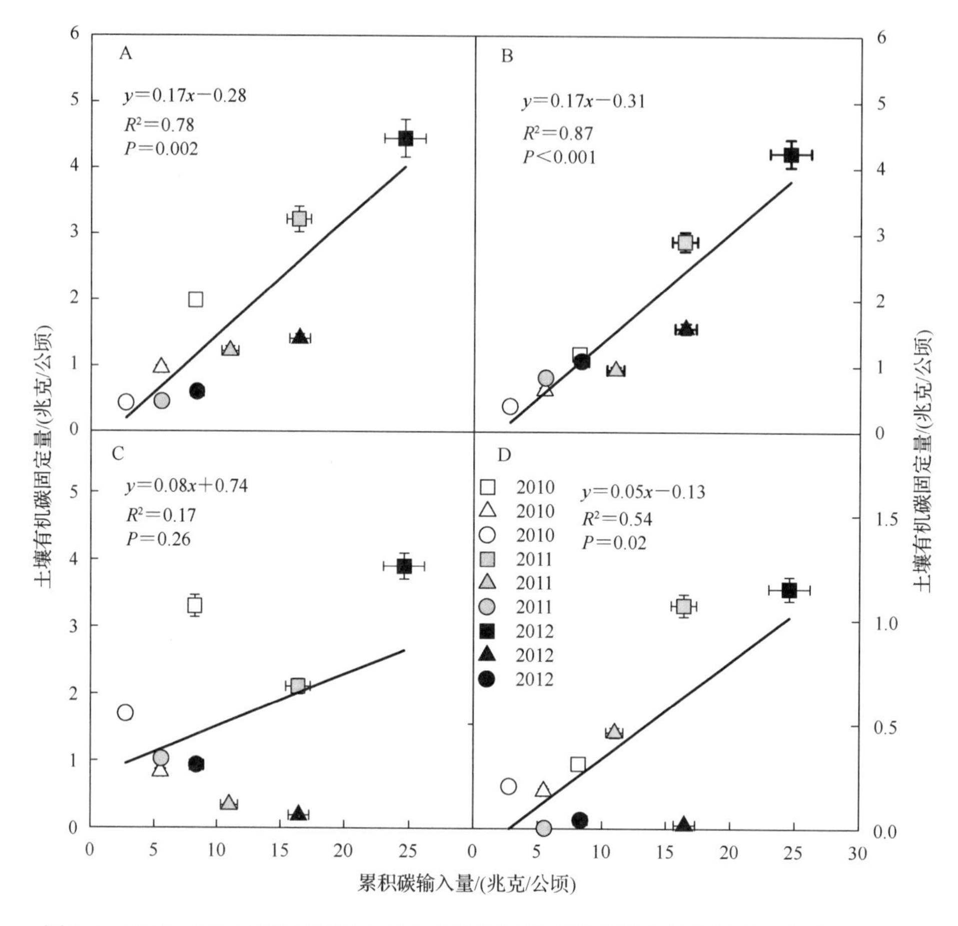

图 2-4 2010～2012 年累积碳输入量与土壤团聚体有机碳固定量的关系（李勇，2013）

注：方块代表有机肥处理，三角形代表有机无机肥配施处理，圆形代表化肥处理；
A：原状土；B：大团聚体；C：微团聚体；D：黏粒和粉粒。

2.4 土壤生物的生态功能与培育方法

土壤生物的生命活动在很大程度上取决于土壤的物理性质和化学性质，其中主要的生态因素有土壤温度、湿度、通气状况、气体组成、pH，有机质和无机质的数量、组成等。农业技术措施包括耕作、栽培、施肥、灌溉、排水和施用农药等，也能影响土壤生物的生命活动，现代农业技术（如农药、化肥、地膜、转基因种子的使用）对土壤生物损害严重。在一定条件下还可通过接种等措施有目的地增加某种微生物的数量及其生化强度。

人们通常认为，土壤是没有生命的。其实不然，它如同地球表面的各类生物一样“活”着。据科学估算，每克土壤中约有 1 亿个微生物，这些微生物各司其职、相互牵制，产生平衡作用，以维持土壤生态系统的正常运转。如果这个平衡被自然打破或人为打破，就会使土壤生态系统失去生命力甚至走向消亡。

2.4.1　土壤生物的功能

土壤与人类的生存和可持续发展息息相关。人类消耗的 80%以上的热量、75%以上的蛋白质和大部分纤维都直接来自土壤。保护好“大地母亲”是人类不容推卸的责任与义务。俗话说：“万物土中生。”作为动植物赖以生存的重要自然环境，土壤具有如下功能。

首先，土壤具有生产功能，支撑着生物的生长生活。植物能立足自然界，经受风雨的袭击而不易倒伏，是由于根系伸展在土壤中，获得土壤支撑的缘故。此外，土壤还是众多生物的栖息地，为生物提供藏身之所。同时，土壤为陆地生物提供了必需的营养物质。其中，植物需要的营养元素（氮、磷、钾及其他微量营养元素）和水分，主要通过根系从土壤中吸收。土壤也为动物及人类立足于生物圈提供了丰富的食品，既包括初级生产获得的植物产品，也包括次级生产获得的动物产品。

其次，土壤具有生态功能，可以起到固碳的作用。研究表明，仅农田土壤固碳就可以抵消约 13.1%的温室气体排放量。我国耕地土壤有机质含量每提高 1%，就可从空气中净吸收约 306 亿吨二氧化碳。土壤是“净化工厂”，当少量有机污染物进入土壤后，经过生物化学降解可降低其活性，转变为无毒物质；进入土壤的重金属元素通过吸附、沉淀、氧化还原等作用，可变为不溶性化合物，使某些重金属元素暂时退出生物循环，脱离食物链。

最后，土壤还具有缓冲性。当在土壤中加入酸性物质时，土壤可以使酸中和；反之，如果有碱性物质加入，土壤又能表现出酸的性质而加以中和，使土壤本身保持相对稳定的酸碱度。当可溶性盐类或肥料过多时，土壤中的无机物及有机物便会吸收一部分，不至于因盐类太多而伤害植物；而一旦盐类不足时，土壤又能缓慢释放出所吸附的盐类，为植物生长提供所需营养，供植物吸收利用。

虽然土壤具有净化的功能，但其净化能力是有限的。如果人类把大量工业废水废渣、化学肥料、酸碱、盐类、重金属及不断产生的高热倾入其中，那么土壤就会生病失去活力。与空气和水体不同，土壤污染更具有隐蔽性、积累性和难治理性。土壤污染治理通常成本较高，而且难以在短期内大规模修复，治理周期长、见效慢。

合理的人类活动可以使土壤质量向好的方向变化，如定期施用有机肥、保护性耕作、秸秆还田等方式可保持或提高土壤质量。

2.4.2 土壤退化与土壤生物的关系

不合理的人类活动可以导致土壤质量向坏的方向变化，如过量施用化肥、农药，高强度多频次耕作等，将会造成土壤污染、板结、退化、理化性状及生物多样性差、土壤肥力下降，不利于农业可持续发展。农作物吸收土壤矿质元素，形成酶，通过光合作用，将空气中的碳、氢、氧和氮 4 种元素转化为农作物本体。因此，一万年以来，农民一直把农作物带走的矿质元素还给土壤，实现其循环。

然而，最近几十年，农民不断在土壤中种植农作物，而不把带走的矿质元素还给土壤。土壤中有机质和矿质元素越来越少，矿质元素的严重流失，使食物中的矿质元素含量降低或缺乏，必然造成人体严重缺乏矿质元素，长期如此，容易使人体处于疾病状态。

农田土壤退化是困扰我国农业发展的重要问题。有机肥替代化肥不仅能够解决秸秆利用问题，提高土壤肥力，改善生态环境，还可以提高土壤生物多样性，进而保持作物产量（李霄，2011；蒋高明 等，2017）。

土壤微生物是土壤生态系统的重要组成者，主要包括土壤中的真菌、细菌、放线菌、部分藻类和原生动物等（姚晓东 等，2016），是土壤生态系统中最为活跃的部分，在维持生态系统整体服务功能方面发挥着重要作用，常被比拟为土壤碳、氮、磷等养分元素循环的“转化器”、环境污染物的“净化器”、陆地生态系统稳定的“调节器”，参与了有机物的分解转化、养分的转化和循环、能量流动、与植物共生，以及影响生物多样性和生态系统功能等（Lin et al.，2004），因此土壤微生物的组成和含量被看成是指示土壤质量的重要指标（Hungria et al.，2009；Santos et al.，2012）。另外，土壤微生物对微环境十分敏感，当生态机制变化和环境改变时，微生物的群落结构也发生变化（张瑞娟 等，2011；刘彩霞 等，2015），被认为是较有潜力的敏感性生物指标，也被推荐作为生态风险评估项目之一（张妤 等，2015）。提高土壤微生物的含量及群落结构的多样性，改善土壤微生物的组成结构，是改善土壤肥力、稳定土壤生态环境的有效手段。有机肥由于具有一定的微生物源和丰富的有机质，可以改善土壤微生物的群落结构，从而对土质改善、肥力提高产生积极作用（甄珍，2014）。

磷脂脂肪酸（phospholipid fatty acid，PLFA）为磷脂的一种，是活体微生物细胞膜的重要组分，在不同的微生物类群（如细菌、真菌、放线菌）中有所不同，其水解释放的脂肪酸组成的差异可以反映微生物群落结构的差异，其中部分 PLFA 可以作为分析微生物量和微生物群落结构等变化的生物标记（王曙光和侯彦林，2004；颜慧 等，2006；Drenovsky et al.，2010），因此，从土壤中提取 PLFA 的方法和技术被广泛用于土壤微生物群落结构的研究（Fernandes et al.，2013）。PLFA 法就是通过分析这种微生物细胞结构的稳定组分的种类及组成比例来鉴别土壤微生物结构多样性，该法在 20 世纪 60 年代被提出，在 70 年代末被引入土壤微生物的研究中，已成为土壤微生物生态学研究的经典方法（姚晓东 等，2016）。PLFA 法之所以被广泛使用，是因为相对于其他方法，它能够更敏感地响应微生物群落的变化，快速解读微生物群落组成是否受到环境变化的影响（颜慧 等，2006；姚晓东 等，2016）。磷脂含量约占细胞干重的 5%，细胞死亡后磷脂快速降解（White et al.，1979），所以相对于其他方法，它能够提供更多微生物表型和活力等生态学层面的信息（李新 等，2014）；另外，PLFA 法适合微生物群落的总体分析，而不是专一的微生物物种研究，既能定性又能定量，方法已经相对成熟和完善，成本相对较低（张洪勋 等，2003；姚晓东 等，2016）。

2.4.3　土壤生物恢复案例

1. 肥料配比

2009 年 9 月～2010 年 10 月在弘毅生态农场进行了有机肥-化肥不同配比梯度的施肥试验，共有 3 种处理，全化肥处理（NPK），50%化肥＋50%有机肥处理（MNPK）、全有机肥处理（M），进行冬小麦-夏玉米的轮作种植，对土壤微生物群落结构、土壤与作物的理化性质、作物的产量与品质进行了深入的研究（李霄，2011），研究结果如下。

（1）全有机肥处理（M）下的土壤，其微生物群落多样性有了显著提高，PLFA 种类（24 种）为全化肥处理（NPK，11 种）的 2 倍以上，50%有机肥＋50%化肥处理（MNPK）下的 PLFA 种类（17 种）约为 NPK 的 1.5 倍。有机肥施用主要增加短链脂肪酸和不饱和脂肪酸的微生物。土壤微生物中真菌与革兰氏阴性菌的比例随着有机肥施用量的增加而增加，其对改善土壤结构、促进土壤有机质积累等有积极作用。化肥对土壤微生物群落无积极影响。土壤微生物的生命活动可以改善土壤结构，帮助土壤中难溶元素的释放，提高植物利用土壤元素的能力。

（2）有机肥施用对土壤理化性质的改善有积极作用，主要表现在：提高土壤碳氮比，M（1.05）＞MNPK（1.03）＞NPK（0.99）；稳定土壤饱和含水量，饱和含水量升高幅度 MNPK（8.28%）＜M（17.37%）＜NPK（21.63%）。此外，有机肥处理下的土壤具有更强的抵御土壤氮淋失的作用。有机肥施用量高的土壤，其涵养水分的能力也比其他处理高。

（3）不同施肥处理对小麦及玉米的产量与品质有显著影响。MNPK 处理明显优于 M 和 NPK 处理。经过小麦季对土壤条件的调整，在玉米季，玉米籽粒产量为 MNPK（8.04 吨/公顷）＞NPK（7.18 吨/公顷）＞M（6.84 吨/公顷）；玉米秸秆产量分别为 MNPK（7.57 吨/公顷）＞NPK（6.89 吨/公顷）＞M（6.49 吨/公顷）。

（4）MNPK 处理对小麦和玉米的生物量与品质都体现了最佳的作用。MNPK

处理下的总生物量与籽粒生物量、小麦及玉米的籽粒氮含量、灌浆速率等均最高。

试验说明，有机肥的施用对土壤微生物群落的组成有积极的作用，可以增加微生物的种类，增加微生物群落的多样性。这种增加作用随着有机肥施用比例的增加而更加强烈。有机肥经过肉牛肠胃的消化及堆沤腐熟，其中含有丰富的微生物源；另外，有机肥中含有丰富的有机碳，并且有机肥的施用使土质更加疏松，有利于微生物，尤其是大量好氧异养菌的生存（李霄，2011）。

2. 真菌/细菌试验

2010 年 7 月，小麦收获后，为了实现资源的充分利用和减少污染，本团队没有焚烧秸秆，而是将之旋耕翻入土壤，而此时盛夏来临，进入雨季。秸秆与水淹都会导致微生物对底物与氧的利用方式发生变化，进而显著影响菌群 PLFA 组成（Bossio et al.，1998）。此时，土壤中的相对含水量达到 90%以上，含水量过多，涝渍严重，不利于微生物，尤其是真菌和放线菌的生活（王龙昌 等，1998）。土壤长期处于水润状态，大量的好氧细菌因缺氧而死亡，厌氧菌过于活跃，产生还原性有毒物质（Rynk，2000），而植物根系在缺氧条件下释放乙醇等有毒物质（刘晓忠 等，1991），所以 3 种处理的微生物 PLFA 多样性都锐减（图 2-5）。

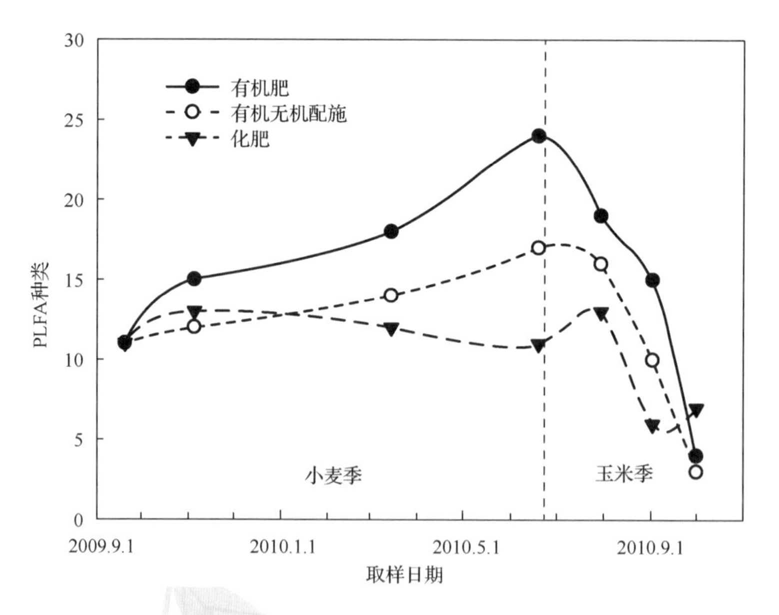

图 2-5　土壤微生物 PLFA 多样性时间曲线（李霄，2011）

注：竖直虚线处于 2010.6.20，表示小麦季结束，进入玉米季，此时进行了第 2 次施肥。

试验结果表明，有机肥的施用可以改变微生物群落结构（Bossio et al.，1998），提高土壤微生物群落的真菌细菌生物量比，在前期主要是通过提高几种真菌的含量实现；但与土壤微生物总量和多样性不同，土壤真菌细菌生物量比在进入雨季后并未立刻下降，而是持续上升了一段时间（图 2-6）。利用 PLFA 法测定了进入雨季后土壤中各类微生物的 PLFA 含量，发现真菌含量无显著变化，但细菌含量明显减少，说明在本研究中小麦-玉米产田的土壤微生物中，细菌对涝渍较为敏感，含水量过高，抑制细菌群落的生活，而真菌对涝渍现象敏感度差（Wilkinson and Anderson，2001）。土壤微生物 PLFA 变动的另一个重要因素是季节变化（Toyota and Kuninaga，2005），研究证明，随着夏季来临，微生物群落结构有显著改变。

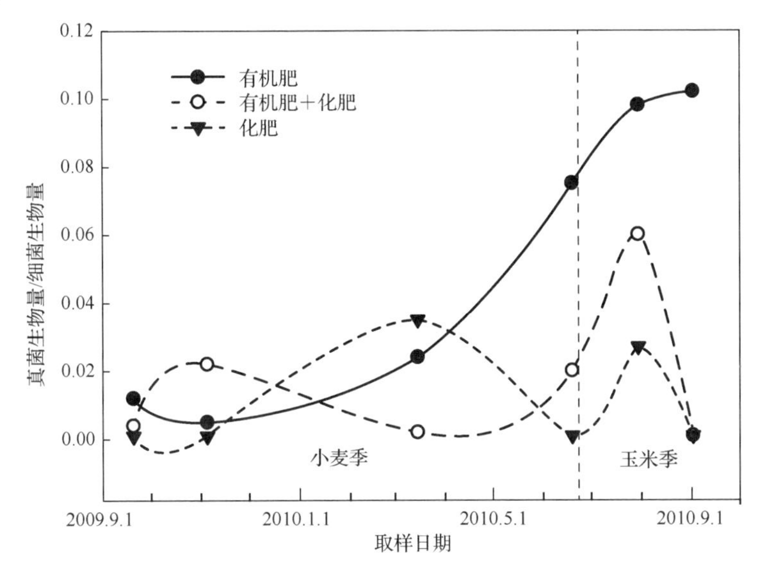

图 2-6　土壤微生物真菌细菌生物量比（李霄，2011）

注：竖直虚线处于 2010.6.20，表示小麦季结束，进入玉米季，此时进行了第 2 次施肥。

真菌因个体较大且具有菌丝等特征，可以有效地改变土壤团粒结构（龚伟 等，2007）、含水量、容重等物理性质。在菌丝体的作用下，真菌可以降解一定量的动植物残体。真菌的生命代谢中需要合成的几丁质可以成为碳元素的储库（Fontainea et al.，2011），使真菌对碳源的储备能力高于细菌近 30 倍（颜慧 等，2008）。虽然几丁质又可以成为某些细菌的碳源（Streichsbier，1986），但整体上真菌固定下来的有机碳比较稳定，不易降解。因而较高的真菌与细菌生物量比有利于土壤有机质的积累，能够使土壤生态系统更加稳定（Vries et al.，2006）。

由此，得出如下结论：有机肥部分或全部替代化肥可增加土壤微生物，尤其是真菌的含量，能提高土壤在雨季涝渍中抵抗土质损耗的能力，从而达到稳定土壤生态环境的作用（李霄，2011）。

2.5 有害元素控制

农田土壤重金属污染已成为威胁我国粮食质量安全的一个严重问题。全国受重金属污染的耕地约有 1 000 万公顷，占耕地总面积的 10%以上，多数集中在经济较发达地区，全国每年受重金属污染的粮食多达 1 200 万吨，因重金属污染而导致的粮食减产高达 1 000 多万吨，合计经济损失至少 100 亿元（郑顺安，2010）。污染农田土壤的重金属元素主要包括镉、汞、铅、砷、铬和铜等，主要来源于各种污水（如工业、商业和生活污水）、大气沉降（如工业粉尘和汽车尾气）、固体废弃物（如矿业和工业固体废弃物、各种垃圾），以及农用物资（如农药、化肥和地膜）（李明姝 等，2018）。

重金属一旦随食物进入人体，就会在体内蓄积，还可转变成高度毒性的化合物，引起神经系统受损、智力下降、骨质疏松，甚至细胞癌变（Olawoyin et al.，2012；Xiao et al.，2015；李明姝 等，2018）。因此，必须控制食品重金属含量，一旦发生重金属超标，应退出口粮行列。《食品安全国家标准 食品中污染物限量》（GB 2762—2022）中明确规定了食品中铅、镉、汞、砷、铬等重金属污染物的限量指标，其中包括谷物及其制品，见表 2-2。

表 2-2 重金属及其他污染物最大限量指标

重金属	作物	最大限量/（毫克/千克）
铅	谷物及其制品	0.2
	豆类	0.2
镉	谷物（稻谷除外）	0.1
	谷物碾磨加工品（糙米、大米除外）	0.1
	稻谷、糙米、大米	0.1
汞	谷物及其制品	0.02
砷	谷物（稻谷除外）	0.5
铬	谷物	1.0
	谷物碾磨加工品	1.0

未经处理的各种污水直接进入江、河、湖泊和农田，是农田重金属污染最主要的来源，污水中的重金属元素不仅污染了农田土壤，还进一步污染了地下水。检测数据显示，目前大部分地下水遭到了污染，有 90%的城市地下水遭受不同程度的污染，其中 2/3 被严重污染，而全国有 40%的农业灌溉使用地下水，进入地

下水的重金属又随灌溉进入农田土壤。土壤中的重金属随着作物的吸收、转运而进入人类食物链，引发各种食品安全事故，不断出现的“癌症村”就是其危害的具体表现。

农田中重金属源头如下：一是化肥；二是污染的工厂化养殖动物粪便，如鸡粪、鸭粪、鹅粪、猪粪等；三是农药中的重金属。从源头切断重金属进入土壤至关重要。

在化肥-有机肥配施试验中测定不同施肥处理条件下 0～20 厘米土层中的重金属含量，对了解土壤重金属含量和土壤质量具有非常现实的意义，它可以反映重金属在 0～20 厘米土层的含量及不同施肥处理对土壤受重金属污染影响的情况。4 种施肥处理为：①有机肥（M）；②75%有机肥＋25%化肥（MNPK1）；③50%有机肥＋50%化肥（MNPK2）；④全化肥（NPK）。测定的重金属包括铜、锌、铅、铬 4 种重金属。试验土壤为 0～20 厘米耕层，土壤 pH＜6.5，因此，本研究中各项重金属元素分别执行国家标准中相应的二级标准中的 pH＜6.5 的标准值（表 2-3）。

表 2-3　土壤环境质量标准　　单位：微克/克

项目	一级	二级			三级
pH	自然背景	＜6.5	6.5～7.5	＞7.5	＞6.5
铜（农田等）≤	35	50	100	100	400
锌≤	100	200	250	300	500
铅≤	35	250	300	350	500
铬（旱地）≤	90	150	200	250	300

根据《土壤环境监测技术规范》（HJ/T 166—2004）中的评价方法，采用单项污染指数法对研究区域的土壤重金属污染程度进行评价。单项污染指数质量评价模型是用土壤污染物实测值与评价标准值相比来计算土壤环境质量污染指数的一种评价模型，其计算公式为

$$P_i=C_i/S_i \tag{2-5}$$

式中，P_i 为污染物 i 的环境质量指数；C_i 为污染物 i 的实测浓度，微克/克；S_i 为污染物 i 的评价标准值，微克/克。

根据式（2-5）计算出的环境质量指数对元素污染程度进行分级，见表 2-4。

表 2-4　单项污染指数质量评价模型元素污染程度分级表

P_i	＜1	1～2	2～3	3～5	≥5
污染程度	未污染	轻污染	中污染	重污染	严重污染

铜、锌、铅、铬4种重金属在不同施肥处理下评价结果见表2-5。可以看出，铜、锌、铅、铬4种重金属在不同施肥处理下的单项污染指数均小于1，说明短时间内不同施肥处理对土壤重金属含量影响不大，不会对铜、锌、铅、铬在土壤中的积累产生明显影响；从单项污染指数范围可以看出，NPK处理对锌、铅、铬的影响程度基本大于其他3种处理（唐海龙，2012）。

表2-5 单项污染指数评价结果（唐海龙，2012）

测定项目	试验处理	单项污染指数	平均单项污染指数	超标率	污染程度
铜	M	0.089 5～0.116 4	0.104	0	未污染
	$MNPK_1$	0.081 0～0.115 4	0.102	0	未污染
	$MNPK_2$	0.085 3～0.123 1	0.108	0	未污染
	NPK	0.091 6～0.113 2	0.107	0	未污染
锌	M	0.055 3～0.078 3	0.064	0	未污染
	$MNPK_1$	0.051 3～0.072 7	0.063	0	未污染
	$MNPK_2$	0.056 5～0.073 5	0.065	0	未污染
	NPK	0.057 4～0.091 6	0.073	0	未污染
铅	M	0.026 1～0.054 6	0.043	0	未污染
	$MNPK_1$	0.032 4～0.056 3	0.045	0	未污染
	$MNPK_2$	0.027 3～0.055 4	0.044	0	未污染
	NPK	0.026 1～0.058 7	0.046	0	未污染
铬	M	0.083 2～0.098 0	0.088	0	未污染
	$MNPK_1$	0.077 4～0.093 1	0.087	0	未污染
	$MNPK_2$	0.078 6～0.092 9	0.085	0	未污染
	NPK	0.085 2～0.101 6	0.093	0	未污染

第3章 生态农田水分管理

水分是影响农业产量的重要因素。植物体含水量一般为70%～80%，有些植物体含水量则可达90%以上；种子含水量小于10%；细胞壁的含水量为8%左右（Stamm，1944）。水不仅是光合作用的原料，还是各种化学反应发生的必要条件。生物的一切代谢活动都必须以水为介质，而所有的物质只有处在溶解状态才能进出细胞，所以植物与环境之间时时刻刻都在进行着水分交换；水分还控制气孔开合、物质吸收与运输。合理的水分关系在生态农田管理中具有十分重要的作用。水利是农业的命脉，水分不足容易造成干旱胁迫，水分过多会造成涝害。生态农田水分管理要做到“旱能浇、涝能排”，满足作物对水分的生理生态需求。

3.1 天然降水管理

3.1.1 雨养农业

降雨是指从天空降落到地面上的雨水，其来源为大气中凝结的水蒸气。未经蒸发、渗透、流失，在水面上积聚的水层深度即为降雨量，一般以毫米为单位，它可以直观地表示降雨大小。降雨量是区域水资源量计算的重要依据，也是生态农田水分管理的重要内容。

通常按照降雨强度，将降雨划分为几个等级：小雨是指24小时内降雨量不超过10毫米的雨，小到中雨为5～16.9毫米，中雨为10～24.9毫米，中到大雨为17～37.9毫米，大雨为25～49.9毫米，大到暴雨为38～74.9毫米。24小时内雨量超过50毫米的称为暴雨，超过100毫米的称为大暴雨，超过250毫米的称为特大暴雨。零星小雨是指降雨时间很短，降雨量不超过0.1毫米；有时有小雨是指天气阴沉，有时会有短时降雨出现；阵雨是指雨时短促、降雨开始和终止都很突然，降雨强度变化很大的雨；雷阵雨则是指下阵雨时伴着雷鸣电闪；局部地区有雨是指小范围地区有降雨发生，分布没有规律。在农业中，小到中雨对作物有较好的呵护作用，而大到暴雨则会造成作物损害，如淹没、吹倒等；零星小雨对干旱情况下的作物效果较小。

气象预报把下雨、下雪都称为降水，降水的多少称为降水量，单位通常用毫米。1毫米降水量是指单位面积上水深1毫米。1毫米降水量就等于每亩地里增加0.667立方米的水，即等于向每亩地浇了约667千克水。据测定，降5毫米的雨，可使旱地浸透3～6厘米，这些降水是保持一定土壤墒情的重要水分来源。

雨养农业最早的定义是一种单纯以天然降水为水源的农业生产方式。随着科技发展，在原有基础上人工汇集雨水，实行补偿灌溉的农业生产方式也称为雨养农业。在人类开展人工灌溉之前，农业都是依靠天然降水的，至今这一做法在干旱区或半干旱区还存在。我国的雨养农业早在公元前4 500年已形成，在精耕细作的小农经济时代能够实现“自给自足”模式的农业生产活动（Lavee et al.，1997）。当前，我国的雨养农业在北方干旱半干旱地区和西南季节性干旱地区都有分布，一些缺水地区的植物在长期的雨养农业实践中具备了阶段抗旱的特点。尽管产量不高，但在发展优质农作物方面依然具备优势。除此之外，还有一大部分地区由于地下水超采、土地超负荷利用等造成农田减产、农田生态系统破坏等问题（黄伟和郭燕枝，2014）。

雨养农业区在自然因素和人为因素作用下存在一定的旱灾风险，有人利用地理信息系统对雨养农业区进行的研究表明，我国中北区、华北区、东北区和西南区为雨养农业旱灾防御和抗御的重点区域，应因地制宜地实施防旱抗旱措施，在实践中只有同时实施多种措施才能达到良好的抗旱增产效果（梁书民，2011）。早在20世纪80～90年代，由雨水收集系统、节水灌溉系统和高效农作物生产系统组成的水资源综合管理的雨养农业被科学家提出，在甘肃和西北其他半干旱地区进行实践并取得成功（Li et al.，2000）。

3.1.2 雨水管理

相对于传统雨养农业“靠天吃饭”的做法，现代雨养农业的内涵有所发展，包括人工汇集雨水，实行补偿灌溉、节水灌溉等。雨养农业不仅出现在半干旱或半湿润易旱区，还出现在雨量充沛的湿润地区。根据雨量多少，雨养农业可分为旱区雨养农业和湿润区雨养农业。

天然降水是雨养农业区水资源的主要来源，该来源面临全球气候变化的挑战。随着气温不断上升，土地干旱程度日益严重，雨水资源开发利用就变得格外重要。雨养农业因为有一定的降水量湿润农田，灌溉具有补偿农田水分不足的性质，灌溉水量较小，水源主要靠当地降水形成的径流蓄积，表现为小型水利工程。因此，雨养农业是农业的基础，灌溉是对雨养农业的有效补充。随着干旱加剧和农业灌溉用水在整个水资源分配中比例减少，雨养农业在未来农业中的地位将越来越重要。

围绕雨水有效利用，人们研发或改进的主要技术措施包括保水、蓄水和用水

3 个方面。保水与水土保持和环境治理紧密结合，蓄水与降低蒸发和发挥土壤水库作用的农田耕作紧密结合，用水则与农田栽培管理紧密结合。保水与蓄水技术是雨养农业的基础，也是水土保持和综合治理的重点。无论是多雨地区还是干旱缺雨地区，水土流失都是造成农田干旱缺水的重要因素。因此，水土保持是提高雨水有效利用的重要保证，其措施不仅包括库、坝、塘、窖拦蓄雨水，以及梯田建设等，还包括水土保持耕作技术和覆盖保墒技术。在坡耕地上，由于水、土、肥的流失量随着坡度的增加而增加，尤其是在雨量集中又多暴雨的半干旱地区，常在缓坡地和沟谷修筑梯田、坝地或集水沟等保持水土。在风蚀地区则营造农田防护林、植树种草以防风固沙。农田休闲期间的深耕、耙和春季播种前的浅耕也有利于保蓄部分降水，避免土壤水分散失。

高效用水技术是雨养农业的关键，其核心是提高农用植物的用水效率，具体措施包括节水抗旱的植物种类、品种选育及其有效的栽培耕作管理等。在栽培耕作管理中，培肥地力尤为重要。雨养农业区的土壤一般比较瘠薄，增施有机肥和种植豆科牧草，是提高土壤水分的有效措施。据测定，在年降水量为 300～500 毫米的地区，如果能采用抗旱耕作培肥土壤，1 米厚的土层可接纳雨水 200～300 毫米，2 米厚的土层可蓄 300～600 毫米的雨水。从土壤生产能力看，有机质含量 1%以上的旱地麦田，每毫米降水可生产小麦 0.68 千克，而瘠地麦田每毫米降水仅能生产小麦 0.26 千克。

常见的雨水集流系统包括集流面、输水渠、沉沙池、拦污栅、进水管、蓄水设施、放水口、田间节水灌溉系统。常见的集流面有庭院、层面、沥青路面、公路面、塑膜覆盖、原土夯实等多种形式，面积一般为 100 平方米以上。蓄水设施有水窖、水窑、水池、涝池四大类，用于解决人畜饮水，其容积多为 20～30 立方米，而用于发展节水灌溉或补充灌溉的蓄水设施容积较大，多为 50～100 立方米。田间节水灌溉系统多采用喷灌、滴灌或微喷灌措施（张光辉 等，1997）。

3.1.3　内蒙古有机农业水分管理案例

在半干旱区开展传统农业耕作方式导致土地严重退化，这是因为草原原本是不适合耕作的，而是传统的畜牧区。要修复草原，发挥草原生态屏障作用，一方面要开展退耕还牧试点，另一方面要发展有机雨养农业，尽量不动用地下水而能提高经济价值。在半干旱区，改变当地传统生产方式，提高单位土地面积产出是解决该问题的重要途径。鉴于此，美国大自然保护协会（The Nature Conservancy，TNC）与本团队合作，于 2012～2014 年在内蒙古开展了半干旱区有机农业生产关键技术研发项目，旨在通过严谨的科学试验设计，探讨生态修复与经济发展相平衡的高效生态旱作生产方式。科研人员通过设计、指导、监测和结果评估，与内蒙古和盛生态育林有限公司合作开展生态旱作农业试验示范工程，开发了土壤生物炭改良、有机肥合理施用、农林废弃物综合利用、生态防虫与除草、节水农艺、种养结合等生态旱作雨养农业技术体系。

研究发现，在半干旱区用生物炭截获雨水，可保持土壤墒情，延缓干旱。该成果是在有机模式下实现的，即利用有机肥替代化肥，用物理+生物防治方法替代农药，生产有机食品。如表 3-1 所示，玉米收获后 0～120 厘米土层土壤质量含水量基本上较播种前出现下降，这是因为此时进入旱季；而施用生物炭有一定的缓解干旱的作用，土壤质量含水量下降 20.9%，而未施生物炭的处理下降了 21.5%。从其土层表现来看，在种植前后与收获前后，施用生物炭处理的土壤质量含水量大体上高于未施生物炭处理，可见施用生物炭有一定的保墒效果。

表 3-1　生物炭试验田土壤质量含水量变化

土层/厘米	种植前/%		收获期/%	
	施用生物炭	未施生物炭	施用生物炭	未施生物炭
0～9	3.12±0.79	1.87±0.27	1.28±0.27	1.11±0.19
10～19	7.16±0.30	7.27±0.39	4.49±0.31	3.99±0.34
20～39	8.64±1.45	8.31±0.64	6.12±1.02	4.90±0.42
40～59	11.21±0.19	10.10±0.45	7.59±1.32	7.74±1.23
60～79	11.24±0.85	10.95±1.63	9.52±0.36	7.98±1.91
80～99	12.16±0.45	12.69±0.32	10.52±0.62	12.53±1.66
100～120	10.76±0.48	12.44±0.56	11.30±0.55	11.75±1.42
平均	9.18	9.09	7.26	7.14

项目区 0～39 厘米耕作层土壤种植前及收获期间均属于重旱或极旱水平，除了施用生物炭，还须应用其他旱作技术，如纳雨蓄墒、深松蓄墒、垄盖沟播、梯田保墒、秸秆覆盖等，从而实现“蓄水保墒、高效用水”的目标。

试验区位于内蒙古半干旱区，水资源缺乏是限制当地农业生产力的重要因素。施用生物炭在一定程度上减缓了作物播种至收获期土壤质量含水量的下降幅度。为进一步改善土壤墒情，提高产量，在不利用地下水的前提下，仍需要采用一些辅助措施将雨水利用效率最大化。采取的其他主要措施有：①纳雨蓄墒，即作物收获后及时深耕灭茬，耕后立土晒垡，以便熟化土壤和拦截径流；②深松蓄墒，即作物收获后及时深松不翻土，深松机深松土层深度一般须达到 30～35 厘米，播前再旋耕一次，然后耙平。深松蓄墒和纳雨蓄墒可隔年交替使用；③秸秆覆盖技术，即通过收割机对作物秸秆高茬收割（留茬高度为 30 厘米左右），粉碎的秸秆均匀铺撒于地表，高留茬利于固定碎秆，并和碎秆交织形成拦水网络，在多风地块，秸秆覆盖后用石磙碾压 1～2 次，使秸秆紧贴地表；④在选用以上旱作技术的同时，选择抗旱品种。

3.2 降　　雪

雪是从混合云中降落到地面上的固态水，是由大量白色不透明的冰晶和其聚合物组成的降水。降雪是水分在空中凝结再落下的自然现象，当重力大于浮力时凝结的固体雪降落到地面，融化即为水，因此，雪是水以固态暂时存在的一种形式。雪在很低的温度下才会出现，因此在热带地区下雪的机会微乎其微。

对于降雪量，在气象学上有严格规定。降雪量是指一定时间内所降的雪量，有 24 小时和 12 小时的不同标准。在天气预报中通常是预报白天或夜间的天气，这主要是指 12 小时的降雪量。降雪量是指将雪转化成等量的水的深度，与积雪厚度可按照 1∶15 的比例换算。如此计算，97.7 毫米降雪量约为 1.5 米厚的积雪。各等级降雪量的标准为：零星小雪是指有小量降雪但降雪量小于 0.1 毫米；小雪是指降雪量大于等于 0.1 毫米，小于 1.0 毫米；中雪是指降雪量大于等于 1.0 毫米，小于 3.0 毫米；大雪是指降雪量大于等于 3.0 毫米，小于 5.0 毫米；暴雪是指降雪量大于等于 5.0 毫米。

雪的生态作用如下。①雪具有很好的保温效果。雪降落的季节恰好是大部分作物休眠的季节，可以保护冬小麦和冬油菜等越冬作物免受低温侵扰，保护植物不被冻伤。因为雪的导热性很差，土壤表面盖上一层雪被，可以减少土壤热量外传，阻挡雪面上寒气的侵入，因此受雪保护的作物可安全过冬。②积雪在来年开春融化成液态的水，可为植物提供良好的水源，从而为农作物储蓄水分。③雪还能增强土壤肥力。据测定，每 1 升雪水中约含氮化物 7.5 克。雪水渗入土壤就等于施了一次氮肥。用雪水喂养家畜家禽、灌溉作物都可收到明显的效益。④有利于杀虫灭菌。农作物病虫害防治专家认为，寒潮带来的低温是目前有效的天然“杀虫灭菌剂”，可大量杀死潜伏在土中过冬的害虫和病菌，或抑制其滋生，减轻来年的病虫害。⑤有利于春播。冬季雪水充足，不仅可以减轻当年的旱情，还为来年春播作物的适时播种和苗全苗壮提供了有利条件（中国气象局，2013）。

3.3 灌 溉 技 术

我国是一个水资源严重缺乏的国家，人均水资源占有量只有世界平均水平的 28%，其中农业用水量占水资源利用量的 60%以上。水分对生态农田产量维持具有极其重要的作用，尤其在热量适合的时候（中国灌溉排水发展中心，2015）。水分过多与过少都会影响植物生长发育，因此合理的土壤墒情可保证作物的水分供应。即使不使用任何石化物质（如化肥和农药），热带雨林的生态系统生产力也是最大的，这是因为热带雨林生态系统中水分与热量资源都充足，且搭配合理。在现代科学技术条件下，人类可以创造条件，满足作物不同生产时期的水分需求，这在干旱半干旱区尤为重要。在暖温带和部分亚热带地区，春旱问题也较为突出。在自然条件下，往往因降水量不足或降水分布不均匀，不能满足作物对水分的需求，必须人为地进行补水，以弥补天然降水的不足。

人工补水常见的做法是灌溉，因此通俗地理解灌溉，就是放水或打水浇地。每次灌溉所需用水量为灌溉量；灌溉次数和时间长短须根据作物需水特性、生育阶段、气候、土壤条件而定；适时、适量、合理灌溉，既可满足作物生长需求，也能节约用水。灌溉期主要有播种前灌水、催苗灌水、生长期灌水及冬季灌水等，视天气和作物需水状态而定。

一般作物根系深 60 厘米，每亩地一次可有效灌水 10～15 立方米，具体水量须根据具体作物和作物种植情况来定。对于任何一种作物的某次灌水，须供水到田间的灌水量（净灌溉用水量）$W_{净}$的计算公式为

$$W_{净}=mA \tag{3-1}$$

式中，m 为该作物某次灌水的灌水定额，立方米/亩；A 为该作物的灌溉面积，亩。

上面介绍的是理论上的灌溉量，如何有效灌溉，还有很多具体的技术。下面介绍几种常见的灌溉方式。

3.3.1 漫灌

漫灌，也称大水漫灌，是常见的灌溉方式。进行漫灌之前需要挖沟，以前挖沟用人工，费时费力，后来改用牲畜、拖拉机，现在使用先进的机械，如用激光测距，用推土机和挖掘机开渠。开渠挖沟技术在盐碱地中使用效果最佳。进行漫灌时，植物在畦和垄沟中排成行或在苗床上生长，水沿着垄沟或苗床边沿流入农田；也可以在田中用硬塑料管或铝管引水，在管上间隔距离开孔灌溉，用虹吸管连接渠道。

除了明渠，目前漫灌也应用水泵动力与管网技术，可以控制水流量。由于温度、风速、土壤、渗透能力等不同，漫灌容易造成有的地方水多，有的地方水不足的现象，喷头和支管可以移动，因此可以避免灌溉不均现象。如果采用自动阀门可以增加效率。

漫灌的优点是成本低、不易造成环境污染、容易推广；缺点是水资源浪费严重、在干旱半干旱区不宜推广。另外，漫灌需要较多的劳动力，还容易造成地下水位抬高，因此易使土壤盐碱化。随着科技和经济的发展，漫灌已经逐渐被淘汰，

但部分地区由于资金和技术限制，漫灌仍然广泛存在。

3.3.2　喷灌

喷灌是指由管道将水输送到农田，经喷头中喷出，有模拟降雨的功能。喷灌有高压和低压之分，也可分为固定式和移动式。喷头压强一般不能超过 200 帕，过高会产生水雾，影响灌溉效率。喷头大部分可以转动，可 360 度回转，也可只转动一定角度。也有喷枪式喷灌，可在 275～900 帕的压强下工作，射程较远，流量达到 0.003～0.076 立方米/秒。如果将喷头和水源用管子连接，使喷头可以移动，称为移动式喷灌，将塑料管卷到一个卷筒上，可以随着喷头移动放出，也可以人工移动喷头。

与漫灌相比，喷灌可以节水 30%～50%；减少占地，能扩大播种面积 10%～20%，使粮食作物增产 10%～20%，经济作物增产 20%～30%，蔬菜增产 100%～200%（孙景生和康绍忠，2000；赵东彬 等，2011）。喷灌的优点是相对节水，且节省人力；缺点是蒸发会损失一些水分，尤其在有风的天气时，而且不易均匀灌溉；水存留在叶面上容易造成霉菌繁殖，如果灌溉水中有化肥，在炎热阳光等强烈的天气下会造成叶面灼伤。总之，喷灌技术虽然适应性很广，但存在一次性投入大、运行管理要求较高等制约喷灌技术发展的问题。因此，研发符合地方实情的特色喷灌系列产品要结合我国国情，因地制宜，遵循自然和经济规律。

3.3.3　微喷灌

微喷灌技术是介于喷灌和滴灌之间的一种新型局部灌水技术，其节水效果较好，非常适合水资源紧缺地区的农业灌溉。其显著的特点是利用高压管道系统进行喷灌，充分结合了传统滴灌和喷灌技术的优势。由水源、管网和微喷头 3 部分组成微喷灌系统，利用专门的喷灌设备，将有压水送到地块后，以较大的流速由微喷头喷出进行喷洒灌溉（王凤民和张丽媛，2009）。由于喷头的喷水孔直径极其微小，虽然喷流的流速很大，但受到空气阻力影响，会立即形成雾状，落到农作物表面时已经是细小的水滴。由于微喷灌的水流速度较快，且水压较高，因此可以有效避免传统滴灌的喷头堵塞现象（海生，2004）。微喷灌还可以直接向农作物的根系周围喷洒可溶性肥料，在提高肥效的同时能避免水资源浪费。微喷灌技术非常适合灌溉地面植物，且由于喷洒的水成雾状，因此具有一定的调温和调湿效果，能够有效调整大棚环境的温度和湿度。目前微喷灌技术广泛应用于蔬菜、花卉、果园、药材种植场所及扦插育苗区域、饲养场所等的加湿降温（杨丽，2018a）。

3.3.4　滴灌

滴灌，也称滴水灌溉，是一种低压出水灌溉的技术。滴灌的原理是利用安装在毛管上的滴头、孔口或者滴灌带等灌水装置使灌溉水呈水滴状缓慢、均匀地滴入作物根区附近浸润根系最发达区域的灌溉方法（边金凤，2009）。通俗地讲，滴灌就是在水输送到田地之前，先通过过滤装置将带有压力的水进行过滤，然后利用已经铺设在田地里面的各种类型的管道（如干管、支管及毛管）上的滴头将已经被过滤的水或者肥料滴入植物根部的土壤中，水或肥料在重力作用下能充分浸入土壤并且不产生水分和营养的流失（杨丽，2018b）。

滴灌时间过长，根系下面可能会发生浸透现象。滴灌一般是由计算机程序操纵完成的，也有由人工操作的。滴灌水压低、节水，可用于生长不同植物的地区，对每棵植物分别灌溉，但对坡地需要有压力补偿，可以用计算机控制调节不同地段的阀门来实现，关键是控制压力和从水中去除颗粒物，以防堵塞滴灌孔。水的输送一般用塑料管，一般是黑色的，或覆盖在膜下面，防止生长藻类，也防止管道由于紫外线的照射而老化。滴灌也可以用埋在地下的多孔陶瓷管完成，但费用较高，有时用于庭院草坪和高尔夫球场。

3.3.5 渗灌

渗灌是继喷灌、滴灌之后的又一项节水灌溉技术，又称地下滴灌。它起源于地下浸润灌溉，是当今世界较先进的农业节水灌溉技术。早在 1 000 多年前，山西临汾就出现了以泉水为水源，在耕层下铺设 0.4～0.6 米厚的鹅卵石作为蓄水通道进行灌溉的地下灌溉工程，这是我国地下灌溉的起源。在随后的几百年里，河南济源也出现了在地面以下埋设由透水瓦片扣合而成的“透水道”进行灌溉的合瓦地。20 世纪 50 年代以来，河南、山西、陕西、江苏等地开展了地下灌溉的研究。1974 年，我国开始进行渗灌工程试点（王淑红 等，2005）。

渗灌是一种地下微灌形式，其原理是以低压管道输水，再通过埋于作物根系活动层的灌水器（微孔渗灌管），根据作物的生长需水量定时定量地向土壤中渗水供给作物（王彦军 等，1997）。渗灌节水技术不仅能大幅增产，还能改善根区土壤物理条件，保持耕层土壤结构，降低室内空气湿度，并能有效减少病虫害，抑制杂草生长，便于田间管理。渗灌比漫灌节水 70%，比滴灌节水 20%，与常规施用方法相比一般可节省农药和化肥 30%。渗灌是目前各种节水灌溉方法中水利用系数较高的一种灌水技术，但是存在以下问题：渗灌管较易堵塞；地下维修不便；易受水头压力影响，渗水均匀性不稳定；灌溉管理深受作物根深及机械化作业的限制而不易确定（钱晓辉 等，2000；张书函 等，2002；叶全宝 等，2004）。

3.3.6 调亏灌溉

调亏灌溉是建立在作物与水分关系基础上的一种节水高产灌溉技术。调亏灌溉于20世纪70年代中期，被澳大利亚持续灌溉农业研究所（Institute for Sustainable

Irrigated Agriculture，ISIA）首次提出，其原理是在特种程度的水分胁迫条件下，不同类型作物的生理和生化过程产生变动，其日后的抗旱潜力得到进一步强化，通过植物本身的机理变化实现水分高效利用（史文娟 等，1998；康绍忠 等，2001）。在实际调查中发现，沿用这类方式不仅可以促进作物营养器官的生长、提升根冠比，还可以通过营养、生殖器官内部光合产物的协调性分配，改善作物品质，获得更高的作物产量。目前这种灌溉方式在大豆、小麦、玉米等粮食作物生产及一些蔬果生产中广泛应用。调亏灌溉既有经济效益，又有生态效益，特别适宜应用于水资源短缺或用水成本较高的地区（胡亚洲，2018）。

3.3.7　控制性分根交替灌溉

控制性分根交替灌溉是利用作物水分胁迫时产生的根信号功能，人为保持根系活动层的土壤在水平或垂直剖面的某个区域干燥，使作物根系始终有一部分生长在干燥或较为干燥的土壤区域中，限制该部分的根系吸水；同时通过人工控制使根系在水平或垂直剖面的区域交替出现，即干燥区和湿润区交替灌溉，使干燥区的根系产生水分胁迫信号传递到叶气孔，从而有效地调节气孔关闭，而处于湿润区的根系从土壤中吸收水分以满足作物的最小生命之需，使其对作物的伤害保持在临界限度以内（康绍忠 等，1997）。应用该技术，一方面使部分根系处于土壤干燥区域（干燥区）中，作物受到水分胁迫，根部形成大量脱落酸，传送到叶片，气孔开度减少，降低蒸腾耗水量；另一方面，使部分根系处于灌水的区域（湿润区）中，作物从土壤中吸收水分，满足正常的生理活动需要。

控制性分根交替灌溉既可减少作物间一直湿润时的无效蒸发损失和总的灌溉用水量，又可改善土壤通透性、降低土壤机械强度，促进根系的补偿生长，提高根系对水分、养分的利用率。该技术在实际应用中改为隔沟交替灌溉系统等。甘肃省推行大田玉米隔沟交替灌水技术，在保持高产条件下节水 33.3%，效果显著，且投入不增加，因此在几年前被列为当地节水技术推广计划。

综上所述，除漫灌外，其余措施均为节水灌溉，即以最低限度的用水量获得最大的产量或收益，也就是最大限度地提高单位灌溉水量的农作物产量和产值。实行节水灌溉工程后，可以减少灌溉过程中的劳动力配置，滴灌通过局部湿润灌溉，田间土壤疏松，通透气性良好，易溶性肥料、植物生长调节剂、内吸杀虫剂等可随水滴入，可减少中耕、施肥、喷药、锄草等的作业次数和劳动力投入，节省了大量的人力和物力。通过节水灌溉，农作物得到及时的灌溉，提高了灌溉保证率，能有效促进粮食增产增收，这也是节水灌溉工程的主要效益。此外，节水灌溉还能实现节水、节地、节电等效益，其优点突出，但成本高，不可降解的塑料管网对环境并不友好。

3.4 土壤保墒技术

墒是指土壤水分。保墒是指保持适合种子发芽和作物生长的土壤湿度的做法。保墒就是尽量保持水分不蒸发，不渗漏。例如，土地在播种后要压实，是为了减少孔隙度，让上层密实的土保住下层土壤的水分。保墒在古代文献中称为“务泽”，即“经营水分”的意思。经营就是通过深耕、细耙、勤锄等手段来尽量减少水分的无效蒸发。农田的土壤湿度是干旱地区农民关心的一件大事。每当春季来临，有经验的农民常常抓起一把土，搓一搓，观察地里的墒情。除了用肉眼看、凭经验取土检查外，也可用烘干法或酒精烧干法，计算干土的含水率，还可用中子法、张力计等方法测定土壤含水量。一般来说土壤含水量占干土重的 20%～30%时，是作物生长较适宜的墒情。

在生态农田发展中，土壤保墒技术作为一项重要的基础农业技术手段，受到人们广泛重视和被充分利用。土壤保墒技术有效利用了降水或者流水，将水分储存在土壤中，供作物生长时利用。保墒在生态农田作物生长的几乎各个阶段都非常重要，尤其是在北方，播种后要保持一定的土壤含水量，就要把地面的土块以耙、磨的方式耙平、磨细，减轻阳光和风对水分的蒸发，为种子发芽赢得时间，等种子发芽、根系下扎后，保墒作用就不急迫了。小麦春天起身和玉米灌溉后土壤水分蒸发非常快，也需要采取相应措施进行保墒。

墒和作物的关系十分密切。作物种子播到地里，能否出苗和出苗好坏，在很大程度上取决于墒情的好坏，也就是取决于土壤水分是否充足。作物出苗后的整个生长发育过程中也必须有良好的墒情。在作物生长期间，如果没有土壤水分输入，就不会有生长的现象。在土壤干旱时，农作物会立即停止生长。农作物的所有器官由于缺水而发生生长抑制现象。幼嫩的叶子会停止生长，失掉正常的同化作用。土壤水分的临时缺乏，对不同农作物的各个生长发育过程也有不同的影响。如果小麦在抽穗期间缺水，则同化作用会长期陷于混乱状态（谭伯勋，1989）。

以土壤耕作为中心的保墒农业技术措施，是我国农民几千年积累下来的丰富经验，这些宝贵经验不断地为农业生产实践所丰富和发展。土壤耕作保墒的主要任务是经济有效地利用土壤水分，发挥土壤潜在肥力，提高作物抗御干旱等自然灾害的能力。利用犁铧耕翻土壤进行耕作，为作物生长创造良好的环境条件，耕作本身有熟化土壤、消灭杂草、调节土壤三相（固、液、气）比例的作用。抗旱耕作的中心是保蓄土壤水分，使有限的水分尽量蓄积下来，为作物生长创造有利条件，特别是水分条件。干旱地区的耕作，一般是进行春耕（尽量少耕）、夏耕或伏耕（休闲期）和秋耕，个别地方有冬耕。依耕作深度分为浅耕和深耕（有的地方利用铁锨翻地或套犁深耕）。中耕则指在作物生长期进行耕作。抗旱保墒耕作主要包括伏秋深耕、冬春碾耢、深中耕、深耕结合施肥和坑种法（西北农业大学干旱半干旱研究中心，1992）。

3.4.1　深耕蓄墒

深耕蓄墒即通过机械或人工的方式深翻土壤，达到通气蓄墒的目的，这一做法在生态农田增产中作用很大。深耕时间应根据农田水分收支状况决定，适时深耕是蓄雨保墒的关键，一般宜在伏天或早秋进行。对于一年一熟麦收后休闲的农田要及早进行伏深耕或深松耕。耕翻深度因耕翻工具、土壤等条件而异，应因地制宜，合理确定。一般耕翻深度以 20～22 厘米为宜，有条件的地方可加深到 25～28 厘米，深松耕深度可至 30～50 厘米。深耕有明显的后效，一般可达 2～3 年。因此，同一块地可每 2～3 年进行一次深耕。

深耕保墒措施主要是针对干旱半干旱地区而言的。由于干旱半干旱地区土壤中水分较少，土壤通常会出现板结硬化等现象，如果不对土壤进行深耕松土，将导致土壤硬化，不利于作物生长。所以，深耕松土保墒措施可以有力地增加土壤的松散度，提高土壤蓄水保墒能力，使土壤墒情进一步好转。目前在北方农田里，深耕松土已经成为主要的保墒措施之一，在农业生产中得到了广泛的应用。深耕松土保墒措施的要点在于：①深耕松土要控制好深度，既要实现松土要求，又要保证深度适合，还要减小土块直径；②深耕松土要保证操作频率，对于干旱较严重地区，不宜进行频繁深耕，否则会导致土壤中水分蒸发，加重旱情；③对于干旱严重地区可以选择对硬化土层进行机械松土或人工松土（冶晓云，2012）。

2006 年在山东省平邑县蒋家庄村进行生态农业试验，开始几年的产量并不理想。这是因为，承包的土地是村里最差的，加上前期农场建设导致土地表层紧实，又不用化肥和农药，产量低于常规农田。2009 年，对试验田进行了深耕处理，用挖掘机深耕了 50 厘米，2010 年小麦和玉米产量超过了周边普通农田，小麦、玉米两季亩产达到了 1 吨以上，从此高产稳产至今。目前，政府在各地进行基本农田建设，投入的费用和机械能都很大，如果采用深耕蓄墒，我国基本农田还有很大的粮食增产空间。

3.4.2　耙耱保墒

耙耱是在耕后土壤表面进行的一种耕作技术措施，其主要作用是使土块碎散，地面平整，耕作层上虚下实，利于保墒和作物出苗生长。

1. 耙耱时间

耙耱保墒主要是在秋季和春季进行。对麦收后休闲田在伏前深耕后一般不耙，其目的是纳雨蓄墒、晒垡，熟化土壤。但立秋后降雨明显减少，一定要及时耙耱收墒。从立秋到秋播期间，每次降雨之后，地面出现花白时，就要耙耱一次，以破除地面板结，纳雨蓄墒。一般要反复进行多次耙耱，横耙、顺耙、斜耙交叉进行，耙耱连续作业，力求把土地耙透、耙平，形成上虚下实的耕作层，为适时秋播、保全苗创造良好的土壤水分条件。作物收获后，进行秋深耕时必须边耕边耙耱，防止土壤跑墒。早春解冻、土壤返浆期间也是耙耱保墒的重要时期。在土壤解冻达 3～4 厘米深、昼消夜冻时，就要顶凌耙地，以后每消一层耙一层，纵横交错进行多次耙耱，切断毛管水运行，使化冻后的土壤水分蒸发损失减少到最小程度。在播种前也常进行耙耱作业，以破除板结，使表层疏松，减少土壤水分蒸发，增加通透性，提高地温，有利于农作物适时播种和出苗。

2. 耙耱深度

耙耱深度因目的而异。早春耙耱保墒或雨后耙耱破除板结，耙耱深度以 3～5 厘米为宜。耙耱灭茬的深度一般为 5～8 厘米，但对耙茬播种的地，第一次耙地的深度为 8～10 厘米。在播种前几天耙耱，其深度不宜超过播种深度，以免因水分丢失过多而影响种子萌发出苗。

3.4.3 镇压提墒

镇压一般是在土壤墒情不足时采取的一种抗旱保墒措施。镇压后表层出现一层很薄的碎土时是采用镇压措施的最佳时期，土壤过干或过湿都不宜采用。土壤过干或在沙性很大时进行镇压，不仅压不实，反而会更疏松，容易引起风蚀；土壤湿度过大时镇压，容易压死耕层，造成土壤板结。此外，盐碱地镇压后容易返盐碱，也不宜镇压。

1. 播前播后镇压

播种前土壤墒情太差，表层干土层太厚，播种后种子不易发芽或发芽率不高，尤其是小粒种子不易与土壤紧密接触，得不到足够的水分时，就需要进行镇压，使土壤下层的水分沿毛细管移动到播种层上，以利于种子发芽出苗。

2. 早春麦田镇压

早春经过冻融的土壤，常使小麦分蘖节裸露，进行镇压可使土壤下沉、封闭地面裂缝，既能减少土壤水分蒸发、防御冻害，又能促进分蘖、防止倒伏。早春麦田镇压一定要在地面稍为干燥后，在中午前后进行，以免地面板结，压坏麦苗。

3. 冬季镇压

冬季地面土块太多太大，容易透风跑墒。在土壤开始冻结后进行冬季镇压，压碎地面土块，使碎土比较严密地覆盖地面，以利冻结聚墒和保墒。

3.4.4　中耕保墒

中耕是指在作物生育期间进行的土壤耕作，如锄地、耪地、铲地、趟地等。中耕可在雨前、雨后、地干、地湿时进行，也可根据田间杂草及作物生长情况确定。中耕保墒技术的主要作用是通过松土、除草，切断土壤毛细管，防止土壤板结，从而减少水分蒸发量，增加降雨入渗能力。

中耕深度应根据作物根系生长情况而定。在幼苗期，作物苗小、根系浅，中耕过深容易动苗、埋苗；苗逐渐长大后，根向深处伸展，但还没有向四周延伸，这时应进行深中耕，以铲断少量的根系，刺激大部分根系的生长发育。如果作物根系横向延伸后，再深中耕，就会伤根过多，影响作物生长发育，特别是天气干旱时，易使作物凋萎。中耕宜浅不宜深，在长期生产实践中，总结出“头遍浅，二遍深，三遍培土不伤根”的宝贵经验，雨后 2～3 天及时中耕有利于保墒（温晓慧，2010）。

3.4.5　“四墒”整地法

“四墒”整地法包括秋耕壮垡、耙耱保墒、镇压提墒和浅耕塌墒，具体如下。①秋耕壮垡，即秋耕时先浅耕耙去根茬杂草，平整土地、施足底肥，然后深耕（>20 厘米）翻下。②耙耱保墒，即早春地刚化冻时进行顶凌耙耱，消一层耙一层，雨后再耙耱，播前还要纵、横、斜耙耱 2～3 次，使表土疏松，地面平整细碎，减少蒸发。③镇压提墒，即春季干旱时，一般要通过镇压提墒保墒。镇压顺序一般是压干不压湿，先压砂土后压黏土。风大、整地质量差、土块多的区域或地块尤其需要镇压。④浅耕塌墒，即对已经进行秋季耕翻的地，在春季播前 4～5 天，用不带犁镜的浅犁活土除草，让土壤踏实，耙耢后播种。

3.4.6　“三深”耕作法

“三深”是深耕、深种与深锄 3 种保墒措施的简称。①深耕，即伏耕 26.7～30 厘米。②深种与深耕相配套，深耕创造一个深厚的活土层，在该条件下，玉米等作物可播种到 10～13 厘米土层，以增强其抗旱能力。③深锄发生在雨季之前，玉米等作物定苗后，苗高 33.3 厘米左右，用镢头深刨 23.3～26.7 厘米土层，刨后土地不要平整，留下小坑、小窝，以利接纳夏季急雨，增强蓄水能力。

“三深”耕作法是 1970 年由内蒙古自治区武川县聚宝庄生产队经过不断实践提出的旱地耕作方式，是旱地耕作制度上的一次革命。“三深”耕作法正是抓住了“水”这个关键因素，以土保水，以水促肥，创造了“深耕蓄墒，深种探墒，深锄保墒”的“三深”耕作法。该耕作方法加厚了活土层，提高了土壤蓄水保墒能力，能够更多地接纳和保蓄夏秋雨水，减轻了春季土壤风蚀和夏季土壤冲刷程度，通过改善土壤空气和水分条件促进了肥料的分解吸收，使作物出苗齐全、根系发达、籽粒饱满，同时减少了田间杂草，实现了作物产量的增加（武川县农技站和乌盟农科所调查组，1974）。

3.4.7 “四早三多”耕作法

“四早”即在作物夏收后，早灭茬，破土保表墒；早深耕，纳雨蓄深墒；早细犁，破垡松土“匀墒”；早带耙，立足于秋季收“全墒”。“三多”即多粗犁，有利于晒垡纳雨；多细犁，有利于破垡活土、墒情均匀；多耕地，有利于滴雨归田，表土封口防止蒸发，达到表土细、无土块的目的。

3.5 肥水管理

3.5.1 肥水的来源

由于生态农田使用的肥料以有机肥为主，辅助以可降解的生物质肥料，使用化肥量很少。如果发展有机农田，则不允许使用化肥，生态农田中速效氮、速效磷和速效钾的含量较低，往往会限制作物高产。为了破解这个问题，必须重视肥水管理。

肥水是指包含各种速效成分及氨基酸等富营养化的液态肥料。动物粪便和秸秆发酵后的沼液，以及动物养殖场冲刷出来的液体，或雨后从养殖场里进入液态池内的废水都是理想的肥水。这在生态养殖过程中需要对其进行严格管理，应当像管理工厂排污那样，养殖场内的肥水不能含有重金属，基本不含抗生素，这才是理想的肥水来源。除了动物排泄物发酵形成的肥料外，还有菌棒及秸秆绿肥等经过发酵也能作为优质的肥料供农业生产使用。有了肥水资源，再配合灌溉网络，能很方便地将植物需要的养分和水分输入生态农田中。生态农业中有机肥料的使用能够改良土壤，培肥地力，促进植株生长，增加作物产量，显著改善农产品品质，提高农业生产的经济效益。同时，可增加土壤团粒结构，改善长期使用化学肥料所形成的土壤板结，增加土壤降雨渗入强度，减少地面径流量，减轻农耕地水土流失。

3.5.2 肥水的营养特点

肥水具有植物容易吸收的矿质元素及氨基酸等。科学利用肥水，既可以减少环境中的易腐有机物污染，又可以提高生态农田的作物产量。下面以沼液为例说明肥水的营养特点。

沼液是有机物在进行厌氧消化产生沼气的同时得到的一种厌氧产物，含有丰富的矿物质、水解酶、B 族维生素、氨基酸、植物激素和腐殖酸等，是一种良好的有机液体肥料。沼液多由牛粪、兔粪、鸡粪混合发酵而成，发酵后的肥效是普通化学合成肥料的 10 倍以上。沼液渣肥的有机质含量比人粪尿高 5～6 倍，氮素比例也略高（表 3-2）。水肥中可溶性养分多，但氮、磷、钾含量较低，渣肥的养分含量高，含有丰富的有机质和较多的腐殖酸。沼液肥具有原料来源广、成本低、养分全、肥效长、能改良土壤等特点。不过，沼液在使用过程中，如果把握不好用量会造成烧苗现象。

表 3-2 沼液肥和其他有机肥主要成分比较　　单位：%

肥料	有机质	腐殖酸	全氮	全磷	全钾
沼液水肥	—	—	0.03～0.08	0.02～0.06	0.05～0.1
沼液渣肥	30～50	10～20	0.8～1.5	0.4～0.6	0.6～1.20
人尿粪	5～10	—	0.5～0.8	0.2～0.4	0.2～0.3
猪粪	15	—	0.56	0.4	0.44

沼液的水质特性使作物吸收极快，既有速效性，又兼具缓效性。研究表明，常施沼液，会使作物生长健壮，叶片厚度和果实重量显著增加，品质显著提高，使产量提高 15%～35%，使可溶性糖含量提高 36%；对植物缺素症和西瓜病毒病有特效；同时改善抗寒生理，提高抗冻能力。沼液堪称“肥中之王”，是目前世界上营养较全，较均衡，生产无公害、绿色、高档农产品的较佳肥料。沼渣沼液可分开使用，沼渣用于养蚯蚓，沼液则用于灌溉，这样种植出来的作物或蔬菜品质非常好，也不会污染河湖环境。

以水稻为例，在培育水稻过程中利用沼渣培肥、沼液浸种，植株根系发达，白根多，分蘖强，秧苗质量好，移栽后返青分蘖快，经济性状好，具有显著的增产作用（徐树明和龚贵金，2018）。

3.5.3 肥水的防病虫害效果

沼液不仅能代替部分化肥起到促进农作物生长发育的作用，还能对农作物的大部分病虫害起到减轻或防治作用，而且效果非常显著，与农药相比具有无抗性、价格低、无残留等优势，是理想的化学农药替代品（李建波，2018）。沼液具有驱虫、杀虫的功效，对幼虫和虫卵的致死率为 90%以上，属于绿色生物杀虫剂。沼液所含有机酸中的丁酸和植物生长激素中的赤霉素、吲哚乙酸及维生素 B_{12} 等，能破坏单细胞病菌的细胞膜和蛋白质，有效控制有害病菌的繁殖；沼液中的氨、铵盐和抗生素，能抑制和封闭红蜘蛛等害虫害螨的呼吸系统，从而达到驱虫、杀虫、杀菌的作用。对果树腐烂病、轮纹病、干腐病、根腐病、斑点落叶病、霉心病、褐斑病、白粉病、黑点病、红点病，梨树黑星病，葡萄黑痘病、白腐病、灰霉病、霜霉病、炭疽病，樱桃叶面穿孔病、叶斑病、流胶病，果树、蔬菜及大田苗期疫病、纹枯病等真菌、细菌病害均有明显的控制作用。沼液对蚜虫、红蜘蛛、白蜘蛛、地蛆、食心虫卵、菜青虫、甜菜夜蛾、棉铃虫等害虫害螨均有显著防效。常年使用沼液能减少病虫害防治次数（3 次以上），且其无污染、无残毒、无抗药性，被称为生物农药。

3.5.4 肥水一体化智能灌溉系统

为了提高有机肥肥效，可以将有机肥溶解出来的速效成分与灌溉系统联用，既补充水分，又补充养分，这样的技术已经非常成熟，肥水一体化智能灌溉系统就是这样的系统。系统由软件系统、区域控制柜、分路控制器、变送器、数据采集终端组成。通过与供水系统有机结合，实现智能化控制；智能化监测、控制灌溉中的供水时间、施肥浓度及供水量。变送器（土壤水分变送器、流量变送器等）将实时监测灌溉状况，当灌区土壤湿度达到预先设定的下限值时，电磁阀可以自动开启；当监测的土壤含水量及液位达到预设的灌水定额后，可以自动关闭电磁阀系统。可根据时间段调度整个灌区电磁阀的轮流工作，并手动控制灌溉和采集墒情。肥水一体化管网系统可协调实施轮灌，充分提高灌溉用水效率，实现节水、节电，减轻劳动强度，降低人力成本。需要指出的是，化肥是易溶于水的，而有机肥难溶于水，需要进行长时间发酵后，取上清液并通过过滤，按照一定比例加入管网系统进行施肥。每次的有机肥溶解液（如沼液）可根据同期施加的化肥量，以纯氮量进行折算。

1. 用水量控制管理

实现两级用水计量，将出口流量作为农田用水总量计量，通过每个支管压力传感采集数据实时计算各支管的轮灌水量，与阀门自动控制功能结合，实现每个阀门控制单元的用水量统计。同时水泵引入流量控制，当超过用水总量时将通过远程控制，限制农田用水。

2. 运行状态实时监控

通过水位视频监控能够实时监测滴灌系统水源状况，及时发布缺水预警；通过水泵电流和电压监测、出水口压力和流量监测、管网干管流量和压力监测，能够及时发现滴灌系统爆管、漏水、低压运行等不合理灌溉事件，及时通知系统维护人员，保障滴灌系统高效运行。

3. 自动控制

通过对生态农田土壤墒情信息、小气候信息和作物长势信息的实时监测，采用无线或有线技术，实现阀门的遥控启闭和定时轮灌启闭。根据采集到的信息，结合当地作物的需水和灌溉轮灌情况制定自动开启水泵、阀门的时间，实现无人值守自动灌溉，分片控制，预防人为误操作。

4. 运行与维护

日常运行与维护管理包括系统维护、状态监测和系统运行的现场管理；实现农田用水量计量管理、旱情和灌溉预报专家决策、信息发布等功能的远程决策管理；对用水、耗电、灌水量、维护、材料消耗等进行统计和成本核算，对灌溉设备生成定期维护计划，记录维护情况，实现灌溉工程的精细化维护运行管理。肥水一体化智能灌溉系统能够充分发挥现有的节水设备作用，优化调度，提高效益，应用自动控制技术，更加节水节能，降低灌溉成本，提高灌溉质量，将使灌溉更加科学、方便，提高管理水平。

5. 移动终端小程序（App）

为方便管理人员对肥水一体化智能化灌溉系统进行远程管理，有些设备与互联网密切结合，通过手机等移动终端设备随时随地查看系统信息，并进行远程操作。该系统的特点如下：①节水节肥，高效水肥灌溉和精准调控；②省时省力，可迅速大面积灌溉和施肥；③智能控制，根据土壤水分含量等相关参数自动反馈控制灌溉；④提高产量，投运该系统可使作物增产 30%～50%。

3.5.5　应用案例

1. 台湾省屏东县案例

台湾省在利用生物质废弃资源制作肥料方面进行了几十年的实践，大力推动了沼液沼渣再利用，获得了理想的效果。在台湾省屏东县应用的肥水多为沼液。土黄色的肥水，经过固液分离机，分成两大部分，一部分为固体（沼渣），一部分为液体（沼液）。有了肥水，大力发展了果树种植与蔬菜种植。用沼液肥种植出来的香蕉、木瓜、柠檬等，口感好，也鲜有病虫害发生。

在屏东县大丰畜牧场，每个月产生大量的沼液、沼渣和沼气。沼液和沼渣用来发展生态农业，沼气用来发电。施用沼渣和沼液生产出来的咖啡透彻香醇，并进入了有机超市。据畜牧场场主介绍，自从有了沼液沼渣，施灌后改善了环境，再也不用担心河川污染。“肥水不流外人田”，改变传统畜牧场方式，也意外开创了生态农业的一片新天地。

2. 河南省安阳市案例

在河南省安阳市，由本团队指导的生态农场利用肥水管理技术，在有机农业模式下获得了理想的增产效果，小麦和谷子等作物的产量超过化肥农业模式下的作物产量。该基地位于河南省安阳市汤阴县尚家庵，于2010年成立，由河南省鑫贞德有机农业股份有限公司管理。该基地流转土地 7 000 亩，打造以生态种植、养殖、资源循环利用为主导，以食品安全、环境友好为使命的农业高科技生态示范园区。该园区聘请本团队为技术指导，利用生态学原理，实现“高产、优质、高效、生态、安全”农业。该公司于2017年成功上市“新三板”。截至2022年，该公司有基本农田5 000亩、一般农田1 300亩、建设用地200亩，整个园区已经全部停止使用农药、化肥、地膜。该园区建有散养鸡舍3栋，养鸡10万只；肥猪舍10栋和母猪存栏2万头的种猪场，并进行自繁自育。另外，建有1 000立方米沼气工程，动物排泄物进入了沼气池，日处理量约为500吨。肥水通过灌溉管网系统进入了生态农田。建筑面积2万平方米，配置有智能温室大棚、发酵床猪舍、特色植物种植区、有机肥料加工区等。该园区以有机种植为基础，以生态养殖为导向，以可再生能源发电、科普康养、休闲体验和技术创新为目标。在推动绿色农业发展、生态环境保护和生产经营模式创新方面，该园区是一个值得学习和研究的案例。

3. 山东省东平县案例

本团队指导的泉灵生态农场位于山东省泰安市东平县梯门镇西沟流村。该农场有山坡地1 200亩，因位于东平湖水源地上游，不适合发展粗放式的化学农业，自2011年后改为发展有机农业。该农场的设计为：种养结合、山上养羊、山下种樱桃；羊粪发酵后利用肥水进行灌溉，底肥用羊粪和剪枝等的废弃物，经粉碎后埋进果树周围；利用物理＋生物方法控制虫害；羊粪发酵液作为叶面肥，同时防治蚜虫与红蜘蛛等害虫害螨；发展果园生草养地，利用机械设备剪草，同时将绿肥就地入土。

该农场从建设之初就是高起点定位。在樱桃树的上方，全部安装了喷灌设备，地下也铺设了滴灌管道。羊尿等污水都流进沼气池，发酵后，再利用沼液滴灌樱桃。沼液除了肥效显著，还有防虫杀虫的效果。1 000只羊的羊粪不够用，还需要从外面购买部分有机肥。将传统的肉羊圈舍地面养殖改为养殖床上养殖。新建养殖床高度为 1.8 米，工人完全可以在下面清扫羊粪，然后用水冲洗，最后粪污流到发酵池中。这样能保持羊圈充分清洁。在传统的地面圈养方式中，羊粪尿都混在一起，羊圈潮湿，容易诱发各种疾病。在养殖床上养羊，羊的粪尿落到地面上，养殖床上既干净又干燥，有利于减少病害的发生，也能高密度养殖。自从2011年泉灵生态农场养羊以来，有效地解决了周边村庄玉米秸秆处理难的问题。农场购进了玉米收割机械，秋收时，免费为周边村民收割玉米，农场只要农民的玉米秸秆。对周围农民来说，节省了玉米机收割的费用，也不用为处理玉米秸秆发愁，而对农场来说，则有了充足的饲料。

在樱桃上市时节，大批樱桃收购商联系泉灵生态农场，表示愿意支付高于市场价 200%～300%的价格收购农场的樱桃。由于樱桃全部采用农场的羊粪作为肥料进行种植，口感较甜，生态安全，价格比普通樱桃高。在该农场内，通过采用养羊与种樱桃相结合的模式，既处理了羊粪、羊尿等粪污，又节约了果树种植成本，同时提高了樱桃品质。目前，樱桃种植面积达到 1 200 多亩，肉羊存栏量常年保持在 1 000 多只。销售以线上与线下结合，自建冷库，产品远销北京、上海、广州等经济发达城市。经过生态循环处理，该农场羊肥樱桃甜，经济效益大幅提升，早春时仅樱桃一项收入就达 300 万元。

第4章 生态农田病虫害管理

4.1 生态农田里的害虫

农田里，昆虫啃食植物会造成作物生物量或产量下降，因此这些昆虫被当作害虫对待。但从生态学、经济学上来说，害虫的提法是不科学的。农作物、植食者、肉食者三者之间存在着极其复杂的关系。植食者取食作物，由于其数量多少不一，对作物影响也不一样；同时，不同作物对植食者取食的反应也不同。一些植食性昆虫泛滥成灾造成危害，往往是生态失衡的结果（戈峰，2001），而这种失衡大多是由人类引起的。人类因经济发展等利益需求，破坏了原生植物，并大量种植经济作物或经济树种，造成原生植物多样性减少，经济植物过多，造成植被种类单一化；原生植物被替换成经济植物，让大部分依赖原生植物的昆虫减少甚至消失，而那些以经济植物为食的植食性昆虫因此受益；大量使用杀虫剂造成鸟类等捕食性天敌减少；缺少竞争和天敌控制，加上农田里有大量的食物来源，导致了以经济植物为食的植食性昆虫大量繁殖，泛滥成灾。另外，引进外来物种、改造环境使植被种类单一等都是引发虫灾的重要因素。

4.1.1 害虫的类型

从生态学的角度来看，害虫是生态系统的必要成员，它虽然啃食植物，但也起到传花授粉（Sponsler et al.，2019；欧阳芳 等，2019）和平衡物种的作用。害虫是天敌的食物，死亡的害虫可以成为土壤有机质的来源。从植物保护的角度出发，一般认为害虫主要分为以下几个大类。

1. 食叶类害虫

食叶类害虫大多取食作物、果树及蔬菜叶片，猖獗时能将叶片吃光，削弱生长势，并为天牛、小蠹等蛀干害虫侵入提供适宜条件，既影响植物的正常生长，又降低产量，造成经济损失。此类害虫主要有鳞翅目的袋蛾、褐边绿刺蛾、大蚕蛾、尺蛾、螟蛾、枯叶蛾、舟蛾、美国白蛾、凤蝶类，鞘翅目的叶甲，膜翅目的叶蜂等。

2. 刺吸式害虫

刺吸式害虫是农业害虫中一个较大的类群。它们个体小，发生初期往往受害症状不明显，易被人们忽视，但数量极多，常群居于嫩枝、叶、芽、花蕾、果实上，汲取植物汁液，掠夺其营养，造成枝叶及花卷曲，甚至整株枯萎或死亡。同时诱发霉菌病，有时害虫本身是病毒病的传播媒介。此类害虫主要有蚜虫类、介壳虫类、粉虱类、木虱类、叶蝉类、蝽象类、蓟马类、叶螨类等。

3. 蛀食性害虫

蛀食性害虫生活隐蔽，天敌种类少，个体适应性强，是农业生态系统中的一类毁灭性害虫。蛀食性害虫以幼虫蛀食树木枝干，不仅使输导组织受到破坏而引起植物死亡，而且在木质部内形成纵横交错的虫道，降低了木材的经济价值，或影响果树树势。此类害虫主要有鳞翅目的木蠹蛾科和透翅蛾科，鞘翅目的天牛科、小蠹科、吉丁科和象甲科，膜翅目的树蜂科，等翅目的白蚁等。

4. 地下害虫

地下害虫主要栖息于土壤中，取食刚发芽的种子、作物或果树的幼根、嫩茎及叶部幼芽，给农业生产带来很大危害，严重时造成缺苗、断垄等。此类害虫种类繁多，主要有直翅目的蝼蛄、蟋蟀，鳞翅目的地老虎，鞘翅目的蛴螬、金针虫，双翅目的种蝇等。

4.1.2　害虫的两面性

在农业生产中，害虫一直作为有害生物被对待，人类发明了几万种杀虫剂欲除掉害虫。遗憾的是，害虫不但没有从农业生态系统中退出，反而是它们的天敌及向它们投毒的人类先遭受杀虫剂伤害。因此，我们必须重新认识害虫。

害虫是人类对一些节肢类动物（大多属于昆虫）的定义，这些动物往往会对人类的生产、生活造成负面影响。可以看出，害虫的定义是人类从自身生存角度考虑，凡是对人类造成不利影响的昆虫都是害虫。

具体某种昆虫有益还是有害是相对的，常常因时间、地点、数量的不同而不同。人们通常把任何同人类竞争食物的昆虫视为害虫，而实际上只有当它们达到一定量的时候才对人类造成危害。例如，植食性昆虫的数量小、密度低，当时或一段时间内对农作物没有影响或影响不大，就没有必要将其当作害虫进行化学灭杀。相反，由于它们的少量存在，为天敌提供了食料，可使天敌滞留在这一生境中，增加了生态系统的复杂性和稳定性。在这种情况下，应把这样的害虫当作益虫看待。即由于某些害虫的存在，使危害性更大的害虫不能猖獗，从而对植物有利。

害虫和益虫也是相对而言的，益虫会做对人类有害的事，害虫也会做对人类有益的事，只是程度不同。例如，蚂蚁有时是害虫，那是因为蚂蚁经常在人类食物上乱爬、乱啃，很不卫生；蚂蚁又是益虫，它们会捕食农业害虫，控制其数量。有的蚂蚁可食，有益身体健康，对一些疾病有治疗作用。蝴蝶和蛾类幼虫可能会危害作物，但是成年后却会为植物传播花粉。有些害虫本身营养价值很高，可以作为食物利用，或者成为治疗某些疾病的中药材。

从生态角度来看，很多昆虫、鸟类和两栖动物等能捕食害虫，因此被人类定义为益虫、益鸟和益兽。这些动物也依赖害虫而存活。倘若自然界没有了害虫，也就没有了捕食它们的益虫、益鸟和益兽了。因此，害虫在自然界食物链中起着非常重要的作用，物种消失打乱了生态平衡。“牵一发而动全身”，由此造成各种生态灾难，严重制约了社会的可持续发展。

4.1.3 虫害的成因

以水稻田为例，病虫害如此之多的根源如下。①植保工作不到位。②稻田不再养鱼，人类大量捕捉青蛙、蛇类、鸟类使生物链中断。③农村健壮劳动力涌入城市，年老体弱者留守种田，导致春忙翻田时既无力割青以肥田，又无体力施用有机肥到农田。栽禾插秧后本来一转青就要耘田，现无力耘田只能购买除草剂除草。④田内除喷洒除草剂外，还要定期喷施其他农药，故而稻田内不能放养鱼，青蛙、鸟类、鱼和其他益虫、益鸟全被农药毒杀或到他处生存，失去天敌控制后虫害频发。虫害多了必然要再购买农药，形成恶性循环。以下从生态学的原理及实践出发，分析当前虫害防治的问题。

1. 使用农药等技术治理害虫，害虫越治越多

据统计，在 1911 年之前的 2 630 年中，我国共记载虫灾 645 次，其中蝗虫 520 次、螟虫 49 次、黏虫 29 次，3 种虫灾约占 92.7%，其中蝗虫约占 80.6%。1950 年，在国家层面上防治或消灭病虫害 11 种，其中害虫仅有 8 种。2015 年，我国有害虫 739 种之多，其中水稻、小麦、玉米、棉花害虫 30 多种（严火其，2021）。1950 年的 8 种害虫种类上升到 2015 年的 739 种，增加了 91 倍。

在山东农村，农民切身的体会就是，他们打了那么多农药，虫害照样泛滥，农药越用毒性越大，害虫越治越多。自 2006 年起，本团队开展不用杀虫（杀菌、杀鼠）剂、除草剂、化肥、地膜、人工合成激素、转基因种子的“六不用”生态农业试验，验证生态学在维持农业产量和提高经济效益中的作用。在弘毅生态农

场，由于采取严格的农田生态保护措施，农场生物多样性大幅提高。该试验进入第4年，生态学的优势就显现了出来：燕子、蜻蜓、青蛙、蚯蚓等小动物增多；人们不用担心蔬菜、水果受到昆虫危害；黄瓜、番茄、芹菜、茄子、大葱等蔬菜接近常规产量；过去严重影响玉米成苗的地老虎成虫已被脉冲诱虫灯控制，最多的时候，每只灯每晚捕获各种害虫达4.5千克。

2. 农药商不希望看到不用农药就能控制害虫的方法

当与一个农药商介绍本团队的试验成果时，他反复强调，他们的农药如何有效，并如何没有毒副作用。显然，农药商不希望农民知道本团队的方法，否则他们的农药就销售不出去。

3. 转基因对害虫的控制作用不如"物种控制物种"的作用大、成本低

有益微生物、益虫、益鸟及各种小动物（爬行动物、两栖动物、节肢动物等）在农田生态系统中起的作用是很大的（高宝嘉，2005；李金鞠 等，2011；王光州，2018），但现代农药施用和转基因技术将这个简单问题复杂化了。人们愿意花费巨额资金、费九牛二虎之力寻找一个基因片段，将这个片段通过非常复杂的方法转入目标物种，却不愿意恢复、保护并利用现有的物种。转基因棉花种植后，主要害虫（如棉铃虫）被控制住了，次要害虫（如盲蝽象）却出现了，并占据了棉铃虫的生态位，变得更难防治，还得依赖农药，且需要更多的农药和毒性更高的专用杀虫剂。如果再通过转更多的基因进去，那只能是"按了葫芦起了瓢"。

4. 害虫也是生命，只是人类给它们冠以"害"的恶名

如果研究农药和转基因的人不考虑害虫的生存，不遵循自然规律，最终会打乱生态平衡，甚至使人类被淘汰出局。因此，关键是寻找生态平衡的方法，而不是通过灭杀的方法，来管理农田生态系统。

由此可见，如果要真正解决虫害问题，首先，应从改善自然生态着手，以施有机肥为主。猪粪、牛粪、鸡粪、人粪等均为上等有机肥，可大幅减少化肥用量。其次，在稻田养鱼放鸭，恢复水系的生物多样性和虫害的天敌，均可减少虫害的暴发，大幅减少农药使用量（王华和黄璜，2002）。最后，稻田区内禁止建化工厂。还有许多环境友好的措施均可达到减少虫害的目的，并全面改善农业生态环境。良好的农业生态环境就是土质越种越肥，无环境污染，无外来生物入侵。以化学灭杀为主的对抗防治并不能从源头控制虫害，相反却破坏了自然界的生态平衡，且不利于农业生态环境保护（马海芹，2003；万年峰 等，2006；刘旭霞和汪赛男，2011）。

4.2　对抗治虫弊端

经过几十亿年的进化与演变，物种都有了自己的生态位。自然界中的物种，通过竞争、捕食、共生、合作等关系形成稳定的生物链。传统的农民是在自然平衡状态下从事农业生产的，是与自然和谐相处的。然而，随着人口膨胀，耕地面积不断减少，食物短缺问题出现了。为保证粮食产量，追求经济效益最大化，人们越来越不能容忍昆虫夺走一部分粮食，从而进行“虫口夺食”，并将昆虫分为有益昆虫和有害昆虫。有人将能直接或间接造福于人类，对人类生产和生活有益的昆虫称为益虫；将危害经济动植物和传播疾病，给人类造成重大损失的昆虫称为害虫，并发明了对抗害虫的大规模杀伤性武器——农药。

一个多世纪的对抗农业实践证明，农药不仅杀死了害虫，还杀死了害虫的天敌（王晓 等，2019；Henry et al.，2012），且由于害虫天敌的生命形态比害虫高级，其繁殖速率远远低于害虫的繁殖速率。失去天敌的制约，剩余害虫迅速繁殖，数量暴增。

在长期的协同进化过程中，生物逐渐形成了其对环境适应的生态对策。按照生物的进化环境和生态对策把生物分为 r 对策和 K 对策两大类。有利于发展较大 r 值的选择称为 r 选择，有利于竞争能力增加的称为 K 选择。r 选择的物种称为 r 对策者，K 选择的物种称为 K 对策者。在生态学中，害虫大多为 r 对策者。r 对策者具有使种群增长率最大化的特征：如快速发育的小型成体；数量多而个体小的后代；高的繁殖能量分配和短的世代周期；当环境越恶劣时，害虫会增加更多的后代；同时，害虫的基因变异率较高，对某种农药很快就会产生抗药性（Rehan and Freed，2014）。这样害虫就越杀越多，而农药越用越多，毒性越来越大，形成不断升级的恶性循环，从而破坏农作物生长的生态环境，破坏农田的生物链。

研究发现，大量施用农药，不仅不能显著提高粮食产量，还逐渐暴露出农田环境污染、农药残留超标、病虫草害抗性增加和农田生物多样性丧失等问题（吴春华和陈欣，2004；李顺鹏和蒋建东，2004；赵玲 等，2018；Calatayud-Vernich et al.，2018）。这种对抗治虫方法违背了生态学的原理，忽略了大自然的力量，破坏了生态平衡。

4.3　生态防虫措施

如果发展高效生态农业，不用农药，能够控制害虫吗？答案是肯定的。人类在相当长的农业历史中都是不用农药的，国外使用农药也就 100 多年，我国大规模使用农药不到半个世纪。本团队通过十几年的研究发现，不用农药，采取适当的物理＋生物方法，可恢复生态平衡，使农田没有暴发过虫害。不用农药控制害虫的常用做法有以下几种。

4.3.1　灯光诱杀

利用害虫趋光性，可人为设置灯光诱杀害虫（靖湘峰和雷朝亮，2004）。大多数害虫的视觉神经对波长为 330～400 纳米的紫外线特别敏感，具有较强的趋光性。害虫以鳞翅目害虫最多，其次为直翅目、半翅目、鞘翅目等害虫。黑光灯诱虫时间一般为 5～9 月。在害虫成虫发生期，每 5～10 亩设一盏诱虫灯，每晚 9 点开灯，次晨自动关灯。在无风、闷热的夜晚诱虫量最多。

4.3.2　性诱杀

用 50～60 目防虫网制成一个长 10 厘米、直径 3 厘米的圆形笼子，每个笼子里放两头未交配的雌蛾，也可用性引诱剂成品，把笼子吊在水盆上，水盆内盛水并加入少许煤油，在黄昏后放于田中，一个晚上可诱杀数百上千只雄蛾。

4.3.3　糖醋诱杀

准备糖 6 份、酒 1 份、醋 2～3 份、水 10 份，配制成糖醋液，可诱杀地老虎、斜纹夜蛾、黏虫、梨小食心虫等。将配好的诱虫液放在盆里，保持液面 3～5 厘米深，每亩放一盆，盆要高出作物 30 厘米，连续放置 15 天。

4.3.4　谷草把诱卵

利用黏虫喜欢在黄色谷草上产卵的习性将虫引诱到谷草把上产卵，集中烧毁灭卵，每亩 10 把（尹姣 等，2007）。

4.3.5　黄板诱杀

将纸板或纤维板裁成长 1 米、宽 0.2 米的长条，用油漆涂成黄色，再涂上一层粘油（可用 10 号机油加少许黄油调匀），每亩设 20～30 块，置于田间与植株高度相同，可有效诱杀白粉虱、蚜虫、潜叶蝇等（冯宜林，2003；沈斌斌和任顺祥，2003；李冠甲 等，2018）。当虫粘满板面时，及时重涂粘油，一般 7～10 天重涂一次。

4.3.6　植物诱杀

利用害虫对某些植物有特别的嗜食习性，人为种植此种植物诱杀害虫。如在玉米周围种蓖麻，可诱杀金龟子（李为争 等，2013）；棉田内种植玉米可诱杀棉铃虫（陈恒铨和詹岚，1989）。

4.3.7 银灰膜避蚜

播种或定植前，在菜田间铺设银灰膜条，可有效避免有翅蚜迁入菜田（何筌等，1990）。

4.3.8 泡桐叶诱杀

用新鲜泡桐叶或莴苣叶，每亩放 60～80 片，下午放，次晨捕捉，连续 3～5 天，可大量诱杀地老虎幼虫（喻健，2010）。

4.3.9 沼液杀蚜虫

取沼液原液，按照 1∶10 比例稀释后，对小麦和苹果蚜虫有一定的防治效果。

4.3.10 中草药提取液杀虫

用烟草、猫眼草、半夏等中草药提取液，按照 1∶50 比例稀释，对红蜘蛛、蚜虫等有一定的防治效果。

4.4 生态防虫的成功案例

为寻找环境友好型害虫防治对策，从 2006 年 6 月起，本团队在山东省平邑县蒋家庄村的弘毅生态农场开展试验，摒弃杀虫（杀菌、杀鼠）剂、除草剂、化肥、地膜、人工合成激素和转基因种子，转而使用恢复和维持生态平衡的栽培与耕作技术，取得了重要进展。粮食产量由试验初期的亩产 500 多千克（小麦-玉米两季）提高到亩产 1 000 多千克，实现了吨粮田。

4.4.1 特殊光谱诱捕

诱虫灯让害虫自投罗网，害虫变成鸡的食物。在玉米小喇叭口时，将柴鸡放进玉米田，这样金龟子幼虫不能对作物形成危害。靠近弘毅生态农场院墙外面的农田，因诱虫灯存在，虫害明显减少，控制虫害的成本大幅降低。农民用于花生地的剧毒农药每亩费用大约为 50 元，但依旧无法控制虫害。采用生态方法控制虫害的成本远低于使用剧毒农药。另外，鸡的净收益是玉米的 2～3 倍。采用这个方法的缺陷是部分益虫也被诱捕，但益虫比例小于 5%，诱虫灯对益鸟没有危害。

高频紫外诱虫灯通过引诱成虫扑灯、高压电网触杀，使害虫落入灯下专用接虫袋中并及时收取害虫，达到灭杀害虫的目的。诱虫灯可诱杀小菜蛾、甜菜夜蛾、白粉虱、斜纹夜蛾、银纹夜蛾、天蛾、稻螟、稻纵卷叶螟、稻飞虱、二化螟、三化螟、叶蝉、棉铃虫、烟青虫、红铃虫、盲蝽、大造桥虫、蝼蛄、金龟子、玉米螟、谷子钻心虫、大豆食心虫、豆天蛾、吸果夜蛾、桃蛀螟、松毛虫、灯蛾、松天牛、杨树白蛾、卷叶蛾、大青叶蝉、米蛾、药材甲、黑粉虫、麦蛾、地老虎等。

4.4.2　增加生物多样性

农场里生产 20 多种粮食和蔬菜，如小麦、玉米、大豆、花生、绿豆、韭菜、芹菜、土豆、葱、蒜、萝卜、白菜、番茄、黄瓜、南瓜、丝瓜等，还有一些野菜如荠菜、马齿苋等。运用生态学原理，结合物理（诱虫灯）和生物（害虫天敌）的方法，大幅减少乃至杜绝使用农药，保护农田害虫天敌；利用大自然的恢复力，改善农田环境；逐步恢复农田生态平衡，保障粮食安全。

农田害虫天敌包括捕食性天敌和寄生性天敌。捕食性天敌昆虫的种类很多，涉及 19 个目、120 多个种，其中，蜻蜓目、螳螂目和脉翅目的全部种类（共 33 科）均具捕食性。寄生性天敌昆虫涉及膜翅目、双翅目、捻翅目、鞘翅目及鳞翅目 5 个目，分属于 98 个科。此外，还包括除昆虫外的其他捕食性天敌和寄生性天敌，如蜘蛛、捕食螨、寄生螨、线虫、益鸟、两栖类、兽类及鱼类等。

4.4.3　生态控虫的效果

本团队以冬小麦-夏玉米农田生态系统为研究对象，探讨了诱虫灯控虫区（处理 1～3）和常规化学（处理 4）防治效果。试验设 4 个处理。处理 1：不施农药；处理 2：在小麦开花前和玉米大喇叭口期分别防治 1 遍害虫；处理 3：在小麦播种耕地时防治 1 遍地下害虫，小麦开花前和玉米大喇叭口期分别防治 1 遍害虫；处理 4：常规化防害虫（小麦播种耕地时防治 1 遍地下害虫，小麦开花前、小麦开花后、玉米苗期、玉米大喇叭口期分别防治 1 遍害虫）。利用农药防治害虫的措施和农药用量见表 4-1。

表 4-1　利用农药防治害虫的措施和农药用量

作物	农药名称	施药时期	施药方式	药量/［克/（亩•次）］	农药费用/［元/（亩•次）］	施药劳动力费用/［元/（亩•次）］
小麦	辛硫磷	小麦播种耕地时	土施	500	5	10
小麦	阿维•吡虫啉	小麦开花前、后	喷施	30	3	20
玉米	辛硫磷	玉米苗期	浇灌	500	5	10
玉米	玉米丢芯剂	玉米大喇叭口期	丢芯	800	5	25

注：土施为耕地前将农药和土拌匀后撒到地面；喷施为将农药兑水后用喷雾器喷施；浇灌为配合浇水施入；丢芯为人工将农药丢入玉米芯内。

在诱虫灯控虫区，无农药处理与有农药处理的小麦产量差异显著，但玉米产量不显著，小麦和玉米周年产量亩产均达到 1 吨。这说明在利用诱虫灯控虫的前提下，只需要对小麦蚜虫进行防治即可，防治地下害虫和玉米害虫对产量贡献不大。研究还发现，施 2 遍农药处理比施 3 遍农药处理的周年产量少 4.03 千克，小麦和玉米都按 2.0 元/千克计算，合计为 8.06 元，但施 2 遍农药处理比施 3 遍农药处理产生的费用少 15 元，而且农药用量少 37.6%（表 4-2）。因此，防治 1 遍小麦蚜虫，并在玉米大喇叭口期防治 1 遍害虫更加合算。同时施 2 遍农药处理的周年产量与常规化防处理的周年产量相差不大，玉米产量甚至高于常规化学防治处理，但农药用量减少 55.4%。原因很可能是减少农药的使用量，使农田生态环境得到改善，有利于作物的生长。能否进一步减少农药用量，如只在小麦季防治 1 遍害虫，而在玉米季仅利用诱虫灯，并保证达到吨粮田，还有待进一步的研究和追踪。

表 4-2 小麦和玉米每亩每年产量、农药用量和费用

处理	小麦产量/千克	玉米产量/千克	小麦＋玉米产量/千克	施药量/克	农药减少量/%	费用/元
诱虫灯	481.26±0.95b	523.45±3.44a	1 004.71±4.38b	0	100	19.2
诱虫灯＋2 遍农药	498.15±1.01a	555.75±12.58a	1 053.90±13.37a	830	55.4	72.2
诱虫灯＋3 遍农药	501.84±5.60a	556.08±10.75a	1 057.92±14.58a	1330	28.5	87.2
5 遍农药	498.47±1.20ab	546.80±19.15a	1 045.27±18.21ab	1860	0	106.00

注：2 遍农药是指在小麦开花前和玉米大喇叭口期分别防治 1 遍害虫；3 遍农药是指在小麦播种耕地时防治 1 遍地下害虫，小麦开花前和玉米大喇叭口期分别防治 1 遍害虫；5 遍农药是指在小麦播种耕地时防治 1 遍地下害虫，小麦开花前、小麦开花后、玉米苗期、玉米大喇叭口期分别防治 1 遍害虫。相同指标后不同小写字母表示处理间差异显著（$P<0.05$）。

高频紫外诱虫灯的防虫效果显著，害虫捕获量从 2009 年的日平均 0.45 千克下降到 2014 年的 0.012 千克；每盏高频紫外诱虫灯的年捕获量从 33.8 千克下降到 2.1 千克（Liu et al.，2016）。害虫还有一定存活率，但基本不对作物构成产量威胁。其科学原理在于，害虫都是有性繁殖的，交配后的雌虫无法回到地里产卵，这样害虫从卵这个阶段就被控制了。在惊蛰时节就开始让诱虫灯工作，每天除降雨自动关灯外，在生长季节每天捕捉害虫，害虫几乎无构成大种群的能力。停止施用农药后，益虫（夜间不活动或少活动）和益鸟（夜间不活动）的数量增加，残余的害虫又成为益虫和益鸟的食物，如此“物理＋生物”的立体防治措施可创造无虫害的农田生态环境，不用农药也不会对作物产量构成威胁。

为了明确诱虫灯的控虫范围，本团队以金龟子为研究对象，在距诱虫灯不同距离处，释放用不同颜色标记的金龟子，捕获金龟子的效果见表 4-3，可以看出，

距离诱虫灯 75 米处的金龟子依然能够被诱虫灯捕获，但是在距离诱虫灯 45 米以内捕捉到的金龟子占 75 米以内捕捉到的金龟子数量的 84.6%，故初步确定诱虫灯捕捉半径为 45 米，控虫面积约为 10 亩。但由于释放个数和重复次数较少，距离设置间隔太大，诱虫灯的控制范围还有待进一步的研究。

表 4-3　使用诱虫灯在不同距离捕获金龟子的效果

距诱虫灯的距离/米	诱虫灯控制范围/亩	释放个数	捕获个数	捕获占有率/%
15	1.1	10	6	46.1
30	4.2	10	3	23.1
45	9.5	10	2	15.4
60	17.0	7	1	7.7
75	26.5	7	1	7.7
合计	—	44	13	100

注：捕获占有率为某距离处捕获的金龟子数占据诱虫灯 75 米以内捕获金龟子总数的百分比。

4.5　生态农田虫害的“四道防线”

国际和国内生态农业中的害虫防治主要运用害虫综合防治的战略，但只是停留在理论阶段，推广应用较困难。利用“3S”技术，即遥感技术（remote sensing，RS）、地理信息系统（geography information systems，GIS）和全球定位系统（global positioning systems，GPS），建立了多种农林害虫的监测预警系统，针对特定的害虫研发了一些生物农药，培育了一些害虫天敌，但这些技术只是针对特定的害虫，具有一定的局限性（郭立月，2015）。

本团队研发了“四道防线”控制虫害的综合技术：①诱虫灯诱捕交配或未交配的雌虫，使雌虫无法留下后代，从源头减少害虫种群暴发的概率；②天敌昆虫捕食；③诱集植物的保护；④植物本身的抵抗力及在小麦灌浆期喷洒 1 次沼液防治。基于生物群落和周围环境关系基础上的害虫防治“四道防线”见图 4-1。采用物理方法与生物方法相结合管理物种，利用物种天敌控制恶性膨胀种群扩张。该技术解决了农田虫害的早期防控问题，预示人类使用百年的化学农药可以终止，生态平衡得以恢复。诱虫灯年平均捕获量从 2009 年的 33.8 千克降到 2015 年的 2.6 千克（图 4-2），成功控制住农田害虫，作物产量持续升高，并达到吨粮田水平（图 4-3），所生产食物超过欧盟和我国有机标准，综合经济效益翻一番（图 4-4）。

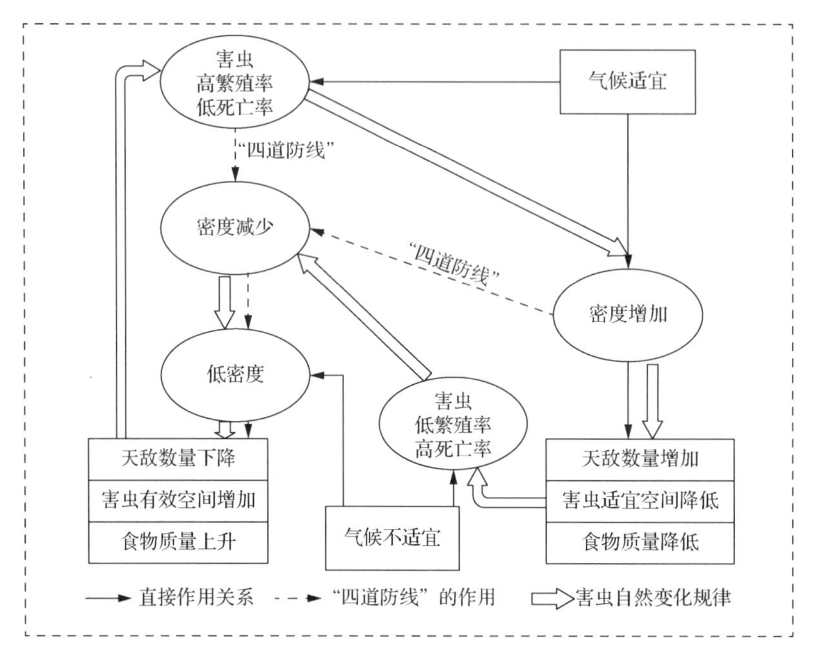

图 4-1　基于生物群落和周围环境的关系基础上的害虫防治“四道防线”

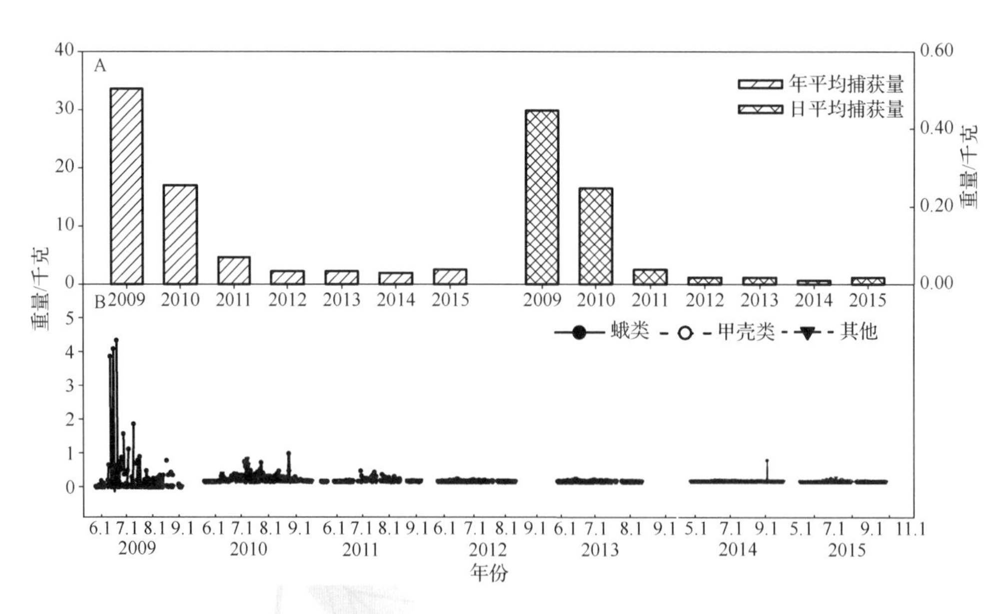

图 4-2　2009～2015 年害虫捕捉量变化情况（刘海涛，2016）

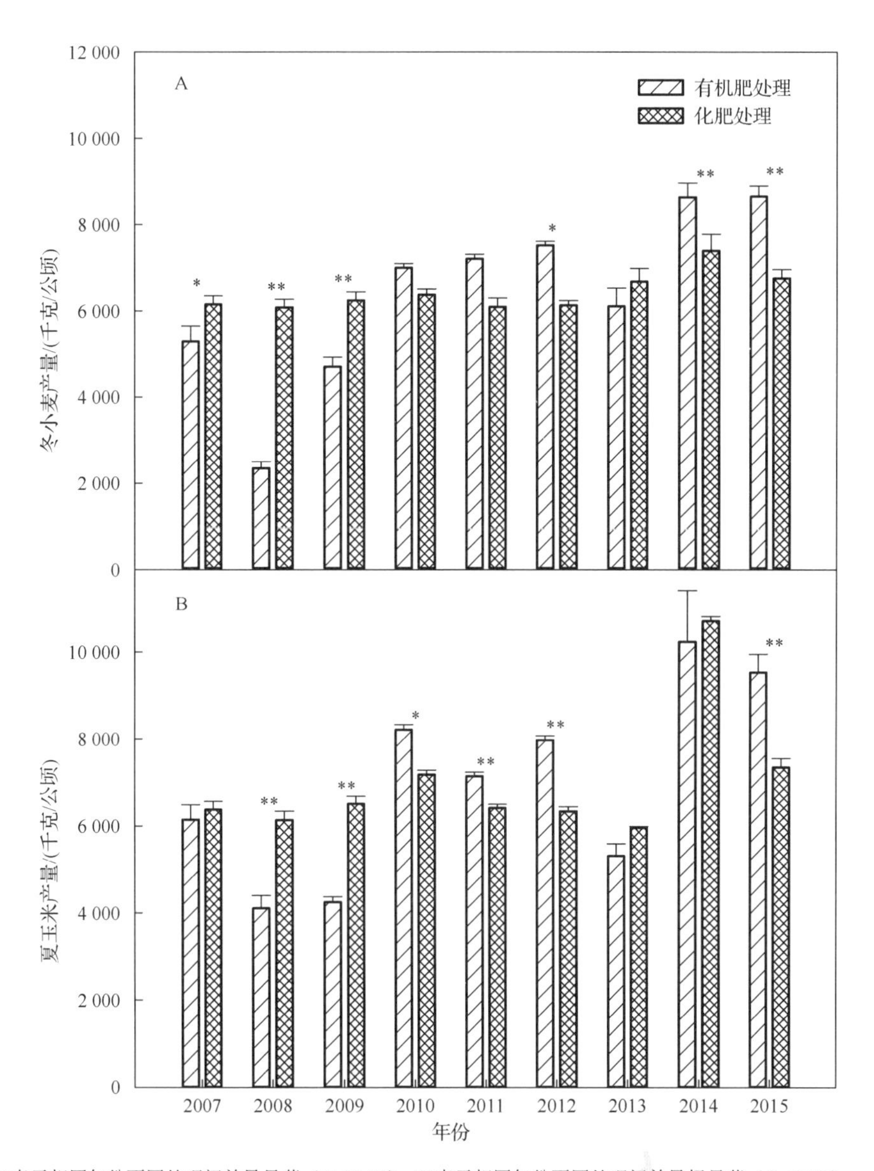

*表示相同年份不同处理间差异显著（$P<0.05$）；**表示相同年份不同处理间差异极显著（$P<0.01$）。

图 4-3　2007～2015 年冬小麦-夏玉米产量（刘海涛，2016）

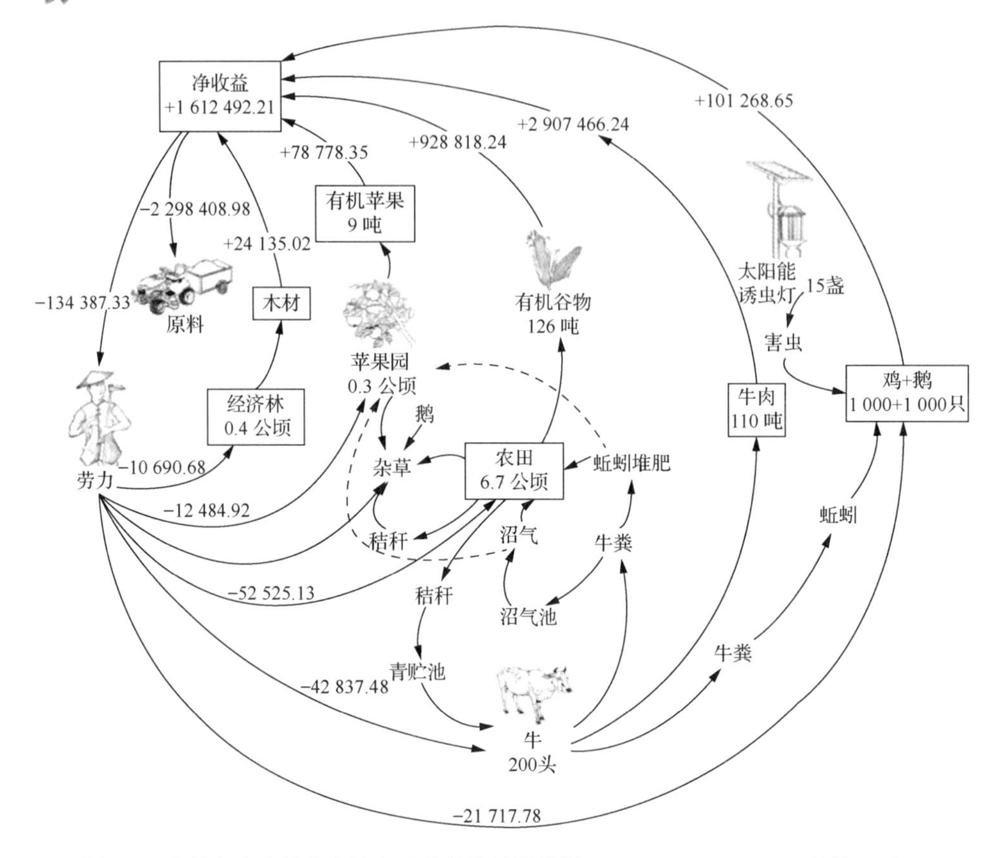

图 4-4　弘毅生态农场生态控虫及其经济效益分析（Liu et al.，2016）（单位：元）

4.6　害虫资源化

害虫作为昆虫的一大类别，其实也有可利用的一面。例如，昆虫活性蛋白质就是以害虫为原料，从害虫的各个生长阶段（如卵、幼虫、成虫、蛹、蛾）提取的蛋白质。经过多年研究，已提炼出大量害虫营养蛋白质、害虫活性蛋白质、害虫几丁质（甲壳素）、害虫抗菌肽、抗癌活性物质等，从而实现害虫资源化利用（杜晓童 等，2018）。下面就以东亚飞蝗、黄粉虫、蝉若虫为例，简单介绍有关应用进展。

4.6.1　东亚飞蝗

1. 营养特点

东亚飞蝗俗称蚂蚱，为植食性昆虫，具有咀嚼式口器，触角呈短鞭状，拥有强而有力的后腿，可利用弹跳避开天敌。体色有绿色和褐色，是生活环境的保护色。东亚飞蝗口大、下颚发达，以植物叶片为食，全世界有超过 10 000 种东亚飞蝗（任乃芃 等，2021），分布于全世界的热带、温带草地和沙漠地区。

东亚飞蝗是农田的典型害虫，其暴发会使土地寸草不生，蝗灾困扰人类几千年。然而，在科技发达的今天，东亚飞蝗变成人类的食物，它不仅富含蛋白质、碳水化合物、维生素和钙、磷、铁、锌、锰等元素，还是治病良药，能治疗破伤风、小儿惊风、发热平喘等，集食用、药用、滋补于一身，而且许多大型饲料厂家需要东亚飞蝗干品磨粉做动物饲料添加剂。

东亚飞蝗含有丰富的甲壳素。营养专家研究认为：甲壳素被誉为继蛋白质、脂肪、碳水化合物、维生素、矿物质之后的人体第六大生命要素，甲壳素可升高体液的 pH，改善体内酸性环境，可清除人体自由基，抑制过氧化物对人体组织细胞的损害，活化细胞，延缓衰老，能使体内毒素得以排除，达到排毒养颜的功效（日本将甲壳素作为污水处理的一种制剂）。因此，甲壳素被营养专家推荐为 21 世纪人类的最后珍宝。

东亚飞蝗脂肪和胆固醇含量低，脂肪含量为 5.25%，其主要取食禾本科青草，不吃其他饲料。据报道，有些肥胖和高血压、心脑血管疾病的患者目前多趋于食用昆虫，意欲达到减肥祛病的目的。据有关专家研究表明，昆虫可能是未来人类较理想的太空食品，是现代社会减肥、健美的理想食品。

2. *养殖技术*

东亚飞蝗可通过人工饲养实现产业化，其主要投资设施为养殖棚，简单易行。主要技术要点如下：①养殖棚要建在通风向阳的地方，用角铁、木棍等建造棚的支架，再按棚的大小用纱网做棚罩，底边埋于地下，留下门口，门口上拉锁，以防止东亚飞蝗跑出和便于人进出棚；②棚的地面要高于周围地面 10 厘米左右，便于排水；③土壤最好是砂壤土，便于产、取东亚飞蝗卵，在养殖棚地面上种小麦或玉米等单子叶植物，以备东亚飞蝗食用；④建造面积要按东亚飞蝗的多少来确定，每 1 万只东亚飞蝗约需 15 平方米；⑤棚高以 1.5～2 米为宜，为保温和防雨，棚外可罩塑料布。

东亚飞蝗的适宜发育温度为 25～32℃，相对湿度为 85%～92%，土壤含水量为 15%～18%。低于 14℃或高于 40℃时，东亚飞蝗会逐渐停食死亡。在气温达到 28～30℃时，东亚飞蝗卵开始孵化。先准备无毒土壤和锯末粉按 1∶2 搅拌，含水量为 20%～30%，在器皿中铺 3～5 厘米的土，拍实，然后将东亚飞蝗卵布于土上，盖上约 1 厘米厚的混合土。最后，在器皿上罩上一层薄膜，每半天检查 1 次，发现小东亚飞蝗后，用软毛刷将其刷到棚内的食物上，一般 10～15 天孵化出小东亚飞蝗。刚出土的小东亚飞蝗喜食鲜嫩的麦苗、玉米苗、杂草等单叶植物，但食量很小。1～3 日龄的东亚飞蝗应注意防雨，东亚飞蝗从出土到成虫需 27～35 天，这期间每 5～7 天蜕 1 次皮，共蜕皮 5 次；5 日龄以后的东亚飞蝗逐渐开始交配产卵，每只东亚飞蝗产卵 70～100 粒。为了取食和生殖布卵，东亚飞蝗有喜欢群居和迁飞的习性，所以东亚飞蝗羽化后至产卵前应给予适当的干扰，令其迁飞，以便增加产卵数量和提高质量。

3. 经济效益

东亚飞蝗的养殖技术很简单，因为东亚飞蝗不怕热，也不饮水，饲料就是野草，定时添加一些糠麸。野草遍地都是，所需成本很少。目前东亚飞蝗的售价为每千克 35～50 元，主要销往北京、山东、沧州等地，需求量很大；东亚飞蝗可以通过冷库储存；如果开发成东亚飞蝗酱，在销路上也有新出路。

河北省邢台市隆尧县的郭先生从山东学习了蝗虫养殖技术，并成立了“隆尧一凡蚂蚱养殖基地”，建立了养殖技术研究室。东亚飞蝗养殖初期有 5 个大棚，截至 2021 年已搭建 30 个大棚，占地 50 余亩。郭先生最初从山东引进养殖技术，后来经过不断探索创新，养殖技术根据季节的变化而进行变化，养殖大棚的大小也随时进行改变。如今经过培育东亚飞蝗，每个大棚一年产收从 3 茬增加至 4 茬，年纯收入达几十万元。

在山东省定陶区杜堂镇裴河村张女士，看准了利用大棚饲养东亚飞蝗是一条致富路，于是她和丈夫一边学习别人靠大棚饲养东亚飞蝗的致富经验，一边瞄准市场，在实践中摸索钻研，创新技术。在熟练掌握一般技术的同时，她在虫卵孵化上进行了大胆尝试，即用电热毯给虫卵加温，使虫卵从 1 月起就开始孵卵，从而让东亚飞蝗出栏时间缩短了一个月。过去她与别人学的技术是一年只能养 3 茬，自从创新了升温孵化虫卵技术后，就改成了一年养 4 茬，并且与市场上的东亚飞蝗商品错茬上市，每千克比市场价高出 6 元，这样每年要比从前多收入 3 万余元。

巧用东亚飞蝗下脚料，饲养柴鸡效益好。针对每茬东亚飞蝗成虫出栏后，棚里都会有一些东亚飞蝗的残渣，张女士想出了一个主意，即在棚头搭建了鸡舍，养了 100 只柴鸡，每次东亚飞蝗出栏后的残渣，就打扫来喂养这些柴鸡。没想到，这些用东亚飞蝗残渣养的柴鸡，鸡和蛋的味道都很鲜美、营养丰富，了解内情的都来抢养和购买，价格很高，这无意中增加了不少收益。饲养东亚飞蝗共用了 0.4 公顷土地，13 个东亚飞蝗棚占地 0.1 公顷，其他 0.3 公顷种植了东亚飞蝗饲料——墨西哥玉米。0.4 公顷土地年收入可达 10 万元，经济效益是传统种植小麦-玉米模式的 10 倍多。

4.6.2　黄粉虫

1. 营养特点

黄粉虫，又称面包虫，在昆虫分类学上隶属于鞘翅目拟步行科粉甲属。黄粉虫原产于北美洲，20 世纪 50 年代从苏联引进我国饲养。黄粉虫干品含脂肪 30%，含蛋白质高达 50%以上，此外还含有磷、钾、铁、钠、铝等元素和多种微量元素。因干燥的黄粉虫幼虫中含蛋白质 40%左右、蛹中含蛋白质 57%、成虫中含蛋白质 60%，被誉为“蛋白质饲料宝库”。利用黄粉虫食量大的特点，可以将农业废弃物通过黄粉虫转化为优质蛋白质，从而实现害虫资源化利用。

2. 生物学习性

黄粉虫幼虫活动的适宜温度为 13～32℃，最适温度为 25～29℃，低于 10℃时极少活动，低于 0℃或高于 35℃时有被冻死或热死的危险。黄粉虫在 0℃以上可以安全越冬，10℃以上可以活动和吃食，在长江以南一年四季均可繁殖。黄粉虫卵的孵化时间随着温度高低差异很大，在 10～20℃时需要 20～25 天可孵出，25～30℃时只需 4～7 天便可孵出。为了缩短卵的孵化时间，应尽可能保持室内温暖。

黄粉虫的食物为农业生态系统中的废弃物，主要有麸皮、蔬菜叶、瓜果皮，甚至牛粪等。用长 60 厘米、宽 40 厘米、高 13 厘米的木箱，放入 3～5 倍于虫重的混合饲料，将幼虫放入。再盖以各种菜叶等以保持适宜的温度。待饲料基本吃光后，将虫粪筛出，再添新料。虫粪是优质有机肥。如果需要留种，则要减少幼虫的密度。前几批幼虫化的蛹要及时拣出，以免被伤害，后期则不必拣蛹。

3. 经济效益

饲养黄粉虫能够产生较好的经济效益。养殖户可利用自家闲置的空房、阳台等进行养殖，做好防鼠工作，房内保持黑暗即可，养殖户可根据自身条件选择性投资养殖。以 50 千克种虫为例进行投资分析：厂房面积为 30～40 平方米，可利用空闲房屋或废弃猪舍，基本不需要投资。前期投入主要包括：①木盒（长×宽×高为 80 厘米×40 厘米×8 厘米，可装虫 1～2.5 千克）200 个，6 元/个，共 1 200 元；②产卵筛 25 个，2 元/个，共 50 元；③购种：6 000 元。总计需要投入 7 250 元。

用麦麸生产 1 千克鲜虫成本：生产 1 千克鲜虫需要麦麸 3 千克×1.3 元/千克＝3.9 元。需要青饲料 1 千克×0.2 元/千克＝0.2 元，每千克成本合计为 4.1 元，公司以保护价 8 元/千克回收。饲养 50 千克黄粉虫 3 个月后每月可产鲜虫 400 千克，获利（8 元－4.1 元）/千克×400 千克/月＝1 560 元/月，全年可收益 1 560 元/月×10 个月（前 2 个月为发展期）＝15 600 元，则全年除去所有成本即可获利 15 600

元－7 250 元＝8 350 元。

以上是按鲜虫 8 元/千克的最低保护价格计算的，如果按市场鲜虫（24～40 元/千克）计算，则效益将倍增。长江以北地区，麦麸和秸秆等饲料比南方便宜，效益更加可观，用麦麸作饲料饲喂黄粉虫的利润为 45%以上，用秸秆作饲料饲喂黄粉虫的利润为 65%以上。

另外，黄粉虫粪和虫皮等不但可作为优质农家肥料，而且其蛋白质含量高达 24.8%，可按 10%～20%拌于饲料中，饲喂动物的长势和健康状况大幅提高，营养缺乏症大幅下降。黄粉虫粪沙可直接投入鱼塘喂鱼，不但是鱼的优质饲料，而且能缓解池水发臭，有效地控制鱼病的发生。1 千克饲料经黄粉虫消化后可获得 0.6 千克虫粪和虫皮，饲养 50 千克黄粉虫的全年饲料转化成的虫粪和虫皮可养鸡 1 000 只、猪 120 头、鱼 2 000 千克，按鱼市场价 7 元/千克计算，即可年增收 14 000 元。

4. 案例分析

本团队在弘毅生态农场开展了用牛粪饲养黄粉虫的试验，主要用黄粉虫来处理养殖场牛粪。黄粉虫幼虫食性杂，耐粗饲，可取食麦麸、花生糠、树叶、树皮，甚至牛皮纸、滤纸等富含纤维素的材料，对生长环境质量要求低，在我国不同地区被广泛养殖，成为继家蚕和蜜蜂之后的第三大资源昆虫。黄粉虫曾被用于处理农业废弃物及有机生活垃圾，并逐渐形成对恶劣生活环境的适应性。在前人研究的基础上，将牛粪同黄粉虫常规饲料按一定比例混合，通过有益微生物菌群采用先有氧发酵后厌氧发酵的方式将混合饲料进行初步降解，可缩短发酵时间，提高混合饲料的营养价值。

将牛粪和黄粉虫常规饲料（65%麦麸、30%玉米面、5%豆粕）按梯度比例混合后，用有益微生物发酵，筛选出牛粪含量为 60%和牛粪含量为 80%两组发酵饲料作为处理，以常规饲料为对照（CK）进行黄粉虫幼虫饲养试验，发现不同的发酵饲料对黄粉虫幼虫生长曲线、死亡率、化蛹率、抗氧化系统产生了不同的影响。与 CK 相比，虽然牛粪含量为 60%处理的黄粉虫幼虫，其生长周期延长了 20 天，死亡率有所上升，但黄粉虫幼虫单体取食总量增加 49%，末龄幼虫单体质量增加 28%，粗脂肪含量提高 26%，不饱和脂肪酸与饱和脂肪酸含量的比值比 CK 高 32%（$P<0.05$），抗氧化酶活性显著增强，对发酵饲料表现出良好的适应性；而牛粪含量为 80%处理的黄粉虫，其各项指标均比 CK 差，表现出较低的适应性（曾祥伟 等，2012）。

4.6.3　蝉若虫

1. 生物学习性

蝉为动物界—节肢动物门—六足亚门—昆虫纲—有翅亚纲—半翅目—颈喙亚目—蝉总科（同层次的有角蝉总科、沫蝉总科、叶蝉总科、蜡蝉总科）的唯一一科，俗称知了（蛭蟟）、蛣蟟或借落子。

蝉属于不完全变态（不完全变态发育）类昆虫，由卵、幼虫（若虫），经过一次蜕皮，不经过蛹的时期而变为成虫。幼虫生活在地下吸食植物的根，成虫吃植物的汁液。每当蝉口渴、饥饿之际，总会用自己坚硬的口器插入树干吮吸汁液，把大量的营养与水分吸入自己的身体中，用来延长自己的寿命。蝉在未成熟之前在土里成长，后慢慢掏洞爬于树干上，如果发现有稀泥的盗土洞，其中必有幼蝉。蝉在夜间趴在树干上脱壳，脱壳后就有了翅膀。

蝉若虫俗称蝉猴、知了猴、蛣蟟龟等。由于蝉无蛹期，俗称蝉蛹是错误的。现今世界已知大约有 2 500 种（魏琮和罗昌庆，2014）。成年的蝉仅能存活几个月，但是幼虫阶段能够在土壤中存活多年，例如，6 年寿命的蝉，其幼虫阶段就占了一生中的 5 年。

2. 医药与营养价值

蝉的皮曰蝉蜕，富含甲壳素、异黄质蝶呤、赤蝶呤、腺苷三磷酸酶，味甘、咸、寒，入肺、肝经，是重要的辛凉解表中药。蝉蜕常用于治疗外感风热，咳嗽音哑、咽喉肿痛、风疹瘙痒、目赤目翳、破伤风、小儿惊痫、夜哭不止等症。据《中国药材学》记载，蝉蜕还有益精壮阳、止咳生津、保肺益肾、抗菌降压、治秃抑病等作用（徐国钧 等，1996）。

蝉性寒、味香，具有散风宣肺、解热定惊等功效。蝉的营养丰富、味道好，成为人类的美味佳肴，可以在幼虫变成蝉之前煎炸食用，也可先用食用盐腌制后煎炸食用。

蝉体含丰富的营养物质，干基蛋白质含量在 70%以上，脂肪含量约为 7%，维生素及各种有益微量元素含量均高于一般肉类食品，可称其为当今食品中的蛋白王。

蝉蜕及雄蝉都可以入药。刚出土的老龄幼虫营养丰富，虫体蛋白质含量为 58%、脂肪含量为 10%～32%。蝉作为保健食品，市场需求量越来越大，价格越来越高。每只鲜蝉的价格为 0.1～0.3 元。仅靠野生蝉资源已不能满足人们的需要，所以已开始人工饲养鲜蝉，有关人士认为，蝉将成为人类重要的绿色食品之一。人工养蝉投资小、技术容易掌握、省工时、高效益、无风险，是农村新的致富项目。

3. 饲养方法

1）提供足够的树林

培植树林首先应培植阔叶树的苗木，可以种植杨树、榆树等阔叶树，树干定矮一些，用尼龙网罩起来。夏季收集蝉的成虫放入设置网室的树上让其产卵，然后把卵收集起来；秋天收集到的有蝉卵的枝条也埋殖在网室内的树根部。也可以结合种植果树来养蝉。例如，可以种300～660平方米的桃树，把树干定低一些，在桃树园周围用焊接网围起来，桃树园顶上用尼龙网封顶，桃树园内放养蝉的成虫，在桃树根部埋殖蝉卵。

2）供给优质饲料

除栽种杨树、柳树、榆树或各种果树外，还可间作根茎类植物（如土豆、红薯、山药），为蝉及幼虫提供饲料和良好的环境条件。蝉卵殖种深度为30～50厘米，必须埋殖在向阳、防冻、土质松软、肥沃、无污染、湿度适宜处。冬季应覆盖麦秸、稻草、玉米秆等，保持地温。构建生产场地，除自然采收蝉卵外，可以建立大的网室，提供成虫产卵空间，且防止成蝉逃跑和敌害捕食。可利用废弃果园中的果树，或在废弃果园中种植实生苗，周围用水泥柱或木杆架设围栏，围铁丝网，顶部封尼龙网。羽化或采收的成虫在网室内交配产卵，逐渐形成种源区，不必再从野外采集种卵。

3）获取种源，采集卵

选择树密、蝉多的场所，用顶端带高枝剪的长杆把树上被蝉产卵致死的细干枯树枝条剪下。凡是一侧扁平干枯且表面不完整、皮下木质部镶嵌有大量乳白色长椭圆形卵的即是蝉卵。剪除产卵窝上部多余的无卵枯梢，在产卵窝痕迹下部留出10～15厘米的无卵枝条，50条捆成1小捆，放入塑料袋内。塑料袋要留孔口。成虫采集时，老熟幼虫在18～24时采集。采收者在树的主干基部用手电筒照射捕捉。采集后放入纱网箱中羽化产卵。在产卵纱网箱内栽种灌木状寄主植物，可栽一些实生果树。

4）埋殖卵

将从野外或在种源场地采得的有卵枝条集中在室内孵化。在长70厘米、宽40厘米、高20厘米的木箱或塑料箱的底部铺5～10厘米的细干沙，将卵枝成捆竖放或横放其上，不断用小喷雾器喷洒雾水，使空气保持较高的湿度。这期间如果发现有若虫形成，即将带卵的枝条连沙埋殖在养殖场内。埋殖时间在9～10月（两年卵），当年卵只有到次年6～7月才能埋殖。埋殖位置在寄主植物树下面远离树干基部1米处，挖深30～50厘米的窄沟，如环形、方形、三角形、平行或辐射状的均可，以便挖取或捕获。埋殖后盖土压实，做好沟形及深度记录。蝉孵出后从6月开始生长，当年体重为1克，全身及眼睛均为乳白色；次年体重为3克，全身色素加深，眼睛呈粉红色；第 3 年若虫成熟，体重达 4～4.5 克，身体为褐色，眼睛呈黑灰色。

4. 经济效益

人工养蝉不影响地上植物正常生长，在农田里 1 亩地投入 1 000 只，收获时市场价为 0.1～0.3 元/只，每只按 300 卵计算为 30 万枚，按 70%成活率计算是 21 万枚，按市场保底价 0.1 元/只计算，可售 2.1 万元，效益非常可观。即使在不影响地上农作物生长的情况下养殖，每亩收入也会在 2 万元左右。

如果在杨树林里养殖蝉若虫，按 2 米×3 米的间距，一亩地种 100 棵杨树计算。第 1 年开始种小树，树苗按 2 元/棵计算，第 1 年让树生长，不投放卵条。从第 2 年开始投放卵条，每棵树投放 20 支，卵条市场价为 0.5 元/支，每亩地投入：100 棵×20 支/棵×0.5 元/支＝1 000 元。

第 1 年投入：100 棵×2 元/棵＝200 元，收益：0 元；第 2 年投入：1 000 元，收益：0 元；第 3 年投入：0 元，收益：0 元；第 4 年投入：0 元，收益：50 千克×80 元/千克＝4 000 元；第 5 年投入：0 元，收益：50 千克×80 元/千克＝4 000 元。5 年收益：8 000 元，投入：1 200 元，净收入：8 000 元－1 200 元＝6 800 元。

4.7　生态农田病害管理

在自然农田生态系统环境中，各物种种群之间的相互作用关系使农田生态系统维持在一个相对稳定的动态平衡状态。一个健康、稳定的生态系统中没有任何一个物种种群能够彻底将另一个物种种群杀灭。农田土壤中本身就存在不计其数的微生物，这些微生物有的对农作物是有害的，有的则对农作物是有益的。土壤中所有微生物之间的相互作用、微生物与植物之间的相互作用及各种环境因子的影响，使各种有益微生物和有害微生物的数量都维持在一个相对稳定的动态平衡状态。然而，人类将剧毒的杀菌剂和除草剂、有害的激素和地膜等大量加入农田生态系统中，使这些原本不属于农田环境的物质改变了一些环境因子，同时也对生物具有毒害作用，打破了原本健康、平衡的农田生态系统。农药的使用影响了土壤微生物的物种多样性，其影响常常表现为直接的或间接的、抑制的或促进的、暂时的或持久的等多种类型。农药污染可使一些微生物个体数量减少，种群密度减少，但也可使一些微生物加速自身的生活史进程，导致个体数量和种群密度增加。在群落组成上敏感种被耐药种代替，在多样性指数上，生态系统中敏感种消失，物种数量下降，严重时导致物种灭迹，物种多样性下降，使微生物群落结构发生定向演替，相应的土壤生态系统也会发生定向改变，导致原生态系统结构发生改变（胡晓和张敏，2008）。一些杀菌剂可直接杀灭微生物，剧烈地改变微生物在土壤中的生态平衡，对生态系统的稳定和自然界元素的循环造成不利影响（游红涛，2009）。

因此，病害发生的本质就是人为造成生态系统失衡的结果。当对抗不能解决矛盾时，也许“和平谈判”是解决矛盾最好的或唯一的途径。所以，人类应当归还所有生物一个健康、平衡的生态系统，让所有物种都能以小数量的种群繁衍下去。病害防治应该是对有害微生物种群数量的控制，而不是将病害彻底全部消灭，况且它们是杀不完的。

所以，病害防治应当是将有害微生物的种群数量控制在伤害阈值（作物经济损失可以接受的值）以下，使有害微生物的种群数量对作物造成的经济损失在可以接受的范围内，以达到病害的防治目的。

4.7.1 生态农田病害的种类

植物病害主要是由真菌、细菌、病毒引起的真菌性病害、细菌性病害和病毒性病害这三大类。在植物病害中，由真菌侵染引起的病害种类最多，占病害种类的 80%～90%，其次是由细菌病原引起的病害，病毒引起的病害最少（孙晓飞，2018）。

真菌性病害的类型比较多，引起的病害症状也千变万化。常见的有霜霉病、白粉病、黑粉病、叶斑病、锈病、枯萎病、腐烂病等。真菌性病害无论发生在什么部位，症状表现如何，在潮湿的条件下都有菌丝和孢子产生，在病斑处生有各种颜色的霉层或小黑点。这是判断真菌性病害的主要依据。

细菌性病害的发病症状主要表现为腐烂和萎蔫等，都是由细菌侵染破坏薄细胞和细胞壁组织所导致的后果。细菌性病害的病斑处没有菌丝和孢子产生，病斑表面也没有霉状物。细菌性病害为害的主要症状是被为害处一般有菌脓溢出，菌斑表面光滑（张静辉，2011）。这是判断细菌性病害的主要依据。

病毒性病害在多数情况下以系统侵染的方式侵害植株，病毒侵染植株后，一般不会立刻表现出症状并杀死植株，主要是影响植物的生长发育进程，引起植株颜色和形态的改变，产生矮化、丛枝、畸形、皱缩等特殊症状（张静辉，2011）。

4.7.2 农田病害传统化学防治方法的利弊

第二次世界大战后采用的化学农药给人类带来了很大益处。化学农药的优点主要如下。①价格便宜。化学农药的成本主要来源于其研发成本，因为化学农药的研发需要大量的人力和科技资源的长期投入。但是，化学农药一旦研发成功，其商品药依靠工业化的流水线生产，可以实现短期内的大批量生产，同时合成化学农药的原材料同样是有机合成品。因此，化学农药实现大批量生产时，其商品药的成本很低，商品药的售卖单价不高。②使用剂量小。化学农药由于其高毒性和特殊的作用机理，使用微量的药剂就能杀死病菌。③有效性和速效性。化学农药具有极高的毒性，当其与病菌接触时能快速地杀死病菌，能在极短时间内有效地控制病菌。④广谱毒性。有的化学农药具有多种作用机理，对不同的病菌具有不同的作用机理。因此，有的化学农药能够同时杀死多种病菌。⑤人工投入少。化学农药具有毒性强、见效快、使用剂量小等特点，并且施药简单，所以人工投入较少（苏琴，2011）。

但是，随着时间的推移，化学农药的大量使用给环境、动物、植物、微生物及人类带来的问题也逐渐显现，化学农药的危害问题变得日益严峻。因此，人们开始重新审视化学农药，逐渐认识到化学农药的危害。长期使用化学农药会造成土壤农药残留，农药残留会对植物产生药害作用，并杀害土壤中的有益微生物，引起环境污染，导致病原物产生抗药性，引起动物和人类急性中毒，对动物和人类产生严重的致畸、致癌、致突变危害。

虽然化学农药施用简单，节省人力和物力，在短期内能够控制作物病害，但是从长远角度看，化学农药的使用逐渐地使农民变得懒惰，这在一定程度上促使农民大量使用化学农药，农田生态系统在这样的背景下越来越恶劣，田间作物的病害发生越演越烈，甚至各种新病害层出不穷。

例如，在山东农村发现花生疯长烂秧病（花生仅生秧苗不坐果、花生烂秧）和“胖蒜”（一层层长皮而不结蒜瓣）现象，农民对此不解。从植物生理生态学的知识来判断，这是由植物生长环境改变造成的。花生白绢病、“胖蒜”，以及蔬菜大棚的蔬菜病，归根结底都是人为制造的植物病害。

花生白绢病暴发时表现为花生根部发病，产生许多白菌丝，已近成熟的荚果腐烂。采取灌根的方法施用农药后没有效果，花生秧照样死去。通过调查发现所有生病的花生都采用同样的生产模式，即将花生种植在地膜下，在塑料膜里浇灌农药，一次性使用了化肥，喷洒了除草剂。保温、保湿、除草等多种措施带来的是花生秧苗的迅速生长，为了防止徒长，再往秧苗上喷洒矮壮素。覆盖的塑料膜在刚播种花生后的干旱时期能够保温保湿，然而进入高温的雨季后，上述优点变成明显的缺点。在塑料膜下，土壤吸收的热量无法释放，水分运动受阻，再加上早期施加的农药和化肥胁迫，花生遭遇了高温、高湿、微毒的典型生理逆境。在这样的环境下，真菌得以滋生，导致植物生病。这是一种典型的“懒人农业”，该模式实施了 30 多年，一直受到农民欢迎，花生产量一开始也较传统农业的产量高，但随着时间的延长，这种模式的弊端开始显现出来，如今出现了严重的疯长烂秧病和花生白绢病，导致花生大减产。

再来看“胖蒜”问题。最近几年，春天收获大蒜的季节，农民反映他们种的大蒜没有“米”，即不结蒜瓣，从外观上看大蒜个头很大，其实是空的，当地农民管这种蒜叫“胖蒜”。在山东一带大蒜个别主产区，“胖蒜”出现的概率达 1/3～1/2，严重的地段甚至全部都是。蒜农的地里出现“胖蒜”后无法收回种地成本（2 000元左右）。

“胖蒜”的出现说明我国耕地质量下降到非常严重的程度。连续 40 年来，农民只施加化肥不施加有机肥，在种植大蒜以后将除草剂、剧毒农药都施加在地里，并盖上一层塑料膜。在这样严酷的环境下，植物怎么能不生病呢？

人类采取温室技术生产反季节蔬菜，已经造成大部分作物尤其是蔬菜发生病害。温室大棚病即由高温高湿和静风环境引起。从根本上讲，反季节设施改变了蔬菜的生物学本性，也正因为如此，反季节蔬菜在丰富了人们日常生活的同时，也带来了严重的环境污染和食品安全问题。反季节蔬菜种植要想成功，首先是改良蔬菜生长的微环境，常规做法是将塑料膜笼罩在耕地上。由塑料膜造成的阳光温室在提高了环境温度和湿度的同时，也打破了害虫的休眠规律；由于温室大棚内温度、湿度较高，且常年不通风，病害滋生异常严重；相应地，土壤线虫和有害微生物也因此活跃起来，造成大棚蔬菜出现特有的病虫害。

温室大棚内连续种植相同的蔬菜，其产量会明显下降，这在园艺学上称为“连作障碍”（吴玉娥 等，2013）。为减少损失，菜农常常借助大量化肥来弥补生长不足，且大多数农民相信“多施肥，多产出”，化肥添加量常常高达推荐量的 2～5 倍。化肥的大量使用除造成食品安全隐患外，更严重的是造成土壤和地下水污染。这是因为塑料大棚内风吹不着，雨淋不到，化肥“冲不走、流不去、分解不掉”，迫使其垂直下渗，不可避免地对地下水造成污染。在常年大量使用化肥生产反季节蔬菜的华北某地，80 米以下地下水的硝酸盐含量已超过美国标准的 10 倍。近年来，反季节蔬菜主产区农民癌症发病率大幅提高，与化肥带来的环境污染不无关系。

4.7.3 农田病害的生态防治方法

农田病害的生态防治是指停止所有对环境和生物有害的物质输入生态系统，使用对环境和生物友好的物质输入生态系统，实行有利于维持生态系统动态平衡的管理措施，使农作物和有益微生物能够良好生存和繁衍，使有害微生物在与有益微生物、植物、环境因子及人为适当的干扰因子的相互作用下以小数量的种群生存繁衍。

1. 农业防治

传统的农业防治措施包括选用抗病品种，调整播期，清除病残体和杂草，合理施肥浇水，合理轮作、间作及混作等，这些措施长期以来被用于防治多种植物病害。作物抗病品种对某些特定的病害具有抗性，种植时选用具有抗病性的作物品种可以有效地降低一些病害的发生；调整播期，可错开作物感病期和病害盛发期，以此减少作物被病害侵染；及时清除病残体和杂草，将作物病残体进行集中堆肥发酵后再施入田间，既可以实现有机肥还田，又可以减少菌源；合理施肥浇水，可增强植物长势，提高植物抗病性，使田间环境不利于病原菌的生长发育；合理轮作可减轻土传病害，有些病害具有专性寄生的特点，单一品种连作会使病害越来越多，而实行轮作可以使一些专性寄生的病害因没有寄主而减少，特别是上茬作物有较严重的病害发生时，轮作减少病害的作用更加明显；间作及混作也能减少某些病害的发生，有些作物对某些病菌具有化感作用，间作及混作能通过植物的化感作用控制部分病害的发生。此外，改进耕作技术也能减少病害的发生。王立国等（2007）通过冬春晒垡、沟底施肥与浇水、沟底播种等耕作技术改变了棉花的生态环境条件，明显降低了棉花枯萎病、黄萎病的发病率，降低幅度为37.10%～49.41%，使籽棉增产27.20%～34.38%。由此可见，农业措施采用得当，可以取得农药不能达到的效果。

2. 生物防治

1）细菌制剂防治

在各类防治植物病害的生物农药中，细菌制剂是较多的一类，国内外已经有数十个相关产品登记，已开发成功的细菌生防制剂主要为芽孢杆菌、荧光假单胞杆菌和放射性土壤农杆菌（杜华 等，2004）。王春晓等（2016）通过对番茄叶面与根际的定殖试验发现，地衣芽孢杆菌NJWGYH 833051可以通过竞争作用有效地对番茄早疫病菌、叶霉病菌、枯萎病菌和灰霉病菌进行防治，其中对番茄叶霉病菌的防治效果最好，防效达87.15%，其抑菌效果可以和多菌灵药剂相媲美。续彦龙（2015）从新鲜猪粪中筛选得到5株对小麦纹枯病菌有抑制效果的优势细菌，经测序比对分析确定，其中X-4为地衣芽孢杆菌。以这5株细菌为功能菌株制备小麦纹枯病拮抗菌剂，接种到完全腐熟的堆肥中，得到抗小麦纹枯病的生物有机肥。在小麦纹枯病防控试验中，该生物有机肥对小麦纹枯病的防病率达到77.1%，比对照有机肥高 42.3%。由此可见，利用地衣芽孢杆菌防控小麦纹枯病将成为小麦纹枯病综合防治中的一个重要手段。

2）真菌制剂防治

国内外对真菌性杀菌剂的开发一直给予了很大关注，截至2004年，已有20多个属的真菌被用于植物病害的生防实践，其中木霉菌是植物病害生防制剂中开发产品最多的（杜华 等，2004）。朱廷恒等（2004）从土壤中分离出拮抗木霉T97，研究发现木霉通过竞争作用和重寄生作用，抑制立枯丝核菌、番茄灰霉病菌和小麦全蚀病菌的生长。Su等（2013）研究发现暗色有隔内生真菌稻镰状瓶霉可以成功在水稻根部定殖，并通过水杨酸（Salicylic acid，SA）介导的信号转导通路诱导水稻产生抗病性，提高水稻抗稻瘟病的能力。易晓华等（2007）从除虫菊中分离到镰孢属内生真菌 Y2 菌株，其发酵液的 10 倍稀释液对玉米大斑菌等 6 种供试植物病原真菌菌丝生长的抑制率达到 80.41%～93.26%，5 倍稀释液对番茄灰霉病菌和苹果炭疽病菌孢子萌发的抑制率均大于 80%。截至 2021 年 12 月 31 日，我国已登记微生物农药共 56 种，其中真菌农药 15 种（杨峻 等，2022）。

3）真菌病毒制剂防治

真菌病毒是一类可以侵染丝状真菌、酵母和卵菌，并能在其中复制的病毒，在真菌和卵菌的主要类群中广泛存在。大部分真菌病毒侵染后并不会导致寄主出现明显的外部症状，只有少部分真菌病毒能长时间侵染寄主，并对其造成影响（Buck，1986）。李涛等（2009）发现带嗜杀病毒的啤酒酵母可以向体外释放具有抗菌活性的毒素。这种毒素能使菌株本身产生免疫作用，而其他相同或相近的酵母菌对它敏感。这些毒素能够降解酵母菌株的细胞膜，使携带嗜杀病毒的酵母菌与其他酵母菌在竞争有限的营养条件和有限的空间因素时处于有利地位，从而对寄主真菌的生存和繁殖起到保护的作用。姜道宏课题组从油菜菌核病的病原菌——核盘菌中发现了首例 DNA 病毒，并将其命名为 SsHADV-1（Yu et al.，2010）。该病毒可以进行体外传染，其寄主真菌 DT-8 与其他正常核盘菌菌株接触后可使其致病力衰退。此外，该病毒还可以进行田间传播，并且可以侵染其他类型的病原真菌，揭开了低毒真菌病毒生防应用的新局面（Yu et al.，2013）。

4）植物源杀菌剂防治

植物是生物活性化合物的天然宝库，其中的大多数化学物质（如萜烯类、生物碱、类黄酮、甾体、酚类、独特的氨基酸和多糖）均具有抗菌活性。甘肃三川药业有限公司研制生产出一种以天然植物为原料的无公害农药 2.5%生物碱拌种剂，含有黄酮、糖苷、毒蛋白等。田间试验结果表明，该拌种剂对瓜类蔓枯病菌、腐皮镰刀菌等 99 种病菌孢子的抑制率达 89.8%～100%（杜华 等，2004）。孙海峰等（2005）以龙胆斑枯菌为供试菌种，对 9 种中药乙醇提取物进行抗龙胆斑枯菌活性试验，结果发现 9 种中药乙醇提取物均有抑菌作用，其中蛇床子、川楝子、知母 14 天最低抑菌质量浓度小于 0.1 克/毫升，具有较强的抗龙胆斑枯菌作用。

5）弱毒株系应用

利用弱毒株系对植物进行交叉保护，在番木瓜、番茄、柑橘等的病毒性病害研究中得到较好的应用（刘亚苓 等，2019）。谭东（2018）利用人工定点突变番木瓜畸形花叶病毒，得到具有交叉保护作用的弱毒株系，以此防控番木瓜畸形花叶病毒，表现出较好的交叉保护效果。王玉（2018）研究表明，预先接种番木瓜环斑病毒 W 株系弱毒株系的西葫芦，其病情指数明显低于未接种弱毒株系的植株。周彦（2007）通过试验得到的 7 个柑橘衰退病毒弱毒菌株对柑橘植株均具有一定的保护作用，对柑橘衰退病毒具有较好的抑制作用。

6）生物肥料防治

生物肥料是根据“以菌治菌，以肥抗病”的生防原理研制出来的具备肥、药多效的微生物肥料。生物肥料具有营养齐全、菌肥合一、改良土壤、修复土壤微生态环境、增产、抗病等优点，是无公害农业生产的好帮手。许多生物肥料已经走向市场和应用到生产上，并取得良好效果。近年报道较多的生物肥料有和阳生物有机复混肥、“百花山”生物多抗菌肥、联抗生物菌肥和保得微生物土壤接种剂等（叶云峰 等，2009）。

7）微生态制剂应用

1990 年，全国微生态学会学术研讨会正式提出“微生态制剂”一词，并将其定义为根据微生态学原理而制成的含有大量有益菌的活菌制剂，有的还含有它的代谢产物或添加有益菌的生长促进因子，具有维持宿主微生态平衡、调整其微生态失调和提高它们健康水平的功能（周德庆和郭杰炎，1999）。微生态制剂具有防病、增产和改善作物品质的特点。杨合法等（2006）研究表明，在棉花播种前使用复合微生态制剂（VT 菌）浸种可以有效防止苗期病害的发生，促进棉苗生长，增强棉苗抗逆性；用一定浓度的 VT 菌浸种，结合在棉花黄萎病发病高峰前期喷施或灌根处理，可防止棉花黄萎病的发生，提高棉花产量，可比对照增产 16.8%。此外，报道较多的微生态制剂还有 SC27 微生物土壤增肥剂，对葫芦、丝瓜（俞丹宏和柴伟国，2003）和巨峰葡萄（俞丹宏 等，2003）具有促进生长、增产和改善品质的作用，从而达到保健防病效果。

第5章 生态农田杂草管理

5.1 农田里的杂草

5.1.1 杂草的概念

用历史的眼光来看，在农业社会出现以后，杂草也就开始出现了。杂草不断出现在历史记载中。例如，《国风•郑风 • 野有蔓草》记载：野有蔓草，零露溥兮。有美一人，清扬婉兮。邂逅相遇，适我愿兮。野有蔓草，零露瀼瀼。有美一人，婉如清扬。邂逅相遇，与子偕臧。诗中出现的这种叫蔓草的杂草与相爱的美人联系在一起，可见古人也并不多么讨厌杂草。其实，“薇”字疑似一种豆科植物，在田间也是杂草。《汉书 • 西域传上 • 罽宾国》中也有对杂草的描述：罽宾地平，温和，有目宿，杂草奇木，檀、櫰、梓、竹、漆。南朝梁江淹的《草木颂 • 杉》中有“羣木歛望，杂草不窥”的记载。

《中国大百科全书》对杂草的介绍如下：杂草是指生长在有害于人类生存和活动场地的植物，一般是非栽培的野生植物或对人类有碍的植物。广义的杂草定义则是指生长在对人类活动不利或有害于生产场地的一切植物。全球经定名的植物有 30 余万种，认定为杂草的植物约 8 000 种。杂草的生物学特性表现为传播方式多，繁殖与再生力强，生活周期一般比作物短，成熟的种子随熟随落，抗逆性强，光合作用效率高等。

农田杂草的主要危害如下：与作物争夺养料、水分、阳光和空间，妨碍田间通风透光，增加局部气候温度；有些则是病虫的寄主，促进病虫害发生；寄生性杂草直接从作物体内吸收养分，从而降低作物的产量和品质；有的杂草种子或花粉含有毒素，能使人畜中毒。

从 2010～2021 年的文献中看出，杂草的种类数量变化不大。我国的杂草有 1 400 多种，其中难治恶性杂草 130 余种（强胜，2010；张翔鹤 等，2021）。以华北平原为例，春季小麦田里播娘蒿、王不留行、荠菜、独行菜、刺儿菜比较常见。由于小麦是头年秋天播种，越冬返青后小麦成了优势种群，杂草暂时竞争不过小麦。可一旦不进行田间管理，杂草就会迅速生长，可覆盖整个小麦田（车晋滇，2008）。然而，春天雨水少、温度低，杂草还不是长得最迅猛的时候。夏季，北方农田雨季温度高、光照强、水分充足，这样就给杂草提供了良好的生长条件，即使像玉米那样的高秆作物，其下也常见十几种杂草，如马唐、稗、马齿苋、牛筋草等（博文静 等，2012）。

5.1.2　杂草的类型

杂草以草本植物为主，半灌木或藤本植物所占比例很少。杂草的生活型以一年生为主，在雨热条件好的地方出现越年生杂草或 3 年以上的多年生杂草。杂草在生态型上分为水生、沼生、湿生和旱生等；按化学防除的实际需要，将其按形态特征分为禾本科杂草、莎草科杂草和阔叶杂草三大类。

1. 禾本科杂草

禾本科杂草属于单子叶草本植物，胚有 1 片子叶；叶片窄长，叶鞘开张，有叶舌，无叶柄；平行叶脉；茎圆或扁平，有节，节间中空。禾本科杂草有稗、千金子、看麦娘、马唐、狗尾草等。

2. 莎草科杂草

莎草科杂草为单子叶草本植物，胚有 1 片子叶；叶片窄长，平行叶脉；叶鞘包卷，无叶舌。该类杂草与禾本科杂草的区别是，茎为三棱形，个别为圆柱形，无节，实心。莎草科杂草有三棱草、香附子、水莎草、异型莎草等。

3. 阔叶杂草

阔叶杂草一般指双子叶草本植物，胚有 2 片子叶，草本或木本；叶脉呈网状，叶片宽，有叶柄，如刺儿菜、苍耳、鳢肠、荠菜等。另外，阔叶杂草也包括一些叶片较宽、叶子较大的单子叶杂草，如鸭跖草等。

从生态学角度防治杂草时，杂草的生活型就显得尤为重要。在不同的轮作体系中，不同杂草管理方式对杂草群落和种子库的影响不同。在冬小麦-夏玉米轮作体系中，其中 69%的杂草是一年生杂草，6%是一年或越年生杂草，其余为多年生杂草。在大蒜-大豆轮作中，71%为一年生杂草（表 5-1）。当作物轮作从冬小麦-夏玉米转为大蒜-大豆时，0～5 厘米的土层杂草种子库减少了 56%（图 5-1）。

表 5-1　冬小麦-夏玉米轮作和大蒜-大豆轮作体系中杂草的种类

物种	生活型	冬小麦-夏玉米轮作	大蒜-大豆轮作
马齿苋	一年生	Y	Y
铁苋菜	一年生	Y	Y
狗尾草	一年生	Y	Y

续表

物种	生活型	冬小麦-夏玉米轮作	大蒜-大豆轮作
稗	一年生	Y	Y
反枝苋	一年生	Y	N
马泡瓜	一年生	Y	Y
天竺葵	一年生	N	Y
鳢肠	一年生	Y	N
毛马唐	一年生	Y	Y
萹蓄	一年生	N	Y
牛筋草	一年生	Y	Y
播娘蒿	一年生	Y	Y
打碗花	一年生	Y	Y
藜	一年生	N	Y
碎米莎草	多年生	Y	Y
刺儿菜	多年生	Y	Y
田旋花	多年生	Y	Y
荠菜	一年或越年生	Y	Y
葎草	多年生	Y	Y

注：Y 代表杂草在轮作体系中出现过；N 代表杂草在轮作体系中未出现。

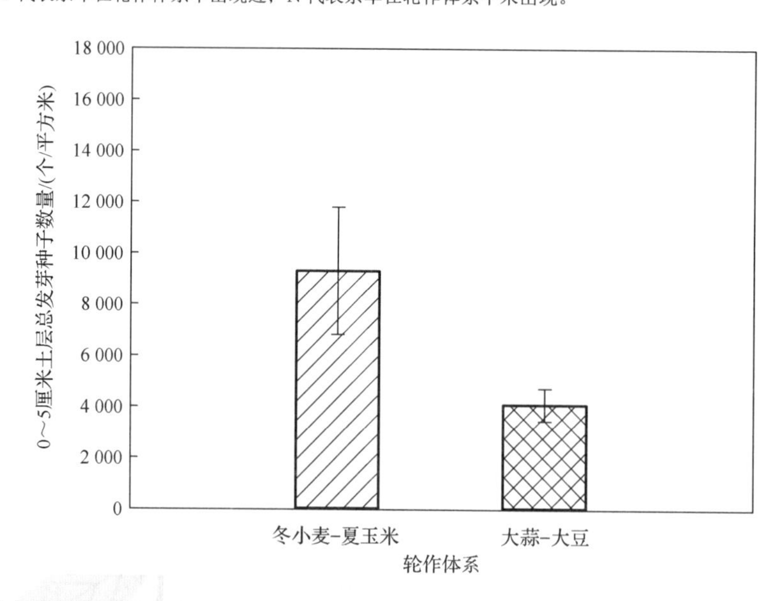

图 5-1　冬小麦-夏玉米和大蒜-大豆轮作体系中 0～5 厘米土层总发芽种子数量

5.1.3　全球著名的十大杂草

在全球范围内，杂草的种类很多，但不是都难以治理，难以治理的是那些恶性杂草。全球公认的恶性杂草有 10 种，它们是香附子、假高粱、节节麦、豚草、加拿大一枝黄花、水葫芦、大米草、空心莲子草、毒麦、早熟禾。这些杂草的适应能力和繁殖能力极强，在世界上分布广泛，难以防除，引起世界大多数国家的关注。对这 10 种杂草的简要介绍如下。

1. 香附子

香附子又称雷公草、莎草、梭梭草、胡子草、香胡子、三梭草、野韭菜等，是一种多年生莎草科杂草，位居世界十大恶性杂草之首。香附子原产于印度，广泛分布于热带及亚热带，被报道发生危害的作物有 52 种，分布在 92 个国家。其天敌未被同时引入，并与当地气候环境相适应。香附子广泛分布于北纬 45° 以南的温带和热带地区，我国大部分地区有发生。

2. 假高粱

假高粱又称石茅、约翰逊草、宿根高粱，原产于地中海地区，现已传入很多国家，遍布于欧洲、美洲、亚洲、非洲和大洋洲的 57 个国家。其他国家均将其列入禁止输入对象，列入进行严格对外检疫对象。假高粱在我国局部分布，最近几年有从进口转基因作物中混入的现象。假高粱是谷类作物、棉花、苜蓿、甘蔗、麻类等 30 多种作物田里的主要杂草。它不仅使作物产量降低，还是高粱属作物许多害虫和病害的寄主。它的花粉可与留种的高粱属作物杂交，给农业生产带来很大的危害，被普遍认为是世界农作物十大恶草之一。

3. 节节麦

节节麦为禾本科山羊草属一年生或越年生植物，起源于东欧、西亚，1955 年在我国河南新乡被首次发现（王宁和袁美丽，2020）。节节麦为田间有害杂草，随小麦种子传播，节节麦是小麦的伴生杂草，由于发生的环境条件一致，苗期形态相似，难以防除，危害极大。节节麦的生长习性不但与小麦相似，而且长势凶猛、繁殖率高。

4. 豚草

豚草原产于北美洲，现分布于加拿大、墨西哥、美国、古巴、阿根廷、玻利维亚、巴拉圭、秘鲁、巴西、智利、危地马拉、牙买加、奥地利、匈牙利、德国、意大利、法国、瑞士、瑞典、日本、澳大利亚及毛里求斯等，目前我国也有分布。

该杂草生长繁茂，严重影响作物生长。豚草随小麦、大豆种子传播，其花粉能引起皮炎和枯草高热病。

5. 加拿大一枝黄花

加拿大一枝黄花属于菊科一枝黄花属，该属植物在全世界约有 125 种，主要分布在北美洲，少数分布在欧洲和亚洲。加拿大一枝黄花是外来生物，作为观赏植物引种后逃逸变成杂草。在裸地上，第一年长出几株或几簇，第二、三年连成片，抑制其他植物的生长，能迅速形成单生优势，破坏入侵地的植被生态平衡，同时还蚕食棉花、玉米、大豆等旱地农作物和种植茭白的水田，严重影响这些农作物的产量和质量。

6. 水葫芦

水葫芦属于雨久花科凤眼莲属。水葫芦原产于南美洲，目前广泛分布在北美洲、非洲、亚洲、大洋洲和欧洲的至少 62 个国家。水葫芦的繁殖速度极快，生长时会消耗大量溶解氧，几乎成为水生生物入侵的代名词。我国境内分布的该种植物是 20 世纪 50 年代以猪饲料名义引进的，70 年代末该植物被列入水生净化植物，其种群得到了进一步扩张。

7. 大米草

大米草又称食人草，多年生草本宿根植物，分布于丹麦、德国、荷兰、法国、英国、爱尔兰、新西兰、澳大利亚、美国和我国。因其具有促淤造陆、固土绿化等作用，被一些国家广为引进。大米草既能生长于海水、盐土中，也适应在淡水、淡土、软硬泥滩、沙滩地上生长。大米草的分蘖力特别强，在潮间带第一年可增加几十倍到 100 多倍，几年便可连片成草场。大米草在滩涂上疯狂生长，导致沿海水产资源锐减。我国于 20 世纪 70 年代引入该植物，以防止泥质海岸被海水冲刷（仲崇信，1983），目前已入侵北到辽东湾、南到北部湾的广阔的海岸线。

8. 空心莲子草

空心莲子草为多年生苋科宿根性杂草，原产于巴西，生命力强，适应性广，生长和繁殖迅速，水陆均可生长。空心莲子草主要在农田（水田和旱田）、空地、鱼塘、沟渠、河道等环境中生长为害。空心莲子草的根系发达，地上部分繁茂，在农田中生长会与作物争夺阳光、水分、肥料及生长空间，造成严重减产，如果在田埂和田间成片生长会影响耕作。

9. 毒麦

毒麦为禾本科黑麦属的一年生草本植物，属于田间常见的杂草，原生于欧洲，盛产于叙利亚和巴勒斯坦一带，近半个世纪传入我国。茎可以长到 1 米高，穗状花序长达 10～25 厘米；颖果呈紫色。毒麦经常和小麦混生在一起，其外形类似小麦，然而其子粒中含有能麻痹中枢神经、致人昏迷的毒麦碱，被认为是恶性杂草。该植物系“拟态杂草”（顾德兴，1989），难以清除，常与小麦一同被收获和加工。未成熟的毒麦或在多雨季节收获时混入收获物中的毒麦毒性最大。

10. 早熟禾

早熟禾为禾本科一年生或越年生草本植物，别名稍草、小青草、小鸡草、冷草、绒球草。早熟禾在我国南北方多数省（市）均有分布，国外除热带国家外均有分布。早熟禾主要为害小麦、蔬菜、果树等，为小麦田中的恶性杂草。

5.2　杂草的来源

农田里的杂草原本是自然界中的一员，只不过人类将草原、森林或湿地开辟成农田以后，大部分本地植物尤其是乔木、灌木和湿地植物被人类清除，剩下了繁殖能力强和生存能力强的草本植物，它们繁殖了大量的后代。只要有土壤，甚至哪怕没有土壤只有一些尘土的地方（如石头缝、屋顶上）都留下了它们的后代。除此之外，杂草还不断使其遗传物质增加，即表现为染色体多倍化（顾德兴，1994）。多倍化是植物进化的主要驱动力量，在杂草起源与演化中起到了重要作用。多倍化促进了基因组水平与表型水平的进化，大幅提高了杂草物种或群体生存竞争能力和繁殖扩展能力，增加了其生态适应性。这一遗传特性同时促使外来种在新生境中成功入侵进而转变为杂草。

不仅农田里有杂草的“近亲”，城市里也有。如果说人类活动将自然植物的生存地改造成农田，导致杂草进化，那么人类将农田改造成城市更加剧了这一过程。令人惊异的是，城市里的杂草与农村几乎一致，正如有些人住在城市，有些人住在农村，有些人住在草原一样。这些杂草生境的多样性给杂草防控造成困扰。对抗不是最佳的选择，只有与它们和谐相处才是最佳的选择。

有学者将城市中的杂草称为伴人植物（蒋高明，1989），也有人将其称为驯化植物。它们是借助人类活动传播和扩大分布区的植物。伴人植物的分布，有些是人类有意识引入后野生化造成的；有些是人类活动无意识地造成它们的传播，包括一些对人类有害的植物和农田杂草等。这些植物可以说很黏人：要么长着钩（如鬼针草）；要么长着刺（如苍耳）；要么自带“降落伞”飞到各处（如蒲公英）；还有的具有美丽的花朵（如田旋花），可以作为饲料；更有狗尾草，其穗状花序是很柔美的。世界各地的伴人植物具有不同的伴人植物区系。藜、猪毛菜等杂草普遍分布在欧洲和北美洲，它们是欧洲移民带到北美洲的；澳大利亚的维多利亚州有57种伴人植物来源于欧洲、11种来源于北非和中非、29种来源于南非、2种来源于亚洲。

5.3 化学除草及其危害

古人采取的以人力为主的物理除草措施费时费力，现代农业多不采用，工业革命以后人类发明了除草剂这种化学除草方法。化学除草可追溯到19世纪末期，在防治欧洲葡萄霜霉病时，偶尔发现波尔多液能伤害一些十字花科杂草而不伤害禾谷类作物（阎世江 等，2017）。法国、德国和美国同时发现硫酸和硫酸铜等的除草作用，并用于小麦等地除草。有机化学除草剂始于1932年选择性除草剂二硝酚的发现。20世纪40年代，2,4-二氯苯氧乙酸（2,4-D）的出现大大促进了有机除草剂工业的迅速发展。1971年合成的草甘膦具有杀草谱广、使用方便的特点，是有机磷除草剂的重大突破，转基因耐除草剂作物的出现更是将除草剂的使用推向高峰（李云河 等，2012）。

化学除草剂能够发挥作用，是根据除草剂对作物和杂草之间植株高矮和根系深浅不同所形成的“位差”、种子萌发先后和生育期不同所形成的“时差”，以及植株组织结构和生长形态上的差异、不同种类植物之间抗药性的差异等特性而实现的。20世纪70年代出现的除草剂助剂用以拌种或与除草剂混合使用，可保护作物免受药害，扩大了除草剂的选择性和使用面（苏少泉，2007）。由种子萌发的一年生杂草，一般采用持效期长的土壤处理剂，在杂草大量萌发之前施药于土表，将杂草杀死于萌芽期。防除根状茎萌发的多年生杂草则采用输导作用强的选择性除草剂，在杂草营养生长后期进行叶面喷施，使药剂向下传导至根茎系统，从而更好地发挥药效。

化学除草具有高效、及时、省工、经济等特点，适应现代农业生产作业，还有利于促进免耕法和少耕法的应用、水稻直播栽培的实现及密植程度与复种指数的合理提高等。但大量使用化学物质对生态环境可造成长远的不利影响。这就要求除草剂的品种和剂型向低剂量、低残留的方向发展，加强生物除草剂研发，尽早实现推广（陈世国和强胜，2015）。同时力求与其他措施有机地配合，进行综合防除，以减少施药次数与用药量。

由于除草剂的广泛应用，目前人类食用的主粮、水果、蔬菜，乃至中草药，都难以逃离使用除草剂。然而，这种科技进步是有代价的，即食物链有可能被污染，如市场上畅销的抗草甘膦转基因大豆油、菜籽油，含转基因大豆蛋白与转基因大豆油的国内外知名品牌婴幼儿配方、孕妇营养食品，转基因豆制品、豆浆粉等，添加转基因大豆蛋白的火腿肠、香肠、饺子等一系列冷冻食品、面包及蛋糕、饼干，一些快餐用转基因油炸的食品、转基因豆浆、喂养转基因大豆的家禽、家畜的肉等食品，皆可能让超低微量浓度的残留草甘膦进入人类肠道，通过肠壁血液循环系统进入体内所有器官，甚至进入孕妇体内的胎儿。

除草剂对健康的影响甚于杀虫剂。除草剂的毒性很强，即使几十米远飘来的除草剂对那些敏感植物仍有杀伤作用。喷洒除草剂本身就很有健康风险。

农业从来都不是一个偷懒的产业，如果盲目像工业生产那样提高效率，发展懒人农业，那么生存健康问题就会随之而来。研究显示，与抗草甘膦转基因大豆、玉米、油菜捆绑使用的草甘膦除草剂农达中的活性成分草甘膦，具有雌激素作用，而且在一万亿分之一超低微量浓度范围即可促进乳房癌细胞增殖（Thongprakaisang et al.，2013）。国际癌症研究所（International Agency for Research on Cancer，IARC）将草甘膦列为 2A 类致癌物质（Guyton et al.，2015），也有研究表明草甘膦会引发“非酒精性脂肪肝”（Mesnage et al.，2017）。

5.4　物理除草

物理除草是指采取人力或机械力方法进行除草的方式。我国自古到今采取的锄头除草就是典型的物理除草方式，而今在锄头基础上发明了机械除草。常见的物理除草方式有以下几种。

1. 人工除草

人工除草包括手工拔草和使用简单农具除草，因耗力多、工效低，不能大面积及时防除杂草。采用其他措施除草后，可采用人工除草作为去除局部残存杂草的辅助手段。

2. 机械除草

机械除草是指使用畜力或机械动力牵引的除草机具进行除草。一般于作物播种前、播后苗前或苗期进行机械中耕耖耙与覆土，以控制农田杂草的发生与危害。其工效高、劳动强度低。机械除草的缺点是难以清除苗间杂草，不适于间套作或密植条件，频繁使用可引起耕层土壤板结（Gruber and Claupein，2009）。

3. 水、光、热除草

水、光、热除草是指利用水、光、热等物理因子除草。例如，用火燎法进行垦荒除草，用水淹法防除旱生杂草，用深色塑料薄膜覆盖土表遮光，以提高温度除草等。例如，采取小麦和水稻轮作方式，稻田水淹破坏了小麦季的杂草种子库，大幅减少了小麦杂草的数量，杂草防治仅在水稻季进行。

4. 覆盖除草

秸秆覆盖是有机农田中常见的抑制杂草的方式（赵玉信和杨惠敏，2015），一方面能抑制杂草生长，同时秸秆还田还能为下一茬作物提供一定的养分。秸秆覆盖对于减少一年生或者两年生杂草种子库输入具有较好的效果，但如果管理不当，不同覆盖物会有助于多年生杂草的繁殖。因此，秸秆覆盖结合轮作能够合理控制杂草生长。

传统的物理锄草方式，随着大量农民工进城、劳动力的短缺，在我国只有年龄大的农民还会使用。现在除草的主要技术就是除草剂，大量使用除草剂，杂草并没有被控制住。相反，杂草年年用药，年年发生，甚至美国使用了抗除草剂的转基因技术后，农田里出现了“超级杂草”。在世界范围内，越来越多的杂草对草甘膦产生了抗药性，除草剂的用量在不断增加（Sosnoskie and Culpepper，2014）。

5.5 生态除草

生态除草是根据杂草的生态习性采取的除草方式，这是解决杂草问题的有效途径之一。直根系的杂草，甚至某些多年生杂草在繁殖以前被拔出，可达到良好的防控效果。在我国农村，相对于其他复杂、昂贵的除草措施，人工除草简单实用、效果彻底，为广大农民所接受。有研究认为，保持农田一定的杂草生物多样性，在控制害虫、保护天敌、防止土壤侵蚀、维持生态系统功能等方面发挥着重要的作用，因此有必要对杂草的生物多样性给予适当保护（陈欣 等，2000）。人工除草虽然是一种较环保的除草方式，但劳动力投入高；化学除草虽然成本较低，但容易造成严重的环境污染。为解决两者之间的矛盾，就必须采取合理的除草措施，既能使农田杂草得到控制，又能维持较高的生物多样性和经济效益。

生态除草的方式如下。①要控制种源。不使杂草结种子，在成熟前治理。②以草治草，如人工播种有肥效作用的一年生豆科草本植物占据杂草的生态位（Hauser et al.，2006）。③秸秆覆盖。利用秸秆中的生化物质抑制杂草生长。④人工拔草喂牛羊，但前提是农田里不能有农药。没有农药的鲜草，是食草动物（如牛、羊、驴、兔、鹅，甚至猪）非常喜欢的饲草。

生态除草除了使用人力（也是一种安全的生物力），还可利用昆虫、畜禽、病原微生物和竞争力强的置换植物及其代谢产物防除杂草。例如，在稻田中养鱼（Xie et al.，2011），草鱼可以吃掉部分杂草；20 世纪 60 年代，我国利用真菌作为生物除草剂防除大豆菟丝子；澳大利亚利用昆虫斑螟控制仙人掌的蔓延等。生物除草不产生环境污染，成效稳定持久，但对环境条件要求严格，研究难度较大，见效慢。

采用一定的技术措施，在较大面积范围内创造一个有利于作物生长而不利于杂草繁殖生长的生态环境，是生态除草的另一种对策。例如，实行水旱轮作制度，对许多不耐水淹或不耐干旱的杂草都有良好的控制作用。在经常耕作的农田中，多年生杂草不易繁殖；在免耕农田或耕作较少的茶、桑、果、橡胶园中，多年生杂草蔓延较快，一年生杂草则减少。合理密植与间作套种，可充分利用光能和空间结构，促进作物群体生长优势，从而控制杂草发生数量与危害程度。乌兹别克斯坦采用棉田冬灌、冬前深翻等技术控制杂草，都是切实可行的措施，非常值得我国借鉴。

生态除草强调的是综合防除。农田生态受自然和耕作的双重影响，杂草的类群和发生动态各异，采用单一的除草措施往往不易获得较好的防除效果；同时，各种防除杂草的方法也各有优缺点。综合防除是指因地制宜地综合运用各种措施的互补与协调作用，达到高效而稳定的防除目的。一些国家以生态学为基础，对病害、虫害、杂草等进行综合治理，研究探索在一定耕作条件下，各类杂草的发生情况和造成经济损失的阈值，并将各种除草措施因地因时、有机结合，创造合理的农业生态体系，有可能使杂草的发生量和危害程度控制在最低范围内，保证作物持续高产。

5.6　生态除草的成功案例

研究并实践生态除草是解决杂草问题的有效途径之一，生态除草不污染生态环境与食物链。该技术是本团队历经十多年，多次失败后找到的一种既经济可行又环保的杂草控制方案，核心是竭库、断流、把握时机，科学地解决了有机种植过程中的杂草管理难题。该技术要点包括以下 3 个方面。

5.6.1　竭库

竭库是指使耕地里的种子反复多次萌发，生长出来后不使其结实，使其留不下后代。农田杂草大多是一年生植物，它们属于机会主义者，一有空间就去占领，它们对养分需求不高，也不挑地段，无论是贫瘠的荒地还是肥沃的耕地，即便是在人类不断踩踏的田埂上，它们都会繁殖，并通过多种方式把种子散播到土壤里。那些埋在土壤库里的杂草种子一般很难除掉，除草剂对它们毫无作用，即使用火烧，地上的部分烧光了，但种子还保留在地下，即“野火烧不尽，春风吹又生”。弘毅生态农场采用竭库的方法，在早期预防杂草，不断使土壤中的杂草种子萌发，不断去除，消耗杂草种子库，直到基本去除干净。竭库调整成功需要 2～3 年。

5.6.2 断流

实现土地家庭联产承包责任制后，土地分给了农民个人，种什么及如何种由农民决定。有些农民图省事，暂时用除草剂抑制了自家地里的杂草，但并没有根除，后期还会萌发；而且外面的杂草种子还会源源不断地侵入，尤其是公共区域（如道路两旁、田间地头、地垄上）侵入的杂草依然存在，各人“自扫门前雪”，公共区域的杂草没人去管理。必须将外来的“种子雨”截获，不使其进入农田，不使其补充种源。为此，本团队设计了乔灌草相结合，以本地森林群落为主的农田防护林带，最窄处为5米，最宽约为10米。为增加经济效益，乔木种植柿子、山楂、杏、苹果、核桃，混以旱柳、榆树、刺槐、国槐、银杏；灌木则种植花椒、紫荆、紫穗槐、连翘、月季、绣线菊等，草本植物种植麦冬、黄花菜等。森林带有效地抑制了杂草在农田边缘的生长，外来的种子不能越过防护林带。除有效阻隔杂草外，该森林带还为鸟类提供了良好的栖息地，兼具防护害虫和引诱蚜虫的功能。

5.6.3 把握时机

农田杂草具有超强的生长能力，在长期与作物竞争过程中已基本适应了人类干扰。在作物幼苗生长之初，杂草生长快，失控后治理难度增加数倍。因此，掌握合理的杂草控制时间非常关键，一般在雨季来临之前，杂草刚露头，几乎看不到杂草时就要处理。最好选择晴天的早上，锄过的杂草被太阳晒死。为保证除草效果，第二天再补一次，这时用工很少，这就是“锄半遍”的意思。经过早期干预，作物封垄后的杂草几乎不会对作物生长和产量造成不利影响。

5.7 杂草资源化

杂草是长错地方的植物，杂草资源的多样化在种质资源的筛选、园林绿化及污染土地修复中发挥着重要作用，因此合理利用杂草能有效实现其资源化。杂草资源化包括杂草可作为抗性基因材料和防治病虫草害，杂草饲用化、食用化和药用化，杂草肥料化等。

5.7.1 杂草可作为抗性基因材料和防治病虫草害

杂草一般生命力较顽强，适应能力强，可以作为抗性基因库和育种材料。低密度杂草群体能够给一些有益生物体提供栖息环境和食物供给（Clements et al.，1994；Elsen，2000）。合理利用绿肥植物占据杂草的生态位（Kruidhof et al.，

2010)，例如，在果园的果树下种植密度大且贴地匍匐生长的蛇莓或者三叶草等绿肥作物，可以抑制其他杂草生长，进而提高果树产量（Scott et al.，2016；孟杰，2016)。如薄荷这种具有特殊气味的作物，可以用来防治虫害，合理利用杂草及其生物多样性对农业生产具有重要作用，同时在当今园林绿化中也体现了其生态价值。

5.7.2 杂草饲用化、食用化和药用化

农村田间野地的杂草常被认为会危害农作物。但随着现代科技的发展、医学的进步，杂草的药用价值渐渐被更多人知晓，也有很多被《中华人民共和国药典》收录，有一些杂草具有很好食用价值的同时，也可以饲料化。例如，农民将一些杂草割掉用作猪饲料，这样既可以节省养猪饲料成本，又可以减少杂草资源的浪费。如车前草、马齿苋（图 5-2)、荠菜、黄花菜、蒲公英、野艾蒿、苦菜等在生态农业中合理利用，可以投入市场销售，体现了杂草的经济价值，让杂草成为有利用价值的资源。

图 5-2 某生态农场销售的马齿苋

5.7.3 杂草肥料化

杂草通过资源化处理可以作为很好的肥料，实现枯枝落叶化春泥的循环模式，可通过条垛堆肥腐熟后制成土壤改良剂和有机覆盖物等（张玉山 等，2018)。例如，农田杂草生物量约为 866.9 千克/亩，杂草含氮量为 2%～3%，取平均值为 2.5%，杂草固定的氮为 21.7 千克/亩，约为小麦籽粒带走纯氮量的 190%。据测算，杂草固定的氮，按照 2 亿亩小麦种植区计算，相当于替代化肥（纯氮）43.4 亿千克，减少化肥投入成本 260 亿元人民币。在弘毅生态农场中，利用杂草肥料化，将一些杂草就地粉碎后还田作为肥料（图 5-3)，加速了营养物质循环。

图 5-3　弘毅生态农场待还田的杂草绿肥

第6章 生态农田综合增产技术

影响作物产量的因素非常多，包括：①深耕、改良土壤、土壤普查和土地规划；②合理施肥；③兴修水利和合理用水；④培育和推广良种；⑤合理密植；⑥植物保护、防治病虫害；⑦田间管理；⑧工具改革。概括起来为土、肥、水、种、密、保、管、工，即农业“八字”宪法。在这8个要素中，除了最后两项，即管（田间管理）和工（工具改革），其余6个要素均与生态学有关。在生态种植模式下，探讨农田的综合增产技术有助于农户实现经济效益，更能保护农田生态环境，改良土壤，保证粮食安全（Liu et al.，2016）。目前研究较多的农田增产技术主要有深耕碎土、合理灌溉、间作套种、轮作等制度及以销促产，下面分别介绍有关进展。

6.1 深耕碎土

6.1.1 深耕增产的原理

农田耕作的目的是建立适宜作物生长的土壤环境条件，蓄水保墒，促进作物增产。大量研究成果表明，耕作活动明显改变了耕层土壤理化性质和水力学特性，引起土壤持水及导水能力的改变，且这种变化程度取决于土壤耕作方式（Arahad et al.，1999；吕军杰 等，2003）。目前广泛应用的土壤耕作方式主要有免耕、深耕、深松和常规耕作技术，而大量的研究发现深耕对农田综合作用的效果最好。

深耕是指在一块田地播种、插秧之前，须先犁田，把田地深层的土壤翻上来，浅层的土壤覆下去。深耕是土壤耕作中最基本也是最重要的耕作措施，它不仅对土壤性质的影响大，同时作用的范围也广，持续的时间也远比其他各项措施长，而且其他耕作措施（如耙地、耢地）都是在这一措施基础上进行的。

深耕具有翻土、松土、混土、碎土的作用，合理深耕能显著促进增产。因此，深耕是必须重视的农事活动。深耕增产的科学原理如下。

1. 深耕能疏松土壤、加厚耕层，改善土壤的水、肥、气、热状况

深耕打破了坚硬的犁底层，加厚了熟土层，使耕层土壤疏松、容重降低、孔隙度增加，从而增加土壤通透性，改变土壤固、气、液三相的状况，即改善土壤中水、肥、气、热状况，扩大根系生长范围，为根系下扎创造有利条件。发育良好的根系是作物丰产的基础。同时，深耕使土层深厚疏松，在降雨期间能使土壤大量吸收水分，从而减少了地面径流量和对表土的冲刷，增强了土壤蓄水保墒抗旱能力。深耕也改变了土壤的温度状况。据测定，深耕后的土壤温度比未深耕的高，昼夜温差降低，地温变化小。这是因为水分含量高的土壤热容量大，因而温度上升和下降都比较慢。适合的土壤温度有利于作物根系的生长和对营养物质的吸收及运输，促进地上部分的快速生长。低洼湿地通过深耕，有促进散墒提温和增加土壤通气性的作用，因此有利于作物的播种与生长发育。

2. 深耕能熟化土壤，改善土壤营养条件，提高土壤有效肥力

土壤养分的多少是决定作物产量高低的基本因素，因为作物所需养分绝大部分来源于土壤。深耕可将绿肥、作物残渣和施在表土层的有机肥翻埋到下层，为微生物的生存、繁殖和活动创造有利条件，加速土壤熟化的进程。通过土壤微生物的分解、转化，使土壤中不可吸收的矿物质及有机质较快地转化为可被作物吸收利用的养分（王鑫　等，2007；康轩　等，2009）和形成土壤团聚体结构所必需的腐殖质，以充分提高有机肥肥效和改良土壤。

3. 深耕能建立良好的土壤结构，提高作物产量

表层土壤由于雨水的冲击和人们在从事农事作业时的不断践踏，使土壤结构受到不同程度的破坏，耕层变得紧实，形成水、气通透不良的状态。通过深耕，一方面将结构不良的上层土壤翻埋到下层，使之在冻融交替、干湿交替和作物根系的作用下，把大而硬的土块变得酥而散，并逐渐恢复土壤结构；另一方面把结构已经变好的下层土壤翻至上层，有利于透水透气，这样上下层隔一定时间后交替更换，有利于维持和不断改善整个耕层的构造。另外，如果将耕层逐渐加深，更利于促进作物根系生长，提高作物叶片的光合性能（穆心愿，2016）。

4. 深耕能防治杂草和减少病虫危害

杂草和病虫危害是影响作物生长的重要因素，农田杂草与作物争光、争水、争肥，影响作物产量，病虫危害主要影响作物的品质及产量。深耕作为控制杂草、防止病虫危害的有效措施之一，主要是通过形成对杂草、病虫不利的生存条件，进而抑制农田杂草的生长、病虫害的发生。另外，通过深耕，有助于将土壤表层的杂草及其种子、病菌和害虫等翻到下层，抑制其萌发或呼吸。同时，又可将下层的杂草种子和多年生杂草的根茎、病菌和害虫翻到上层晒干、冻死，诱发其萌发或被鸟啄食，从而减轻其危害。

6.1.2　深耕机械

利用机械深耕，可以使耕层疏松绵软、结构良好、活土层厚、平整肥沃，使固、液、气三相比例相互协调，满足作物生长发育的需求。但目前无论是旧式耕作方式还是机械耕地，耕层一般为 14～16 厘米，普遍偏浅。对高产小麦而言，耕作深度要求大于 20 厘米，否则会阻碍小麦产量的进一步提高。长此以往，会导致熟土层厚度减少，犁底层厚度增加，形成下实上虚的耕层结构，不利于农作物生长发育，粮食产量自然会受影响。因此，大力提倡和推广深耕深松机械化技术，对广大农业区，尤其是以人畜力和小型拖拉机为主要耕作动力的农业区，具有十分重要的现实意义。

机械深耕的技术实质是用机械实现翻土、松土和混土，深耕所使用的机械有铧式犁和圆盘犁。铧式犁是农业生产中应用广泛的深耕机械，具有良好的翻垡覆盖性能，耕后植被不露头，回立垡少。圆盘犁以圆盘犁体为工作部件，牵引阻力较小，耕作过程中带刃口的圆盘旋转，能切碎干硬土壤，切断草根和小树根，特别适合高产绿肥田的耕翻作业，具有良好的通过性。圆盘犁的沟底不平，呈月牙状，这是它的不足之处。

6.1.3　深耕时间

深耕作业宜在前茬作物收获后立即进行，或在当地雨季开始之前进行，这时深耕不仅可以及时将地面的残茬和杂草翻入土中，促进其腐烂成肥，还有利于减少病虫害和防止杂草繁殖，创造更好的条件以充分接纳降水和促进土层熟化，尤其对需要晒垡和晾垡的半休闲地，争取早翻耕更为重要。

深耕深松要在土壤的适耕期内进行，一般是每隔 2～3 年深耕一次。同时，应配施有机肥。由于土层加厚，土壤养分缺乏，配施有机肥后，可促进土壤微生物活动，加速土壤肥力的恢复。在干旱、半干旱及无灌溉条件的地区，通过机械化作业手段，采用深耕深松等改善耕种条件的作业措施，是抗旱促丰收的有效旱作农业技术。深耕深松机械化技术的实施，不仅可以促进农作物高产稳产和实现农业可持续发展，还能促进农机化发展，具有显著的社会效益、经济效益和生态效益。

秋耕比春耕更好。秋耕是指在秋作物收获后进行的耕翻。一般来说秋耕时间越早越好，因为早耕能接纳和保存更多的雨水，保证土壤墒情良好，能有效预防翌年春旱带来的威胁；早耕能延长土壤风化的时间，加速土壤的熟化过程；早耕可将地面残茬、杂草及时翻压下去，延长其腐烂分解时间，增加土壤的有机质含量。秋季早耕又有比较充足的整地时间，从而保证秋耕具有良好的耕作质量。因此，秋季深耕对作物增产的意义更大。应注意的是，在秋冬雨雪少的地区，秋耕后应立即耙耱，以利于保墒。

6.1.4 耕作深度

深耕一般要使用大中型拖拉机配套相关的农机具才能完成，是一项重负荷作业。耕作深度要因地制宜，既要考虑当地的土质、耕层、耕翻期间的天气和种植作物种类等条件，又要考虑劳力、农机具和肥料的情况。对于原来耕层浅的土地宜逐渐加深耕层，切忌将心土层的生土翻入耕层。如果耕翻后持续干旱又无水源补偿，则耕作深度应适当浅些。盐碱地忌一次犁地过深，以免加重耕层土壤的盐化。

6.1.5 深耕增产案例

深耕是作物增产的一项重要措施，它通过改善土壤水、肥、气、热状况，为作物根系生长创造良好条件而达到增产的目的。但深耕不是在任何情况下都能增产，也不是越深越好，更不是唯一的增产措施。深耕必须根据当地气候条件、作物种类及经济条件等合理运用，并与耙、耢、压、中耕等耕作措施相结合，同时还要重视合理施肥、合理灌溉、选用优良品种、合理密植等其他农业增产措施的配套使用，只有这样才能充分发挥其增产潜力。

2006 年，本团队租用山东省平邑县卞桥镇蒋家庄村的集体土地 25 亩进行生态农业攻关试验。该土地是村里土质最差的，土层只有 15 厘米左右。由于本团队不使用农药和化肥，也不用除草剂，转而使用大量牛粪养地，开始的 2～3 年，产量一直无明显提高。2010 年，本团队对该试验田进行了深翻处理，用挖掘机深挖 1 米左右，且当年冬天闲置不播种小麦，经过冬天雪层覆盖冷冻，第二年用旋耕机打碎土壤，再添加 75.0 吨/公顷的腐熟牛粪，玉米当年产量达 560.0 千克/亩，冬小麦达 480.5 千克/亩，两季产量超过 1 吨。该试验有力地说明，深耕碎土具有十分明显的增产效益（图 6-1 和图 6-2）。

图 6-1 弘毅生态农场“六不用”小麦试验田经过深耕碎土后小麦长势良好

图6-2　2011年弘毅生态农场现场收获“六不用”小麦

6.2　合理灌溉

水分在植物生命活动中具有重要作用，既是植物细胞的重要组成成分，参与许多代谢过程，又是植物体中物质吸收运输的溶剂，可维持植物的状态、调节温度、调节植物细胞生长等（张凤珍 等，2012）。在干旱半干旱地区的农田生态系统中，水分是生态系统良性运转和农作物产量提高的主要限制因素，并且作物在不同生长时期，对水分的需求也不同。以小麦为例，其生长发育可分为以下5个时期（邵颖 等，2017）。

（1）种子萌发到分蘖前期。此时期为幼苗期，主要进行营养生长。此时期根系发育特别快，蒸腾面积较小，因此耗水量小、水分需求量小。

（2）分蘖末期至抽穗期。此时期主要包含返青期、拔节期和孕穗期。此时期小穗分化。茎、叶、穗开始发育，叶面积快速增大，耗水量最多。此时期如果缺水，会导致小穗分化不良或发育畸形，茎生长受阻，产量低。此时期为小麦第一个水分临界期。

（3）抽穗至开始灌浆。此时期主要进行受精、种子胚胎发育和生长。此阶段因为上部叶片蒸腾作用强烈，如果供水不足，开始从花器官和下部叶中抽取水分，引起粒数减少，产量降低。

（4）开始灌浆至乳熟末期。此时期主要进行光合产物的运输和分配，若此时期缺水，有机物液流运输受阻，造成灌浆困难，籽粒瘦小，产量降低；同时，水分不足也影响旗叶光合作用，减少有机物合成。此时期为小麦第二个水分临界期。

（5）乳熟末期至完熟期。此时期物质运输基本完成，种子逐渐风干，已不需供水。

同种作物的不同生活阶段需水量不同，不同作物对水分的需求量也不同，一般与蒸腾作用有关，可根据蒸腾系数对作物的需水量进行估算(孙洪仁 等,2004)。C3 植物蒸腾系数较大，为 400～900；C4 植物蒸腾系数为 250～400。同时，在实际进行田间灌溉时，还需要综合考虑土壤含水量、土壤保水能力、实际降水量等因素。

到目前为止，生态农田灌溉技术已经非常成熟，在实践中已经获得大量应用，具体灌溉技术参考 3.3 节。

6.3 间 作 套 种

间作套种是指在同一土地上按照一定的行距、株距和占地的宽窄比例种植不同种类的农作物，是运用群落的空间结构原理，以充分利用空间和资源为目的而发展起来的一种农业生产模式，也称立体农业（张洪芳，2016）。一般把几种作物同时期播种的称为间作，不同时期播种的称为套种。间作套种是我国农民的传统经验，是农业上的一项增产措施。间作套种能够合理配置作物群体，使作物高矮成层、相间成行，有利于改善作物的通风透光条件，提高光能利用效率，充分发挥边行优势的增产作用。研究表明，在间作套种田中，小麦（丰产 3 号）边行和内行，每亩穗数分别为 27 万和 24.3 万，穗粒数分别为 36 粒和 26.5 粒，千粒重分别为 43.2 克和 41.0 克，亩产分别为 420 千克和 264 千克。边行比内行每亩多 2.7 万穗，每穗多 9.5 粒，千粒重高 2.2 克，亩产高 156 千克，增产约 59.1%。同时，间作套种后，调整了田间结构，变单作顶部平面用光为分层、分时交替用光，提高了光能利用效率（晏莹，2011）。

作物间作套种增产率计算方法有产量代换法、面积当量法，以及边行效应折算法等（代会会，2015）。下面简要介绍前两种作物间作套种增长率计算法。

1. 产量代换法

以两种作物套种为例，先计算两种作物单种的产量比，将套种区 A 作物的产量根据产量比折算成 B 作物的产量，与套种区 B 作物实际收获产量相加，再与单种区 B 作物产量相比较计算增产率。例如，单种区 A 作物产量为 500 千克/亩，B 作物产量为 100 千克/亩，产量比为 A/B＝5；套种区 A 作物产量为 300 千克/亩，B 作物产量为 60 千克/亩，将套种区 A 作物的产量根据产量比折算成 B 作物的产量（300/5）为 60，与套种区 B 作物实际收获产量相加（60＋60）为 120 千克/亩，再与单种区 B 作物产量相比较得到 120/100 为 1.2，即套种作物产量为单作作物产量的 1.2 倍，那么套种作物产量的增产率为 20%。

2. 面积当量法

将套种区两种作物产量分别与单种区作物产量比较，再相加来计算套种增产率。根据上例：A作物产量，套种区为300千克/亩，单种区为500千克/亩，300/500=0.6；B作物产量，套种区为60千克/亩，单种区为100千克/亩，60/100=0.6；再相加0.6+0.6=1.2，即套种作物产量为单作作物产量的1.2倍，那么套种作物产量的增产率为20%。

6.4　轮　　作

轮作是指在同一块田地上，有顺序地在年度间轮换种植不同作物或复种组合的种植方式。轮作通常分为大田轮作和草田轮作两大类。大田轮作以生产粮食或工业原料为主，包括为了满足专门的生产要求而建立的专业轮作，为了能多方面满足国家对农产品的需要而建立的水旱轮作，以及为后茬作物提供较好水肥条件的休闲轮作。草田轮作以生产粮食作物和牧草并重，包括利用空闲季节或作物行间隙地种植绿肥，是用地养地相结合的粮肥轮作和绿肥轮作，以及以生产饲料为主，同时也种植粮食作物或蔬菜作物的饲粮轮作。

轮作的命名取决于该轮作中的主要作物构成，被命名的作物群应占轮作区面积的1/3以上。常见的有禾谷类轮作、禾豆轮作、粮食作物和经济作物轮作、水旱轮作、草田轮作等（周健民和沈仁芳，2013）。轮作是用地养地相结合的一种生物学措施，有利于均衡利用土壤养分，防治病虫草害；能有效地改善土壤的理化性状，调节土壤肥力。例如，稻麦轮作体系能够改善长期淹水稻田的物理性状，改善土壤团粒结构、增加毛管空隙，pH趋于7等，有利于作物的生长（张倩，2017；陈洁　等，2019）；水旱交替能有效防治某些病虫害和杂草，增加土壤有机碳含量，促进氮素循环等（杜叶红　等，2019）。

我国实行轮作制度历史悠久。旱地多采用以禾谷类作物为主或禾谷类作物、经济作物与豆类作物、绿肥作物轮换，稻田的水稻与旱作物轮换。欧洲在8世纪前盛行二圃式轮作，中世纪后发展为三圃式轮作。18世纪开始草田轮作。19世纪，李比希（Liebig）提出矿质营养学说，认为作物轮换可以均衡利用土壤营养（白由路，2019）。20世纪前期，威廉斯（Williams）提出一年生作物与多年生混播牧草轮换的草田轮作制，其可不断恢复和提高地力，增加作物和牧草产量（邢福　等，2011）。

2016年，本团队与苑林生态农场合作进行了水旱轮作控制田间杂草的试验。该生态农场位于郑州市惠济区北部保合寨村，北临黄河（距黄河约1千米），属于北温带大陆性气候。年平均气温为14.3℃，年平均无霜期为210天，年平均降雨量为 640.9 毫米，主要集中在夏季，夏季降雨量占全年降雨量的 61%。2015 年，该生态农场按照有机生产的方法管理农田，2016 年获得由南京国环有机产品认证中心颁发的有机转换证书，试验地符合有机种植条件。试验面积约为 20 亩，在种植过程中不使用农药、除草剂和化肥，利用牛粪替代化肥，施入量为 5 吨/(亩・年)，根据杂草的发生情况进行人工除草，利用诱虫灯和生物农药防治病虫害。经过 3 年的试验，发现杂草的发生量很少，小麦季只在拔节期人工拔草 1～2 遍，在水稻季人工除草 1～2 遍即可。随着试验时间的延长，除草的次数和用工越来越少。小麦平均产量为 483.5 千克/亩；稻谷平均产量为 574.9 千克/亩，出米率为 73.4%，大米产量为 422.0 千克/亩。有机小麦的销售价为 10 元/千克，有机大米的销售价为 20 元/千克，1 亩地的毛收入约为 13 275 元，除去地租、肥料、种子、耕地、人工除草、浇水、防虫、收获等费用约 5 000 元/亩，1 亩地的净收益约为 8 275 元。

6.5 以销促产

实际上，即使在生态农业模式下，很多人担心的产量问题也容易解决，生态农田或有机农田的产量有很大的提高空间。如果产品质量优，售价高，农民就愿意往土地投入劳动。投入的劳动折合成本，是农民为自己打工，节省了监管成本。生态农业要求不使用杀虫（杀菌、杀鼠）剂、除草剂、化肥、地膜、人工合成激素这些有害的化学物质，而使用有机肥养地，长期坚持下去产量会高于普通农田的产量；但如果没有相应的价格补贴，农民根本不愿意投入劳动，也就是不愿意投入成本，继续使用有害的化学物质，这就造成土地越种越“瘦”、越种越板结的恶性循环。相反，如果生态食品价格高于普通食品市场价的 2～3 倍，就会出现产量与质量双提高的结果。为了验证这个假设，本团队在山东省平邑县卞桥镇蒋家庄村进行了试验。

沿着新修建的生产作业路布局种植区，由 1 户核心农户带动 4 户普通农户，严格按照弘毅科研团队要求的“六不用”技术生产，转而采用弘毅科研团队研发的几十项替代技术，并随机抽查样品，达到零农药残留（191 项农药残留检测）、塑化剂零检出、重金属不超标，则高价回购。

2017 年 4 月种植花生，9 月收获。夏天进行正常的田间管理。用牛粪作为基肥替代化肥，用诱虫灯替代农药，人工除草替代除草剂，用秸秆覆盖替代地膜，禁止使用矮壮素、920 等植物激素。所有田间管理由参与的农户负责，技术由弘毅科研团队负责，弘毅生态农场负责以高于市场价 3 倍的价格回收。这大大调动了农户的积极性。他们对花生田管理精细，尤其在春旱阶段，农户主动多锄地，既打破了毛细管保墒，又除去了杂草。待雨季来临后，花生长势明显好于常规管

理的花生田；常规管理的花生田，高温环境下地膜产生了负面作用，存在烂秧与死苗问题。

第一年参与的10户农民种植的“六不用”花生，以商品果计，平均亩产为293.8千克，最高亩产为368.0千克，最低亩产为206.8千克。尽管其中有两户因管理不善，出现了较低的产量，亩产不到225.0千克，但80%的农户种植的“六不用”花生平均亩产为314千克。2017年夏季高温多雨，覆盖地膜后因高温季造成花生烂秧烂根，当地农户的花生产量普遍偏低，亩产为200～300千克。按照“六不用”方法种植的花生产量，已明显高于当地使用地膜和农药的花生产量。

用地养地、精细管理、环境友好、健康友好的花生产量超过当地农民采用化学方法生产的花生产量，这个成果让村里10户首次“尝螃蟹”的农户吃了“定心丸”。为获得上述高产，有的农户人工除草4遍、拔草2遍，反映了生态农业人工多的特点，其投入的劳动至今变成了资金收入。利用秸秆覆盖控草，只需人工除草1遍，但产量稍逊，还需要进一步研究。

弘毅生态农场对进行技术指导的农户以高于市场价3倍的价格回购花生，因花生产量不降反升，农民的收益大幅提高。在扣除花生种和小麦种以后，收入最高的农户2.5亩地净收入1.01万元。因节省了化肥、农药、地膜、激素费用，只有机械投入与少量种子投入，每亩地的实际物料投入少于200元，其付出的成本基本以优质劳动力为主。也就是说，发展生态农业以后，农民的劳动力大幅升值，相当于农户自己给自己打工，并以高价销售农产品，且不存在农产品滞销问题。

在庆祝“六不用”花生丰收座谈会上，农户纷纷介绍他们种植“六不用”花生的体会和化学农业的缺陷：有人反映其他农户施加除草剂的庄稼被伤害死亡；有些农户因施用农药没有做好防护造成农药中毒，及时送往医院才抢救过来；有些农户反映“六不用”的花生口感特别好，自己、老人及孩子都爱吃，榨出的花生油闻着就香。事实教育了村民，他们对“六不用”生态农业的信心更足了，越来越多的农户于2018年加入了弘毅生态农场“六不用”生态种植大军中。

弘毅生态农场“六不用”花生种植的成功，尤其现场一次性获得现金回报，使蒋家庄村进行“六不用”种植的农民的积极性越来越高涨。未来几年，弘毅生态农场将根据市场销售情况，科学规划种植种类与面积，争取发展更多、更优质、更健康的农产品，满足高端市场需求。

第 7 章 生态农田的经济效益

7.1 生态农田与有机食品生产

7.1.1 有机食品和普通食品不一样

生态农田是有机食品生产的主要场所，生产有机食品不能使用农药、化肥、转基因种子。在这样严格的环境下生产出来的食品，其市场价高于普通农田生产的食品。消费者购买有机食品是在帮国家做环保，保护国家的生态安全。但是，仅靠环保这个理由得不到消费市场的认可，毕竟在很多人眼里，环保是国家的事。

如果有机食品和普通食品一样，在外观、口感和营养成分上存在“三不出”（看不出、吃不出、测不出），仅依靠保护生态环境的公益热心，有机食品产业是很难发展下去的。这就是我国推广几十年的有机食品，包括有机食品认证等，呼声很高，但产业发展十分迟缓的关键原因。由于没有能为消费者生产“三能出”（能看得出、能吃得出、能测得出）的生态农田，没有生产出真正的有机食品，尽管颁发了大量的有机食品认证证书，消费者也并不买账。

2021 年，我国有机产品销售额达 956.1 亿元，累计颁发有机食品认证证书 23 056 张，涉及棉毛制品、食盐酒类等，涉及产地 14 559 家。其中有机作物种植面积为 275.6 万公顷，约占中国耕地面积的 2.3%，而法国、德国等发达国家可达到 20%以上。

有机食品必须在生态农田中用纯生态的方法生产，只有这样才能将有机食品与普通食品拉开距离。在生产技术上，有机食品生产与加工不能使用化学合成物质，不能使用转基因种子。严格按照这样的要求，有机食品是能够吃出来的（Bourn and Prescott，2002；Fillion and Arazi，2002），即口感明显不同。如果市场上的桃、西瓜、荔枝、草莓等恢复水果的本来口感，就不会出现滞销而烂在地里的情况。已有大量文献证明有机食品在营养成分、农药残留、重金属残留等方面与普通食品有明显区别；有机食品是食品本来的样子，其大小、颜色、形状也与普通食品有所区别（Lotter，2003；Badgley et al.，2007；Lairon，2010；Muller et al.，2017）。因此，有机食品与普通食品存在着明显的“三能出”。

7.1.2　消费者购买有机食品的理由

“三不出”是一些不认真做有机食品产业，试图依靠广告、代言、股市等手段，欺骗销售有机食品编造的一个谎言，是不能成立的，必须予以澄清。有机食品的优点如下。

1. 有机食品是放心的食品

有机食品源头不会有农药、激素、重金属残留。如果检测出上述物质残留，就是不合格的有机食品，是假的有机食品。消费者是为了安全放心来购买有机食品的，他们相信国家的有机食品认证证书。有机食品必须是放心的食品，这一条是非常重要的。

2. 有机食品是健康的食品

健康是所有财富中最重要的财富，疾病是健康的大敌，疾病的出现与食品有关，药食同源（Bishop，1988；单峰 等，2015）。有机食品的营养均匀、元素平衡，对于一些特殊人群有十分重要的健康呵护作用，如病人、孕妇、儿童、老人等，当然健康的人也需要吃健康的食品。多吃有机食品利于自身健康和家人健康。

3. 吃有机食品就是满足口福

饮食文化之所以重要，就在于它是我们日常生活的重要组成部分。人离不开一日三餐，如果有人厌食就离疾病不远了。有机食品的口感是纯正的，甜就是甜，酸就是酸，香就是香，苦就是苦，这些都是自然的；人类也可以通过化学合成作用制造出酸甜苦辣来，但是其口感很差，甚至有毒有害。口感是能够鉴别的，很多中老年人对儿时的食物味道还有记忆，很多3岁的幼儿如果吃了有机柴鸡蛋，就不愿意吃工厂化生产的普通鸡蛋。对于很多消费者，满足口福也是一种消费方式，他们也会因此而买账。

4. 有机食品是环保食品

由于生产有机食品对生态环境有严格的要求，水、土、空气都不能被污染，从源头杜绝了农药、激素和重金属的污染。消费者购买有机食品，就可以通过市场作用倒逼使用者不用有害化学物质，生产者少生产有害化学物质，这是帮助国家保护生态环境。有机食品生产是环保产业，有环保责任心的消费者愿意接受有机食品。

5. 有机食品产业是公益产业

由于生产有机食品的一线员工多为普通且有经验的农民，在有机食品产业中，无有经验的农民参与往往是不靠谱的。农民长期被认为是弱势群体，他们付出多，获得少。他们从事有机食品产业，其劳动成果会以高于普通食品的价格被消费者购买，农民的劳动付出有合理的回报（谢玉梅和冯超，2012），从而吸引“农二代”、大学生二代从事有机食品产业，人类发明的可持续农业方式才能传承下去，城乡和谐才能实现。因此，有机食品产业是非常重大的公益事业。有机食品承载着健康、环保、农业增产与增收、社会和谐等多方面的要素，那些理解有机食品并有公益心的人士会接受这个重要理由。

6. *发展有机食品可避免资源浪费*

由于有机食品生产需要耗费一定的人工，有机食品的价格高、品质好、口感一流，消费者是不舍得浪费的。目前我国餐桌浪费十分严重，据估计每年浪费的食物够 2 亿人食用（成升魁 等，2012；胡越 等，2013）。食物浪费不但浪费食物本身，而且背后投入的化肥、农药会对生态环境造成严重的污染（Meng et al., 2017）。食物浪费的一个最大理由是食物不好吃。我们常常责怪他人在食堂里浪费食物，殊不知现在食堂里的食物味道比起 30 年前食堂味道已经相差太远了。因为不好吃，加上便宜，很多人扔掉了也不觉得可惜。有机食品是有高度计划性的产品，是以销定产的，是优质食品。从这一点来看，食品浪费是可以杜绝的。通过优质、安全、口感好的食品供应，杜绝了餐桌浪费，这是有机食品产业十分突出的优点之一。

7.1.3 有机食品必须在生态农田里生产

除了一些野生食物直接采自自然界（如森林、海洋、湿地、草原、荒漠），生态农田是生产有机食品的根本场所。没有生态农田，即使那些通过有机认证的产品也不会得到消费者的认可（尹飞 等，2006）。很多真正的有机食品一上市就得到消费者的青睐，有机食品产业几年之内就发展壮大起来了，可见消费才是硬道理。我国高铁、建筑、大型计算机、家电、手机等很快走向世界，都为有机食品产业提供了很好的学习样板。如果认真做好有机食品产业，其拉动的产业不止几万亿元，照样会走在世界前列——对有机食品生产与销售，无论是技术，还是市场，我国都有优势。

有机食品必须在生态农田里生产，而生态农田的基本要求就是和谐、健康与可循环，不使用人工合成的化学物质。生态农田已经具备了发展有机农业的基础条件，其土壤、水、空间都是健康的。只有具备生态农田基础条件及其相应的农业技术，才能按照国家有机食品认证要求生产有机食品。发展生态农田的根本出发点是提高农产品附加值，让农民的劳动力投入能够变成收入，同时保护生态环境，保障国民健康。

生态农业是大型环保工程。如土地是有机物天然的处理厂，河道里的沙子对少量污水有很强的净化能力。生态农田的典型特点是经济效益高，产品价格高于普通产品市场价，单位土地面积的经济效益是普通农田的 3～5 倍，是单一化、化学化、工业化、生物技术化农业的 10 倍以上。生态农业对农村、农民的带动作用非常大。高效生态农业更是健康食品的重要来源，还可在源头上带动环境保护与温室气体减排（蒋高明 等，2017；蒋志斌，2018）。高效生态农业生产的产品优质优价，具有广阔的市场，如从一线农村到城市的高收入家庭、从国内市场到发达国家市场。在生态农田里生产有机食品，除了具有有机食品认证证书，必须达到以下几个方面的要求。

1. 停止在种植和养殖过程中添加化学物质

停止使用农药、化肥、地膜、激素；在饲料中要停止添加重金属与抗生素；在加工过程中停止使用防腐剂和形形色色的工业食品调节剂。

2. 施用有机肥养地

当停止向土地和农业生态系统投入有害化学物质后，土壤微生物和动物得到休养生息、物种消失得到遏制；持续投入有机肥、绿肥等一切可降解的生物质肥料，可实现耕地碳库与氮库双增加。

3. 保护种质资源多样性

尽量采用可留种的物种进行种植，农民连年自己留种，优中选优。除饲料作物采用一些杂交种外，农作物尽量不用杂交种，坚决杜绝转基因种子（Vandermeer，1995；Duru et al.，2015）。

4. 进行田间管理

田间管理是农业生产中最耗费劳动力的环节，采用物理、生物、机械等方法，控制病、虫、草、旱、寒、涝害，鼓励农民多付出劳动，其劳动强度比在城市打工小，但收入高于在城市打工的收入。当农业管理的高投入换来高收入，并超过进城打工的收入时，年轻农民陆续回乡，农业后继有人，一些传统农艺也有人继承。

5. 研发机械收获技术

为了降低劳动强度，尽量采取机械措施收获农作物；农机部门应多研发一些实用性农业机械，尽量减少繁重的人工劳动。收获之前不能用除草剂之类进行收前脱水，鼓励在打麦场或者秋收晒场进行物理晾晒，便于收仓。

6. 发展生态储藏技术

上述生产的优质农产品采用物理方法储存，避免化学杀虫剂等二次污染。

生态农田里生产的食品，其显著的优势是质量高、物种丰富、可持续生产（杜相革 等，2004；李现华 等，2005）。有机农产品应首先满足一线生产人员的福利需求，其次满足城市有消费能力人群的健康需求。有机农业以为人类生产食品为主，为动物生产饲料粮不在考虑范围，那是工业化农业的范畴。有机农业承载了环境保护、粮食安全、健康安全、社会和谐等多方面的功能。国家经费应向生态农田倾斜，进而振兴乡村，建设生态文明，使国家在整体迈进中等发达国家之后，饭碗还牢牢掌握在自己手中，有一半以上的人能够吃得上真正的有机食品。

7.2 市场需求

怎样才能保证消费者多花了钱，买到的是安全放心食品？这是一个困惑全人类的问题，无论是发达国家还是发展中国家都存在这样的问题，或者都走过弯路，这就是安全食品生产与销售的诚信问题。在资本话语权下，有人希望通过立法或者认证的途径保障食品安全，但在具体实施过程中，依然有人造假，毕竟在利益面前，一些人禁不住诱惑。

由于消费者贪图便宜，购买低于价格规律的超低价食品，使地沟油、死鸡、死狗、死猪等进入食物链，而优质产品由于真实成本高反而被淘汰，这是典型的“劣币驱逐良币”。例如，如果大豆的市场价格是 3 元/斤，大豆的出油率是 11%～13%，用物理压榨方法生产 1 斤大豆油需要原料 7.7～9 斤（化学浸提方法除外），那些只有几元一斤的大豆油恐怕连原料成本都不够。如果市场上的活牛价格是 18 元/斤，按照 45%左右的屠宰率计算，如果消费者买到低于 40 元/斤的牛肉，就要小心不是正常优质牛肉。

合理解决食品安全问题必须回到原点，即源头不用有害物质，做到诚信经营。如果实在难以避免，添加了哪些物质要如实告知消费者，让消费者自己选择是否购买。例如，争议巨大的转基因食品问题就应当严格标注，否则就是违法经营。对于食品安全，国家一方面要加强监管，另一方面要放手，让广大消费者参与监管。这样的监管不仅发生在消费者那里，在生产者、经营者那里也如此。

消费者手中的钞票就是最好的“选票”。安全放心产品必须物有所值，是对健康的重要保障，因为健康是无法用金钱买到的。因此，在健康保障面前应理性消费，不要贪图便宜，用你手中的钞票当“选票”，将你的“选票”投给那些认真制作安全放心产品的企业或者农户，这样就能够倒逼那些不认真经营，靠投机取巧、坑蒙拐骗获利的假有机、假绿色、假生态农业企业出局。

目前信息传播的渠道已经由原来的纸媒传播发展到多渠道传播，只要稍微用点心，就能够寻觅到那些放心产品的。“金杯银杯不如老百姓的口碑，广告再好不如如实较好。”安全放心农产品一定是零农残、好口感的。如果多向行家请教，也会通过外观来判断。有人说有机食品和普通食品之间存在“三不出”，这显然是那些不认真制作有机食品的企业为其“做不出”寻找的借口，如果真存在这样的“三不出”，这样的农产品是不可能有市场的。健康、可持续、可生育后代是实实在在与每个人有关的。

有机食品因其在人体健康、生态环境保护和生物多样性方面具有明显优势，得到了消费者的认可。国际有机农业运动联盟（International Federal of Organic Agriculture Movement，IFOAM）数据显示，2014 年全球有机食品市值达 800 亿美元，全球有 172 个国家生产有机认证食品，农业种植面积为 4 370 万公顷，从业农民为 230 万；到 2020 年，全球有机食品市值达 1 206 亿欧元，全球有 190 个国家生产有机认证食品，农业种植面积为 7 490 万公顷，从业农民为 340 万（崔明理，2016；Willer et al.，2022）。我国有机食品生产与销售市场混乱，除少部分有机食品出口外，能够满足有机食品要求的有机食品量占总食品量的百分比低于 1%，具有十分广阔的市场空间。

7.3　生态农产品加工与销售

7.3.1　农产品加工

“民以食为天”，大部分食物只有加工后才能入口。狭义的食物来自农田，广义的食物包括来自农田、草原、湖泊、海洋、森林等的所有可食动植物材料或真菌。食物要满足人类营养需要，或者要满足储藏与运输的实际需求，还需要加工。烹制是指对食物进行加工的过程，然而这种加工不需要运输，故一般不包括在食物加工之列。

人类最初的食物加工就是晾晒、风干或火烤，后来发展到用盐腌制。新鲜食物的保存期短，不利于储藏与运输，食物加工延长了食物里程。早先食物里程很短时，人类不需要太复杂的食物加工工艺，当年出门自带的干粮也是一种食物加工品。随着社会发展与科技进步，人类发明了食品加工这样一个庞大的产业，其总产值早已超过了农业生产本身。

1. 传统食品加工

人类食品加工历史悠久。周朝时，中国人就发明了用黄豆、小麦等原料发酵制作酱的工艺。先民发现，酱存放久了，表面便会出现一层汁液，这种汁的味道更好，便改进制酱工艺，专门来生产这种汁液，这就是最早的酱油。西汉时（公元前 202～公元 8 年），我国各地普遍酿制酱油，那时世界上其他国家还没听说过酱油。

我国还是世界上酿醋最早的国家，早在公元前 8 世纪就已有了醋的文字记载。春秋战国时期，已有专门酿醋的作坊；到汉代，开始普遍生产醋；南北朝时，食醋产量和销量都已很大。成书于北魏末年（公元 533～544 年）的《齐民要术》，系统地总结了我国从上古到北魏时期的制醋经验和成就，共收载了 22 种制醋方法，这也是人类历史上用粮食酿造醋的最早记载。

世界各国均有自己的食品传统加工方式，这些工艺都是人类适应自然而发明的。一些技术是各国文化交流的产物，如酒、醋、酱油、奶酪等的加工，但对于主食的加工，各国保留了自己的特色，成为人类文化的重要组成部分。

2. 优质农产品加工

如果有了优质的原料，在加工过程中不使用任何防腐剂与有害化学添加剂，就能使初级农产品升值，进而带动更多的就业。下面以我国为例，介绍几种传统的食品加工工艺。

1）酱油

酱油的加工原料主要为大豆和小麦。传统酱油的制作方法分为以下几个步骤：①大豆浸泡脱脂，采用洒水方式使其吸水，其洒水量为脱脂大豆质量的 1.2～1.3 倍；②浸渍后进行蒸煮，然后迅速冷却；③精选小麦后焙炒并破碎、压碎；④将蒸煮的脱脂大豆和破碎的小麦，按大致相同的质量进行混合；⑤接种曲菌进行制曲；⑥将食盐水放入罐中，再加入制好的曲菌进行发酵，发酵后的物质称为酱醪；⑦浸出淋油获得酱油。在曲菌孢子发芽阶段，温度控制在 30～32℃；在菌丝生长阶段，最高温度控制在 35℃。升温是依靠阳光暴晒完成的，这期间要进行翻曲及铲曲。将前次留下的酱油进行人工加热，再送入成熟的酱醅内浸泡，使酱油溶于其中，然后从发酵缸底把生酱油依次淋出头油、二油及三油。

2）米酒

米酒酿造包括以下步骤：①将糯米清洗干净后在水中浸泡；②将浸泡后的糯米以（1∶1）～（1∶3）的比例掺兑白糯米后蒸熟并冷却；③以糯米、酒曲的质量比为 100∶0.6 加入酒曲发酵；④产品调配后进行灌装。由于米酒酿造工艺中采用糯米为原料，所生产出来的米酒具有明艳的色泽。做好米酒的前提是要有好的酒曲，米酒要在 30℃左右发酵，所以制作米酒最好选择夏季。

3）食醋

食醋又称醯、酢、苦酒等。传统食醋制法以小米、地瓜为主要原料，或用优质糯米制作。辅料包括麸皮、稻壳、食盐、食糖等。以米醋原料为例，糯米 1 000

千克、麸皮 1 700 千克、稻壳 940 千克、酒曲 4 千克、麦曲 60 千克、食盐 40 千克、食糖 12 千克。食醋的主要工艺为糯米→浸泡→蒸煮→酒曲→酒发酵→麸皮、稻壳→醋发酵→加盐→陈酿→淋醋→煎醋→成品。经上述工艺制成食醋成品后，将成品捞出放入箩筐，用清水反复冲洗。沥干后蒸煮，要求熟透，不焦、不粘、不夹生。取出后用凉水冲淋冷却，冬季至 30℃，夏季 25℃，拌匀后装缸，再用泥盖封缸发酵。我国传统的酿造醋是以粮食为原料的，通过微生物发酵酿造而成的，其营养价值和香醇味远远超过当前的配制食醋。香醋以镇江香醋为代表，是我国江南地区的名醋，具有色、香、酸、醇、浓等特点。

4）酱菜

咸菜、榨菜、酸菜、糖蒜等酱菜都是餐桌上的必备品，主要原料是来自农田的十字花科、百合科和菊科的一些蔬菜，辅料是盐、醋或糖，所采用的工艺主要是腌制或微生物发酵。好的酱菜，原料来源很重要。“六必居”酱园为保证产品质量，参照古代酿酒的规范，提出“六必须”，即黍稻必齐、曲蘖必实、湛之必洁、水泉必香、陶瓷必良、火候必得，该店几百年来经久不衰与其独特的生产工艺有极大关系。根据季节的变化、不同的品种采用不同的工艺，使每个品种都有独特口味，如咸胚腌制就有干腌法、干压腌法、卤腌法、漂腌法、曝腌法、乳酸发酵法。由于辅料不同，分为酱曲菜、甜酱渍菜、黄酱渍菜、甜酱黄酱渍菜、甜酱酱油渍菜、黄酱酱油渍菜及酱汁渍菜 7 类。

5）黄酱

先把黄豆用温水浸泡透，上屉蒸熟，而后把黄豆拌上白面，放在碾子上碾碎，随后把碾碎的黄豆放进模子里，上盖净布，人工踩硬。然后从模子里取出，用力拉成 3 条，用刀切成长方块，码放在木架上，用锡箔包封严，促其发酵。发酵后，不断用刷子把锡箔上生出的白毛刷去。经过 20 多天发酵，酱料制成。然后把酱料放入大缸中，适量加盐和水，再用水把硬块酱料浸泡稀软。此后按时用木耙在大缸里上下翻动，使其再发酵。经过一个伏天，黄酱才制成。

6）腊肉

腊肉即腊月里腌制的熏肉。临冬猪肥，一些地方的农民宰杀年猪，利用腌熏方法，保证在开春之前的肉食供应。在没有冷藏方法的时代，腌熏、风干是最佳储肉方法。四川人家家户户会做腊肉，制作一次可以吃到来年。根据口味不同，将宰杀的鲜土猪肉加上盐、白酒、五香粉和辣椒等物进行腌制。以前四川各地乡民家中均烧柴灶，灶上备有挂架，进入腊月以后，将腌制好的肉挂在灶口的挂架上，利用灶内的青烟上升去熏制，这样事半功倍。有的乡民还往灶中加入松柏树枝、橘子皮和柚子皮等物，以此熏入特殊香味口感。好的腊肉外表颜色金黄，内里红白分明，颜色鲜亮。有的地方将腌制好的肉直接挂在高处风干，不经过烟熏，成品是风干肉。

7.3.2 农产品销售——电子商务

发展生态农田的核心目的是提高农民收入，收入的钱来自市场，准确地说，来自城市消费者。城市消费者自己不会种地，也无法种地。要提高农产品附加值，必须将食物还原为食物，净化食物链，告别人类围绕农业发明的几万种化学物质，将传统农业提升为健康和谐可持续的农业。实现途径之一就是电子商务，这在我国已经成为引领人类进步的技术与产业。

通过发展优质无农药残留或少农药残留的农产品，提高农民收入，减少市民医疗投入，实际上就是发展高效生态农业。这种高效生态农业是从光合作用开始，到消费者健康的血液流动而止，至少包括 5 个方面的流动。①大田作物叶绿体类囊体膜上的电子流。作物首先将太阳能转变为一切生物能够直接利用的能量，这个生产过程是在健康的生态环境中进行的。②各类食物、中药材、宠物、花卉和苗木等在物联网上的物流。各种运输工具将上述农产品运送到消费者手中。③消费者体内健康的血液流动。血液里运输的是保障身体健康的、长寿的、远离疾病的、好的能量与元素。④由上到下的货币流。健康有机食品和中药材等的增值部分，从购买者那里向下游传递，带动大学生尤其农民就业，增值部分的 30%以上归农民所有。⑤互联网上的信息流。这个流动非常迅速。通过云计算，能够知道哪里有需求，哪里有库存，哪里的有机农业是真实的，哪里出现问题，需要公示，给予监管、惩戒，最终进行系统修复与平衡。

农民对生态农产品必须有自己的定价权，否则生态农田难以维持。生态产品的主要渠道为线上销售，加上部分的线下销售，剩余的可以考虑进入普通市场流通。2014 年，我国农业电子商务出现井喷现象，越来越多的农产品通过网络销售。目前，全国涉农电子商务平台已超过 3 万家，其中农产品电子商务平台已达 3 000 家。电子商务的兴起，对于生态良好地区的农产品进入有消费能力的发达地区，尤其是一二线城市，实现城市带动乡村致富和环境保护，具有十分重要的意义。

农产品电子商务只有为顾客带来良好的购物体验，才能迎来持续消费力及带动相关消费群体。目标人群定位是农产品电子商务平台首要考虑的问题，将那些基本不会上网的老年人或消费能力低的人群作为目标人群，显然会面临亏损。另外，由于农产品的特殊性，配送须有冷藏冷冻的混合配送车辆，以及冷藏周转箱及恒温设备，否则产品原质量再好，客户收到的也将是有质量问题的商品。所以物流配送成本将成为考验农产品电子商务平台的最大问题。

当前我国农产品网上交易面临许多困难，如整体市场规模不集中、基础设施建设不完善、法律法规尚不健全等。针对这些问题，相关部门应采取统筹规划、规范秩序等措施，推动农产品电子商务的应用与创新。随着消费者网上购物体验的成功，优质农产品电子商务将会有重大的发展机遇。通过零售带动批发、高端带动低端、城市带动农村、东部带动西部，实现农产品电子商务健康发展；规范信息发布、网上交易、信用服务、电子支付、物流配送和纠纷处理等服务，依法打击商业欺诈、销售假冒伪劣、发布虚假违法广告和不正当竞争等，可从法律角度保护消费者利益；制定农产品标准，发展专业化、规模化的第三方物流，可保证农产品冷链物流畅通；完善农产品绿色通道政策，促进支付、信用、金融、保险、检测、认证、统计和人才培育等服务，可提供更多就业机会，一些就业机会对从事农业的一线农民或“农二代”、大学生二代均有很强的吸引力，让他们在家乡就能够就业。

从 2013 年 10 月起，本团队带领农户建立了电子商务，分别建了淘宝、有赞、微店和小程序等销售平台，再加上线下销售，解决了优质农产品的出路问题，使产品经常供不应求。

7.4 告别农产品滞销

中国人到底能够吃多少食物？有多少人希望吃上安全放心的食物？国内能够满足多少？农民在种植或养殖之前有没有考虑销售给谁吃？消费者吃的是谁家的产品？是用什么方法生产的？这些信息显然都是不对称的，完全靠市场来试错。农民盲目跟风生产，直到生产得太多出现农产品滞销。消费者对农产品也没有选择，只能市场上销售什么他们就吃什么。稳赚不赔的是中间商，他们有定价权。他们最希望农产品滞销，因为他们可以获得最大的差价。农产品滞销时，即使原产地价格降到不足一元一斤，农民连投入的农用物资成本都收不回来，但城市超市里的农产品价格却不低。

近年来蔬菜、水果滞销现象频繁发生，由传统的露地蔬菜种植到设施大棚蔬菜种植，从单一绿叶菜，到番茄、冬瓜、大葱和大蒜等。水果类在北方主要滞销种类为苹果、梨和桃等，在南方多为香蕉、甘蔗和柑橘等。随着网络信息传播越来越快，公众对“食品安全”事件愈加敏感，稍有风吹草动，就会波及整个产业。其中较为典型的是 2011 年“乙烯利催熟香蕉”事件，导致海南、广东和广西等省（区）的香蕉大面积滞销，香蕉从 3.8 元/斤跌至 0.2～0.3 元/斤，仍无人收购。四川广元“蛆橘事件”造成 2009 年湖北 70%柑橘无人问津，经济损失超过 15 亿元。

近年来，受全球气候变暖影响，极端天气（如干旱、洪涝灾害及低温冻害）增多，也给农业生产带来不利影响。如陕西就成为重灾区，由于前几年果树种植面积扩增迅速，2017 年苹果滞销严重，价格为 0.6 元/斤。2018 年又遭遇 50 年来最大冻害，樱桃、猕猴桃和苹果等受灾面积超过 200 万亩，个别地区中心花受冻率达 70%，很多果树刚到结果年就遭此灾害，果农在短时间内很难收回成本。

之所以出现农产品滞销，是因为市场饱和了，农民生产得多，且没有定价权，竞争卖低价，这就造成农业越来越不被看好。这是市场农业或者现代农业的重大弊病。每年夏粮和秋粮丰收，农民增产不增收之后，就会暴露出农产品滞销问题。滞销的农产品包括蔬菜、瓜果与畜产品，涉及的种类有芹菜、辣椒、苹果、玉米、大枣、西瓜、柑橘、火龙果、羊肉、牛肉等。

2016 年 11 月，《山东新闻联播》报道了这样一则消息：聊城农民李某望着自家种植的 100 多亩辣椒，愁得吃不下、睡不着。辣椒价格为 0.3 元/斤，摘辣椒雇工价格为 0.2 元/斤，销售价格无法覆盖成本。一旦霜冻来临，辣椒就会被冻坏，烂在地里。到了小麦种植期，辣椒一直销售不出去，就只能忍痛毁掉辣椒。

在有“西芹种植之乡”之称的滨州阳信县，芹菜同样出现丰收却销售难的情况，往年本该销售一空的芹菜，2015 年 10 月销售量还不到一半。阳信县 8 000 亩芹菜，除了 900 亩是以订单的形式销售，大部分以散户的形式销售到蔬菜市场。在滨州蔬菜办工作人员看来，那一轮芹菜价格降到了低谷，来年价格说不定又会上涨。虽说价格由市场决定，但要提高应对市场风险的能力，传统的散户经济还有很长的路要走。

荔枝原产于我国南部，与香蕉、菠萝、龙眼共同被称为“南国四大果品”，味香美，但不耐储藏。广东揭阳的荔枝 2015 年大丰收，但不少熟透的荔枝已经变黑腐烂。雇人采摘，一个人每天成本为 150 元，但 2015 年荔枝价格只有 0.6 元/斤，甚至无人购买，雇人亏本，连肥料的费用都难回本。

2015 年，山西壶关县树掌、石坡、鹅屋等几个乡镇，受经济形势和市场价格等影响，许多农户的玉米出现滞销。眼看秋粮成熟，丰收在望，即将归仓，可该县一些乡镇不少农户却在为自家去年的余粮屯在家里没有销售出去而犯难。玉米不仅价格比 2014 年低很多，而且没人收购，销售不出去。许多农民只好将玉米堆在屋里、积在屯里，甚至露天放在院子里。

2018 年 5 月，山东、河南、云南等地发生了严重的大蒜滞销事件，从“蒜你狠”到断崖式的价格暴跌，这一现象引起了全社会的普遍关注。永胜县为云南丽江下辖县之一，偏居滇西北，信息闭塞、交通不便，曾属于国家级贫困县。随着近年来脱贫攻坚工作的深入，当地出产的一种“宝塔蒜”逐渐成为农民增收的重要抓手：其外观润滑，蒜瓣呈紫红色，去皮后，蒜瓣晶透如玉，吃到嘴里，蒜味十足。为此，当地积极推广种植这一特色农产品，市场行情不错，一度远销到泰国、越南等国家。2017 年种植面积得到了进一步扩大后，市场突发变化，大蒜严重滞销，由 2017 年 5 元/千克狂跌到 2018 年的 0.7 元/千克；在山东，蒜薹价格为 0.05 元/千克，大蒜价格为 0.25 元/千克，远远无法覆盖成本。

上面的农产品滞销事件仅是冰山一角。农产品滞销的核心原因是盲目扩大规模，而不知道市场容积量。农产品生产出来后，大多卖到中间商，下乡的中间商再卖到城市农贸市场的中间商。农产品销售彻底交给市场，没有一定的计划性，加上中间商趁机压价，滞销恐慌加重供大于求状况。没有计划的盲目生产势必造成农产品过剩，导致滞销。

农产品滞销，不仅严重挫伤了农民的积极性，更重要的是造成了巨大的资源浪费。众所周知，当今的农产品主要是重数量轻质量的，在养殖过程中使用激素、抗生素和重金属，造成这些物质超标，会污染生态环境，尤其污染水源和食物链；在种植过程中，大量使用化肥、农药、地膜、人工合成激素，这个过程也严重污染了生态环境，造成宝贵的水源浪费。然而，使用上述物质生产的农产品，因为滞销直接变成垃圾，甚至无法还田作肥料。除了劳动力付出没有回报，对自然资源的浪费也令人痛心。

以种植芹菜为例，每亩地需要芹菜种子 100 多元，种植费 200 多元，肥料 50 多元，施加农药约 400 元，加上每亩收割费 300 元，因此每亩成本就要 1 000 多元。这里只计算了投入成本，劳动力成本未计算在内，那些购买的化学物质造成的耕地退化成本和水资源浪费也未计算在内。上面仅计算了单产，如果滞销面积足够大，资源浪费加起来可能就是惊人的数据。为此，环保和土地部门还要开展专门的生态治理或国土修复工程，这些都是后续的费用。

应从环境保护、健康保护和农民利益保护的角度，重新反思农业生产方式尤其是反季节蔬菜生产，不能盲目放任市场，让“劣币驱逐良币”。滞销就意味着浪费，意味着环境污染，意味着农民付出的劳动付诸流水，最终会伤害农民，导致农民纷纷撂荒进城去打工，到那时谁来养活中国？

原本国内市场就疲软，一些企业或主管部门大量进口国外的农产品，消化他们因盲目生产造成的过剩农产品，且价格更低，这就更打压了国内农产品市场。我们没有必要为西方因盲目生产造成的农产品过剩买单，即使进口，也要进口那些安全放心的食品，保护国人健康。实际上，廉价进口的食品直接或间接变成食物垃圾。我国餐桌浪费的食物会变成污染物，加大资源浪费力度。

与普通农产品滞销截然相反的是，生态农产品或者有机食品，由于质量高、价格高，其在生产之前就有一定的计划性，且物以稀为贵，是供不应求而不是供大于求的。只要认真从事有机农业，在生产过程中坚决杜绝使用有害化学物质，其产品就会受到市场的青睐。有机农业以销定产，这样生产出来的农产品才有较高的经济回报，农民愿意付出劳动，产品销售的货架期长，产品错峰上市，从而科学地避免了农产品滞销现象。

第 8 章 生态农田的环境效益

8.1 生物多样性保护

乡村是栽培物种、驯化物种集中分布的地方，同时野生生物物种也非常丰富。各种生物是构成生态系统的基本单位，在农业生态系统中生物体所展现出的多样形式直接影响着农业系统各项功能的发挥。农田生物多样性包括农业生物多样性和农田中其他生物多样性。农业生物多样性是指人类培育并从中获取营养的那部分生物多样性，更多地强调栽培作物品种的多样性，它以农田生态系统为主要生境，其多样性在不同的时间与地理尺度上表现出较大的差异。农田中其他生物多样性是指存在于农田中和农田周边尤其是田埂上除作物外的生物多样性（FAO，1995；Virchow，1998）。农业生物多样性的实现是我国生态安全、农业安全和粮食安全战略的重要内容（杨曙辉 等，2016），农业生物多样性和农田中其他生物多样性一起为生态系统和社区提供多重价值，包括为农户提供丰富的植物性食物，富余的产品可以用来交换其他生活必需品或带来直接经济收入，并支持社会和文化系统的运转及持续（袁正 等，2014）。多样性的物种构成优美的乡村生态，没有这些物种，乡村将失去生机。即使人类非常讨厌的害虫与杂草也是乡村生态环境中必不可少的，它们至少是生态系统食物链中的一员，或为天敌物种，或为微生物和小动物提供生存机会。

20 世纪 50 年代以来大量使用化学农药，大面积种植同一种作物，使农业生产朝着有利于提高农作物产量和经济利益的方向发展。近半个多世纪以来，不同耕作方式的改变、大面积单一化的栽培制度、农药化肥的大量施用及其他农业管理措施严重影响了农田生物多样性（张细桃 等，2014）。除此之外，随着转基因作物的种植，农田生物多样性的影响因素也变得更加复杂。大范围超量使用化肥、除草剂、杀虫剂、地膜，以及转基因生物中由导入基因引起的生物体性状可遗传表达，致使乡村生物多样性出现了塌方式下降。

乡村野生物种消失，罪魁祸首是各种滥用的科技发明。围绕食物链的人造化

学物质高达 5 万～6 万种，其中农药、地膜、转基因技术滥用是造成野生物种消失的直接原因。为了发展“懒人农业”而发明的化学物质，大量进入农业生态系统，一些来不及适应化学污染的物种率先消失甚至灭绝。经过农药等化学物质洗礼的一些害虫与杂草趁机占领了生态位，变得更难防治。

蝗虫对农药是非常敏感的。蝗虫为害几千年，如今蝗灾在农药面前已经“溃不成军”，转而进攻草原。在农田大量使用农药和除草剂，让蝗虫根本无法生存。

两栖类动物的皮肤对农药非常敏感，大量农药的使用污染了水体，导致蝌蚪不能正常发育而死亡。农药还夺走了青蛙的食物，那些农田（尤其是水稻田）里的害虫原本是青蛙等天敌的食物，农药控制了害虫，蛙类就没有了食物。环境污染与食物短缺，造成青蛙在乡间湿地消失。

蜣螂是促进农业元素循环的重要物种之一。蜣螂滚粪球，并在地下打洞，为后代储存食物。然而，农药污染使农田里蜣螂几乎绝迹。

老鼠和人类是长期共存的。老鼠的生命力非常顽强，但就是这样顽强的物种，在人类的各项化学发明面前也败下阵来。种子商从其自身利益出发，推荐单粒播种，种子外包农药，使鼠类在野外取食困难。农民都知道“有钱买种、无钱买苗”这样浅显的道理，以前播种多用种子，出苗后再间苗（一些地下害虫与蝼蛄也有这样的功能）。如今有了化学农药的保护，省去了间苗功夫，但有“毒”种子也影响了老鼠和蝼蛄等物种生存。老鼠消失了，以老鼠为食的猫头鹰、蛇等也自身难保。燕子、丽斑麻蜥、青蛙、瓢虫、螳螂、蝙蝠等生物本身就是农田卫士，如今它们的“工作”被农药替代了，自身生存都成为问题。害虫少了，以昆虫为生的鸟类也面临着严重的生存问题。

农田里消失的不仅是野生物种，那些人类长期保存的种质资源也因商业种子的出现基本消失了。目前乡村已经很难找到能够留种的番茄、黄瓜、青椒、水稻、玉米等老种子。除了植物种子，人类培育的家禽家畜等传统动物物种也面临着急剧消失的危险。

乡村生物多样性降低，造成的直接后果是生态平衡被打乱，导致害虫、杂草与病害治理成本更高。大量农药的使用，并没有从根本上控制住害虫和杂草，农民依然需要每年购买农药，而且越用越多。但是，在这个过程中，一些乡村原本存在的野生动物尤其是天敌被杀死了，生物多样性急剧下降。

人类为了吃饱饭（吃好饭成为奢侈享受），生活得更加舒服，农业大力借助化学合成物与大型机器，从事农业的人越来越少。社会进步了，但是代价变大了，一些物种可能永久地消失了。大量不可降解的物质（如塑料膜和重金属）持续不断地进入农业生态系统，这些“化学定时炸弹”最终会有引爆的一天。

发展生态农业，建设基本农田，就是要从源头杜绝那些对乡村物种造成危害的有害化学物质（如杀虫剂、除草剂、杀菌剂）。王长永等（2007）在对有机农业和常规农业两种模式下的生态系统内杂草、地表节肢动物、土壤生物及鸟类等不同生物类群种类、数量及其多样性进行研究发现，有机农田的杂草种类是常规农田的23倍，有机玉米田的步甲种类约是常规农田的2倍，有机农业比常规农业支持更高的节肢动物物种丰富度和多度，有机农田鸟类平均物种丰富度和多度分别是常规农田的2.0倍和2.6倍。2006年，本团队在弘毅生态农场开展不用农药、化肥、添加剂、农膜的试验。试验进行4年后，农田生物多样性得到了很大程度的恢复。因为农田中没有了有害化学物质，燕子回来了，青蛙重新歌唱，蜻蜓多了，蚊子少了，花儿多了。在生态农场，蜜蜂、蝴蝶增多，能够自然授粉，替代了大量人工授粉的农活。

因为没有农业有害化学物质，所以可以放心利用生态农场里的每根草、每只虫子。用生态方法养殖的鱼在短短的两年已经长到3～4斤；收获了用农场里的禾本科草本植物喂养的蝗虫150斤，蝗虫是鱼和柴鸡的高级蛋白质，节省了购买鱼和柴鸡饲料的成本，避免了使用饲料添加剂。在本团队的带动下，蒋家庄村已经有300头吃秸秆的牛，养牛的农民不再焚烧秸秆，开始使用农家肥。初步计算下来，生态农场单位土地面积的经济效益是常规化学农田的3～5倍。

本团队在生态农场玉米地里养鸡，鸡除草，并控制部分虫子，鸡粪作为肥料。我们称这种模式为禽粮互作。脉冲诱虫灯诱捕的金龟子等传统“害虫”超过100斤，农场里没有虫害，各种蔬菜和粮食健康成长。蔬菜的产量不低于使用化肥、农药的蔬菜产量。鸭、鹅在健康的环境下成长。

8.2 耕地固碳

8.2.1 耕地变“黑”，捕获巨量温室气体

联合国政府间气候变化专门委员会（Intergovernmental Panel on Climate Change，IPCC）第4次评估报告指出，以全球变暖为主要表现的全球气候急剧变化及其与不断增加的大气温室气体有关已经被认为是无可争议的事实，如何有效地减少以二氧化碳为主的温室气体排放、增加碳汇以缓解气候变化是摆在世界各国面前极为重要的任务（IPCC，2007）。在二氧化碳排放方面，我国已超过美国成为第一排放大国。为了减缓二氧化碳浓度升高引发的气候变化及其影响，增加陆地生态系统碳汇能力，各国科学家和政府都做出了很大的努力，寻求二氧化碳

减排策略和途径。当前人们普遍采用的碳减排措施主要包括：在技术上提高能源利用效率，减少碳源；采用人工造林等增加生物碳汇；促进元素循环以“减源增汇”，并把大部分碳“埋葬”在地下。但在具体实践上，前两者需要花费昂贵的代价，而后者，即在元素循环过程中增加土壤碳汇可能是一个前景良好的出路。

地球上的碳以海洋中最多，达 34.5 万亿吨；陆地（植物、动物、湿地、土壤）次之，约为 24 万亿吨；大气最少，约为 0.7 万亿吨。在人类剧烈活动的陆地表面，土壤是地球重要的碳库。全球土壤碳库为 1.4 万亿～2.2 万亿吨，是大气碳库的 2～3 倍。从理论上讲，大气中的碳全部埋在土壤里也能够装得下。耕地作为陆地生态系统的组成部分，其地上植被通过光合作用能够固定空气中的二氧化碳，同时农田土壤又储存了全球陆地生态系统约 10%的碳，是重要的陆地碳库（陈丽 等，2016）。但是，土壤碳库的作用是双重的，完全取决于人类的土地利用方式，如果将高有机碳含量的森林与草原土壤开垦为农田，以及农田耕作中仅施加化肥忽视有机肥，都会将土壤碳库由“汇”变成“源”。相反，如果农业措施得当，使土壤有机碳维持在较高的含量水平，则农业土壤可固定巨量的碳。目前人类挖出来的化石碳也是埋葬在地下的，只不过埋得更深。除采取生物措施外，解决碳的去向出路应在地下，这个地下不是指各种矿坑，而是指地表土壤，包括成熟的森林、草原、沼泽、高寒草甸，甚至农田土壤在内。

土壤碳库主要储存有机碳，它们来自动植物、微生物残体、排泄物、分泌物等，上述成分被分解后以土壤腐殖质形式存在，相对稳定。遗憾的是，世界上许多国家长期以来由于仅用地而不养地，土壤有机质含量下降严重。世界三大黑土区之一的我国黑土区，土壤退化就使其固定的碳向环境净释放。我国东北黑土地面积约为 1 850 万公顷，分布在黑龙江、吉林、辽宁和内蒙古（韩晓增和李娜，2018）。黑土地解决了我国超过 10%的人口吃饭问题，然而其代价也是沉重的。中国科学院和黑龙江有关科研机构研究数据表明，东北地区坡耕地黑土层厚度已从 60～70 年前的 80～100 厘米减少到 20～30 厘米，土壤有机质含量由 12%下降到 1%～2%，85%的黑土地处于养分亏缺状态。黑龙江黑土层流失厚度每年达到 0.6～1 厘米；吉林 30 厘米以下薄层黑土面积已占黑土总面积的 42%。

我国土壤总有机碳库接近 90 拍克（1 拍克＝10^{15} 克），无机碳库约为 60 拍克，农田土壤已有的固碳速率为 20 兆～25 兆克/年（1 兆克＝10^{6} 克）。农田土壤固碳的理论容量可以达到 2 拍克，但农业技术的实施能够实现的技术潜力可能仅为理论潜力的 1/3 左右（郑聚锋 等，2011）。我国农田约 18 亿亩，平均容重为 1.2 吨/立方米，若将土壤有机质含量提高 1%，相当于土壤从空气中净吸收了 306 亿吨二氧化碳。即使利用 30 年的时间来完成这个增长过程，每年也约有 10 亿吨的二氧化碳被固定在土壤里。王小彬等（2011）预测未来50年我国农业土壤固碳减排潜力为87兆～393兆克/年，相当于抵消我国工业温室气体排放总量的11%～52%，其中采用农田管理措施（包括有机肥应用、秸秆还田、保护性耕作）对土壤固碳的贡献率为30%～36%（相当于抵消工业温室气体排放总量的3.4%～19%）。如果从源头解决二氧化碳的排放问题，势必会加大国家的碳减排压力。从上面的分析中可以看出，每年依靠土壤捕获的碳量是巨大的，且技术上也相对容易操作。

我国农田土壤经过数千年的耕作，土壤有机碳含量严重偏低。与同类型土壤相比，我国耕地土壤有机碳含量尚不及欧洲土壤的1/2，因此可提升的潜力很大。从目前我国耕地有机质含量来看，水田土壤大多为1%～3%，而旱地土壤有机质含量小于1%的就占31.2%。我国1980～2002年53%～59%的农田土壤有机碳含量呈增长趋势，30%～31%呈下降趋势，10%基本持平，我国耕地有机碳储量总体增加了3.11亿～4.01亿吨，但我国土壤碳库的潜力远远没有发挥出来（黄耀和孙文娟，2006）。

增加耕地有机质含量可显著固定大气中的碳：在人类收获粮食的同时，快速将秸秆收集、处理并储藏起来，为食草动物储备“粮食”；将动物粪便中的能量通过沼气池提取出来供应农户需要，减少农户与工业和城市争夺化石能源；沼渣、沼液作为优质肥料还田，替代全国至少1/2的化肥以减少温室气体排放；逐步增加土壤有机质。

增加土壤有机碳含量，将耕地变“黑”，不仅可以固碳减排，还可以改良土壤结构，提高土壤保水保肥能力，增强土壤抗蚀抗旱性能，提高作物产量，改善作物品质。大量试验表明：每增加0.1%的土壤有机质含量就可释放600～800千克/公顷的粮食生产潜力。因此，培育土壤碳库是节约能源、减少污染、培肥土壤等一举多得的措施。

为了实现上述耕地固碳目标，对策如下：①大力发展秸秆畜牧业，增加有机肥，开辟乡村新能源，减少化肥使用并固碳；②通过市场消费将农产品在价格上拉开距离，将我国耕地面积的5%～10%培育成告别化肥、农药、添加剂的永久固碳型有机农田，在这类土地上生产安全放心的粮食、肉、蛋、奶和蔬菜；③利用农业有机废弃物还田，并辅以免耕等保护性耕作技术，减轻土壤有机质分解，促进土壤有机质增加；④充分挖掘传统农业文化，大力发展稻鸭互作、稻鱼互作、禽粮互作型生态农业；⑤在政策上鼓励耕地固碳，全球碳贸易应当考虑农田固碳贡献。

8.2.2　耕地固碳潜力

Adair 等（2018）研究认为有机农业会排放更多的温室气体。与该报道结论完全相反，本团队几年前的研究发现，有机农田可将温室气体净排放逆转为净固定（Liu et al.，2015）。它的机理在于，土壤有机碳含量提高，不使用农药、化肥、地膜，从源头可以减少温室气体排放。

由温室气体升高引起的全球变暖已成为不争的事实，如何有效地减少以二氧化碳为主的温室气体排放是各国需要关注的问题。全球化学密集与能源密集、转基因作物、工业化食用农作物农场与养殖场作业产生的温室气体量占全球温室气体排放量的 35%，现代化农业造成农业土壤中原先封存的数万亿吨碳被释放到大气中。有科学家预测，有机耕地捕获的二氧化碳量足以抵消目前所有人为的二氧化碳排放量，耕地固碳具有极其重要的功能和应用前景（EurekAlert，2015）。

燃烧秸秆和过量使用化肥导致大量生物质能源浪费，进而削弱了农田生态系统的固碳能力。为了保证农田生态系统的固碳潜力和粮食产量，本团队在我国东部温带农村设计了一个生态农场，将玉米秸秆粉碎后饲喂肉牛，然后将牛粪腐熟后施入冬小麦-夏玉米轮作农田中。研究结果表明，用有机肥替代化肥可显著减少温带农田的温室气体排放量。与此同时，施用有机肥还增加了土壤肥力，进而提高了小麦和玉米产量。有机肥全部替代化肥后，农田变为典型的碳库，其潜力为 11.5 吨二氧化碳当量/（公顷·年），而全部施用化肥的农田则为典型碳源（唐海龙 等，2012；Liu et al.，2015）。这些发现为农业生态系统应对气候变化提供了科学依据。

8.3　从源头减少面源污染

一个世纪前，美国有一位农学家在实地调查中发现：我国农民数千年来成功地保持了土壤肥力和土壤健康，他们并没有投入大量外部资源，但几千年来的不间断耕作并没有让土壤肥力降低，同时养活了高密度的人口。美国仅耕作几百年，就已经面临着维持土壤健康的严重问题，并面临农业可持续发展的危机。中国人的智慧让这位美国农学家惊叹不已。实际上，我国的四大农书，即《氾胜之书》《齐民要术》《农书》《农政全书》，都介绍了如何用地养地，要是这位农学家知道这些书，他也许当时就不那样奇怪了。

遗憾的是，自从 20 世纪 70 年代末以来，我们抛弃了传统的农业技术，引进第一次绿色革命成果，即使用大量的化肥、农药、农膜，“锄禾日当午”式的耕作方式被机器替代了，人变得懒了，地变得“馋”了，农田充满了污染物。我国的农药使用量居世界第一位，从1990年73.3万吨增长到2020年131.3万吨（国家统计局农村社会经济调查局，2021），而农药利用率不到30%，未利用的农药则流失在土壤、水体和空气中（Parris，2011）。我国化肥的平均施用量高达400千克/公顷，超过世界平均水平的2倍，其中主要粮食作物的氮、磷、钾肥利用率虽已经进入国际上公认的适宜范围，但仍处于较低的水平（张福锁 等，2008），未被利用的养分通过径流、淋溶等方式进入环境，污染了土壤、大气和水体。研究显示我国受农业面源污染影响的农田有2 000万公顷，将近50%的地下水被农业面源污染（章立建和朱立志，2005）。农业面源污染已成为当前水体污染中最大的问题，严重影响农业的可持续发展（国家环境保护总局，2000）。工业化农业已经大大动摇了农业的根本。

据调查，全国受污染的耕地面积约为1.5亿亩，几乎占我国耕地总面积的十分之一，其中多数污染的耕地集中在经济较发达的地区（欧国良和吴刚，2015）。

耕地一旦遭受污染，最直接、最表面的危害是不利于植物生长，导致农作物减产甚至绝收，严重污染的土地可能寸草不生。耕地污染还严重威胁食品安全、粮食安全，因为有毒物质被植物吸收积累后，通过食物链进入人体，并继续在人体内聚集，极有可能使人中毒，引发各种疾病。例如，很多污水中含有重金属元素镉，它是一种剧毒物质（唐海龙，2012）。当土壤中镉的含量在非常微量甚至还不足以使植物产生任何中毒症状时，植物籽实中积累的镉就可能对人体产生危害。当每千克土壤镉的含量仅为1毫克时，稻米中镉的含量就超过国家规定的食品卫生标准（每千克粮食镉的含量不超过0.2毫克）而成为“镉米”。人吃了“镉米”会中毒，就会患上可怕的“疼痛病”，先是腰、背、膝关节疼痛，随后遍及全身，数年后骨骼变形，身体缩短，疼痛难忍，呼吸困难，最终无治而亡（张传玖，2007）。

除了化肥对耕地造成的直接污染，污染耕地的“元凶”大多是间接的，使用工矿业废水污水进行灌溉是罪魁祸首。我国因污水灌溉而遭受污染的耕地面积达3 250万亩。目前全国有70%的江河水系受到污染，40%基本丧失了使用功能，流经城市的河流中有95%以上受到严重污染。综合世界银行、中国科学院和生态环境部的测算，我国每年因环境污染造成的损失约占GDP的10%。

黄河流域是中华民族的摇篮，这条母亲河已为污染所困，最终影响黄河两岸的耕地。黄河流域污水处理量仅占排放总量的14%左右，水利部将20世纪80年代初至2004年末的黄河干流水质监测资料进行了对比分析：20世纪90年代末，58%的干流河长水质未达到Ⅲ类标准；2004年末，黄河干流水质未达到Ⅲ类标准的河长已经占到 70%，其中劣五类水质（此类水已经没有任何使用价值）河长占 7.4%。再如长江，我国两万多家石化企业中有一万家分布在长江流域，另外，沿江分布着五大钢铁基地、七大炼油厂。全国每年约有 3 800 亿立方米农业灌溉用水中，就有很大一部分来自被严重污染的江河湖泊。全国每年因重金属污染的粮食量达 1 200 万吨，造成的直接经济损失超过 200 亿元（蔡美芳 等，2014）。

不使用有机肥、秸秆等养地，脱离传统锄地的做法，覆盖一层农膜就实现了保温、保水、除草、杀虫，从表面上看，这是好事，但实际上付出了沉重的代价，加速了耕地“死亡”，无异于“杀鸡取卵”。在河南、河北、山东等地农村看到，农田几乎被清一色的白色塑料膜覆盖，田间地头、渠沟路旁，甚至大街上、农户的院落里，到处都是废弃的农膜。目前，我国每年约有 50 万吨农膜残留在土壤中，残膜率达 40%。有些勤快的农民将农膜从地里拣出来就地焚烧，看似干净了，实际上，低温燃烧排放的剧毒二噁英等进入了农民的身体和大气中，成为难以除掉的恶性污染物。

由于耕地严重污染，化学物质不仅被投入耕地中，还直接被投入食品中，导致食品安全事件的发生：如牛奶、鸡蛋中的三聚氰胺；动物肉中的瘦肉精、抗生素；大米中的黄曲霉（一级致癌物）；面粉中的过氧化苯甲酰；禽蛋中的苏丹红；海鲜中的福尔马林、硝基呋喃代谢物；多宝鱼中的孔雀石绿；黄鳝中的避孕药；火腿中的敌敌畏等；蔬菜和水果中的百菌清、苯丁锡、草甘膦、除虫脲、代森锰锌、滴滴涕、敌百虫、毒死蜱、对硫磷、多菌灵、二嗪磷、氟氰戊菊酯、甲拌磷、甲萘威、甲霜灵、抗蚜威、克菌丹、乐果、氟氯氰菊酯、氯菊酯、氰戊菊酯、炔螨特、噻螨酮、三唑锡、杀螟硫磷等。

利用生态农业产业链技术，集合种植（种）、养殖（养）、农产品加工（加）、农村生活（生）等链条，构建种—养—加—生循环一体化的生态园区（图 8-1），实现物质能量的逐层利用和循环再生，是改善农业面源污染状况的有效方法。在生态农业产业链中，应在不同的环节因地制宜地选择适合的技术类型，从源头、过程和末端等不同阶段齐力控制面源污染。在种植方面，推广科学合理的农药、化肥使用技术，提倡生物腐殖酸有机肥的推广和应用；在养殖方面，从生态饲料无害化的源头把控，实施种养区域平衡，力争使物质循环利用；在农产品加工方面，充分利用各个环节中的废弃物，开展生态饲料、生物有机肥等的加工，实现资源再生和循环；在农村生活污染方面，结合实际情况选择适合的技术实现污水的原位消纳与循环利用，最终实现水资源的保护和水环境的改善（李红娜 等，2015）。

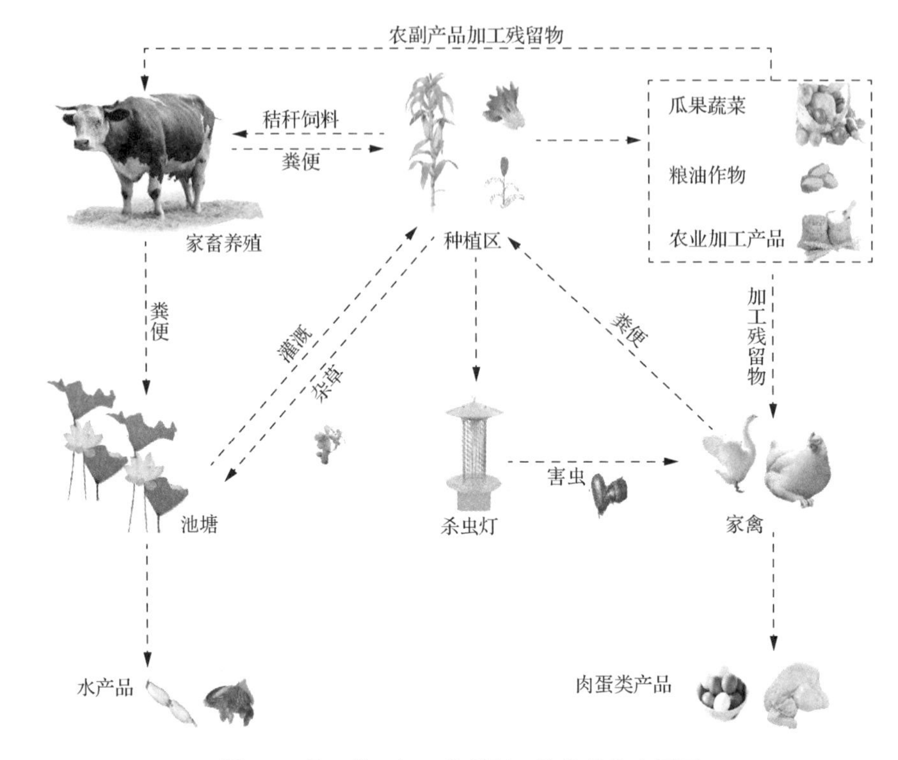

图 8-1 种—养—加—生循环一体化的生态园区

8.4 告别“白色污染”

目前，一个严重的现象令人忧心，这就是越演越烈的耕地“白色污染”问题。北方耕地几乎被清一色的白色塑料膜覆盖。从空中俯瞰，白茫茫一片；高速公路两旁，白色塑料膜一望无际，好像走入了一个“水汪汪”的世界。

1995～2020 年，中国农膜使用量已由 91.5 万吨增加到 238.9 万吨，其中地膜使用量由 47.0 万吨增加到 135.7 万吨，地膜覆盖面积由 649.3 万公顷增加到 1 738.68 万公顷（国家统计局农村社会经济调查司，2021）。使用农膜的目的主要有两个：①建造塑料大棚，生产反季节蔬菜或水果；②直接铺到耕地上，生产经济价值较高的蔬菜或作物。在山东、河北等地农村，除了玉米、小麦等大宗作物，花生、土豆、西瓜、大蒜、茄子、辣椒、黄烟等几乎毫无例外地覆盖农膜。

土地覆盖农膜后，由于改善了土壤温度、湿度，生长季节可以延长，产量能够提高 20%～50%，个别作物的产量甚至可以翻倍。通过覆盖农膜增加作物产量是农学家的新技术发明，农膜在生产过程中需加 40%～60%的增塑剂，这种增塑剂多为邻苯二甲酸二异丁酯，对植物具有很强的毒性，特别是对蔬菜影响更大。

这些农膜在 15～20 厘米土层形成不易透水、透气性很差的难耕作层，并且进入自然界中的塑料薄膜分解十分缓慢，其完全分解需要几十年甚至超过 200 年（闫实，2012）。

那些自然界不能分解的有机化合物被称为持久性有机污染物（persistent organic pollutants，POPs）。2004 年正式生效的《斯德哥尔摩公约》把艾氏剂、狄氏剂、异狄氏剂、滴滴涕、七氯、氯丹、灭蚁灵、毒杀芬、六氯代苯、二噁英、呋喃及多氯联苯 12 种化合物列为首批对人类危害极大的 POPs，在世界范围内禁用或严格限用。它们在自然界中滞留时间很长（最长可在第七代人体中检测出来），毒性极强，可通过呼吸和食物链进入人体，导致生殖系统、呼吸系统、神经系统等中毒、癌变或畸形，甚至死亡。焚烧农膜极易产生上述 12 种 POPs 中的至少 5 种，即后 5 种。

几十年前，科学家致力于研究可降解农膜，筛选特殊的微生物来分解农膜。遗憾的是，至今没有传出令人振奋的消息。对可降解农膜，因其价高质劣，农民根本不用。研究替代措施或者制定政策，让农民停止使用农膜，从源头控制“白色污染”势在必行。

大量使用农膜，虽然产量提高了，但是生产出来的农产品不好吃了，即质量下降了。任何生命的生长都有其固定的规律，本来长得慢的植物人为地要让它长得快，其代价就是质量下降和环境污染，表现在作物和蔬菜上就是风味下降和耕地污染。在农村，大蒜基部基本上比拇指粗，这在 30 年前是根本不可能的，这是农膜、化肥和激素的“贡献”。而且，现在的大蒜基本上辣味不足了。

作物产量高，农民的收入却并没有增加。农膜商、运输商、出口商、批发商、田间小贩、零售商瓜分了农业增收带来的利润（国家减免农业税或粮食直补带来的效益很快就被涨价的农用物资抵消了），同时农民承受了土地污染的苦果。

通过铺设农膜并增施大量的化肥来提高土地生产力，正如给土地吃“鸦片”，植物长快了，作物产量提高了，但是，土地会对这些物质产生强烈的依赖，地越种越“瘦”。那些残存在土壤中的农膜，再加上过量使用的化肥、农药、添加剂等，将逐渐在耕地中积累，长期下去，耕地将元气大伤。

中国人用地养地五千年，地力无明显退化，而使用农膜约 30 年，我国的地力已经下降到触目惊心的地步，如果继续种地不养地，100 年后，将无健康的耕地可种。而且，在目前的农业生产方式下，中国人一边吃化学化的食物，一边呼吸含有二噁英的空气。从事农业生产的农民受害更大，我国农村癌症患者越来越年轻化，因此必须高度重视这个危险的信号。

覆盖农膜带来的作物增产，相比其带来的危害可谓得不偿失，而且作物增产不是一定要覆盖农膜。通过增加土壤有机质含量，即将秸秆通过牛羊等动物转化成肉、奶和肥料，肥料产生沼气提供能源后，再将沼渣和沼液还田，就能逐步培肥耕地。增加土壤有机质含量和土壤团粒结构，依然能够改善土壤水、肥、气、热条件，达到覆盖农膜的效果，这个做法能使土地持续保持高生产力，而非短期保持。增加动物生产和能源生产后，耕地所创造的价值远高于覆盖农膜带来的效益。增加有机肥用量就会减少化肥用量，取消农膜覆盖就会使生产成本下降，并从源头杜绝“白色污染”。总之，要提高农民收入，必须采取正确的做法，确保作物增产的同时增效，要保护耕地，减少环境污染。“杀鸡取卵”式的用地不养地，甚至毁地、害地的做法，不能再持续下去了。

用一种技术替代另一种技术（如用可降解膜代替传统农膜），可能产生更多、更隐蔽或更难治理的污染。这就需要调整发展理念、转变经济增长方式，倡导发展生态农业，从根本上治理耕地“白色污染”，这是一个非常漫长的过程。在这个漫长的过程中，政府要起引领作用。只有把重经济增长、轻耕地保护转向保护耕地与经济增长并重；把耕地保护滞后于经济发展，转变为保护耕地和经济发展同步；把主要用行政方法保护耕地转变为综合运用法律、经济、技术和必要行政手段相结合的方法保护耕地，才能解决耕地问题。只有适应新形势，加快体制机制创新，用改革方法解决发展中耕地“白色污染”问题，耕地保护才能走上高效、持续、健康的发展道路（邓向东 等，2016）。

8.5 乡村生态恢复

“稻花香里说丰年，听取蛙声一片”“小桥流水人家”“桃红柳绿”“青山绿水蓝天白云良田”……这些优美的文字都是对美丽乡村的真实描绘，但是现实生活中的大部分乡村并非如此。自2004年至今，中央一号文件已连续锁定“三农”问题，乡村振兴已经成为当前“三农”工作中比较重要的一个方面。虽然近年来农村污染防治与生态保护力度在逐年加强，农村环境治理与保护工作取得了明显成效，但从全国来看，农村环境形势依然严峻，农业面源污染、畜禽养殖粪污、农村生活污水、农业生产残余物、农村生活垃圾等问题依然严重。

从生态修复的角度思考，要实现美丽乡村的中国梦，需要制订生态型发展战略规划，以生态文明和持续发展为原则，在注重科技创新和加大基础设施投入的同时，拓宽环境治理思路。不是“头痛医头、脚痛医脚”，而应在标本兼治的基础上恢复其生命活力。

（1）应在物质流管理与能量流分析的基础上，对污染物和废弃物进行科学的资源化再利用，构建良性的农业循环经济。例如，构建植物修复系统，如滨水植物带、生态沟渠、人工湿地等拦截、吸收和过滤农田退水，降低汇集到地表水的面源污染物浓度；对畜禽养殖粪污及农产品残余物等进行资源化利用，进行深度厌氧处理获取沼气资源，并对其加以利用；对固液分离后的沼液，结合农村生活污水进行深度生化处理；就地利用农村周边坑塘建立各种类型的人工湿地，对生化处理后的中水进一步提标，最终排放或回收利用；将农业秸秆、植物修复系统产生的生物质及部分有机垃圾，经高温裂解工艺制成生物炭，再与发酵后的沼渣混合处理制成碳基有机缓释肥。

（2）深度挖掘农业循环经济的潜力，变生态修复“事业”为“产业”。在上述设计思路中，通过科学的统筹规划设计和应用技术，不仅解决了污染物废弃物的问题，还再生了（如沼气、生物炭及碳基有机缓释肥）新资源。正因为对生态修复内在经济驱动能力进行了挖掘，才为环境综合治理注入了“活力”，虽然效益还不足以覆盖投资，但至少可以大幅减少日常维护运营成本。关键是，通过再生资源利用释放了生态修复的内在经济驱动力，使生态修复具有了“产业”的真正内涵。

（3）借助社会资本力量，采用政府购买服务、政府与社会资本合作等方式，引导社会资本参与农村环境治理。生态修复产业化的内在经济驱动力是社会资本参与农村环境治理的投资基础。政府购买服务的生态补偿金和环境治理约束性指标，构成政府与社会资本合作的成效调节杠杆。同时，结合农村集体产权制度改革、农村土地制度改革和农村金融体制改革，探索农村公益性事业及服务业的创新模式，通过社会资本激发农村经济社会的发展活力。

（4）引导专业化的规划、设计及运营等第三方机构参与农村环境治理。科学统筹规划、选择先进技术和优化运营机制，建立可持续发展的循环经济模式，综合解决农村生态环境问题。

农村要强、要富、要美，在于山、水、人、情，更在于由内而外的自然与活力。遵循自然之道，挖掘内在潜力，努力寻求生态的综合解决方案，是当下农村生态环境建设的必由之路。只有构建良性的农业循环经济，采用科学规划和生态修复技术，通过政府与社会资本的合作，探索农村生态环境建设新模式，才能将生态落实于实处，从根源上解决我国农村环境危机。

人类之所以能够不断繁衍并有所发展，正是因为人类掌握了生产食物的技术和方法，掌握了作物一年四季生长的规律。畜牧业是人类直接利用动物，而作物只有在合理的水、肥、气、热、光、温条件下才能够生产粮食，其中害虫与杂草还与人类争夺资源。农业是一门古老而永恒的话题，没有了农业，人类社会是不可持续的。中华文明上下五千年，加上史前文明，人类与作物打交道的历史有八、九千年。我国耕地连续利用几千年不退化，这本身就是一个奇迹。

8.6 生态农田综合服务功能

生态农田综合服务功能是指农田生态系统与其生态过程产生人类赖以生存的物质产品和维持其效用。它包括为人类的生存与发展提供物质基础和食物保障的产品服务，维持环境质量服务功能价值和生态安全价值。随着城市化进程的加速，农业将为人们较高层次的精神文化追求提供场所和机会，农田生态系统产生的社会功能价值必将日益提高。总的来说，生态农田综合服务功能主要表现在如下几个方面（刘鸣达 等，2008）。

1. 提供初级农产品和食品工业原料

农业是社会生产的基础，生态农田系统具有较高的生产力，农田有大量的产品输出，它能够借助人工辅助能的投入，以较高的速度进行物质循环和能量循环。农田能为人类提供维持生命的基本物质及大量的经济作物，同时也为第二产业提供原料。

2. 具有碳汇功能

对碳汇功能的研究是当前全球变化研究的热点。生态农田系统通过光合作用固定太阳能，将二氧化碳等物质转化为有机物，增加生物量。另外，人类可采取调整耕作制度、改变水分类型、秸秆还田等措施来增加农田土壤的碳汇，当然农田生态系统不像次生森林具有明显的碳汇功能，而且其固碳潜能具有明显的地域差别，也因作物品种不同而功能各异。碳汇功能的强弱及效益的大小值得深入探讨。

3. 改良土壤

土壤荒漠化和盐渍化是我们面临的重大课题，过度的农业经营活动会导致该问题加剧，但适度的农业经营活动对于改善土壤质地、pH、净化土壤都具有重要的作用。

4. 维持区域生态平衡

生态农田系统包括作为主体的人、非生命物质（如太阳能）、田间作物、耕作土壤及田间杂草等，这些构成一个相互联系、相互作用的系统。该系统的正常运转对维持区域生态平衡具有重要的作用。据统计，植被能截留高达 1/3 的降雨量，同时地表植被能降低水分蒸发，可以净化空气、涵养水土、保持水源（方精云，2000），而且在环境污染监测和环境质量评价中起到指示剂的作用，可见农田不仅能维持人类生存所需，还在维持区域生态系统及整个陆地生态平衡方面起着重要作用。

5. 具有精神和文化价值

农田也是一种景观，能给人一种视觉上的美感，而且农田的存在对普及重农思想、教育人们保护耕地、贯彻基本国策都具有积极意义。“观光农业” 就是这样一种概念，在提供人类物质产品的同时，也具有精神、文化和旅游的价值。

第9章 生态农田的经营模式与发展策略——以弘毅生态农场为例

9.1 弘毅生态农场简介

弘毅生态农场于2006年7月18日建立，并一直在本团队的指导下开展工作。它的核心思路是充分利用生态学原理，而非单一技术提高农业生态系统生产力，创建“低投入、高产出”的农业生产模式，实现农业可持续发展。试验农场坚持“六不用”，从秸秆、害虫、杂草综合开发利用入手，增加生物多样性，种养结合，实现元素循环与能量流动，生产纯正的有机食品，带动农民就业。

弘毅生态农场最终通过质量过硬的食品得到了市场认可，证明了生态学不是软道理；食品产业能够做真、做大、做强，既能满足消费者对安全食品的基本需求，又能带领农民保护生态环境，实现耕地固碳、减少温室气体排放的目标。

弘毅生态农场总面积1 000亩，其中养殖与核心示范区100亩，含牛舍7 548平方米，人工湿地5亩；鱼池1 000平方米；本地树群落10亩（林下养鸡、鹅、蚯蚓），莲藕池1 200平方米；“六不用”玉米和小麦种植面积300亩，“六不用”花生种植面积100亩，“六不用”蔬菜种植面积50亩；另有绿化面积50亩；定位研究站及活动面积11 396平方米。农场秸秆养牛300头；散养柴鸡5 000只；散养鹅2 000只；诱虫灯控制面积750亩；130个户用沼气池。带动农民50人实现全年就业。

自弘毅生态农场建立以来，已吸引包括1名德国博士生和2名法国硕士生、2名美国进修生、1名乌兹别克斯坦留学生在内的51名中外研究人员在此开展科学研究。国内研究人员来自中国科学院、中国农业科学院、清华大学、北京大学、中国科学院大学、天津大学、山东大学、北京师范大学、苏州大学、北京科技大学、山东农业大学、河北农业大学等。人民日报、新华社、中央电视台、山东电视台、中央人民广播电台，《光明日报》《中国青年报》《科技日报》《中国科学报》《中国环境报》《第一财经日报》《南华早报》《农民日报》《北京青年报》《大众日报》《齐鲁晚报》《临沂日报》《半岛都市报》《香港大公报》，英国《卫报》《泰晤士报》，美国《洛杉矶时报》，德国《明镜周刊》，法国电视二台等国内外媒体，以及绿色和平组织、互动百科网、北京绿牛有机农场、绿家园、自然之友等先后对试验农场的生态农业模式进行了采访报道。

9.2　弘毅生态农场主要技术创新

自 20 世纪 80 年代以来，我国粮食产量得到显著提高，但在农田中大量使用化肥、农药等化学物质，已经造成严重的土壤酸化、地下水和空气污染、温室气体排放量增加、元素不能有效循环、生物多样性丧失等问题，食品安全也受到严重威胁。在这一背景下，人们开始探索农业可持续发展的道路。生态农业作为替代农业模式被寄予了厚望。本项目经过多年研发与田间大规模试验验证，创造性地开发和推广了循环型高效生态农业模式（弘毅生态农业模式），集成种养结合、改善土壤、产量提高、品质提升的综合技术体系，创立了“六不用”生产与销售技术体系，解决了一系列农业、环境、健康与产品信任等社会问题。

（1）揭示了土壤肥力提高的关键技术和养地的规律，探明了农田土壤有机质和氮肥高效利用的关系，4 年内将低产田改良为高产田，实现粮食高产的目标。通过高效堆肥技术生产有机肥，添加适量矿物质（如磷矿石），添加虾蟹壳粉起到抗生作用，堆肥 3 个月，或经过蚯蚓处理，得到有机肥（甄珍，2014）。这种有机肥保温保墒，实现了由低产田向高产吨粮田（小麦-玉米周年产量）转变（Liu et al.，2016）。为我国退化农田恢复和改良提供了科学可靠的方法。

（2）构建了高效生态农业土壤固碳技术，通过养分资源再利用，实现了农田土壤有机质提升和农田固碳减排的目标。通过长期定位试验和多地示范研究，系统阐述了农田土壤碳固定、释放规律，明确了保证高产且固碳生态农业模式的有机肥施用量，建立了精准施肥固碳减氮技术，再加上深耕翻技术，暖温带农田耕地固碳潜力实现了 11.5 吨二氧化碳当量/（公顷·年）（Liu et al.，2015），为我国实现农田碳减排、从源头控制过量施用氮肥造成的污染提供了科学理论基础和技术保障。

（3）创建了农业生产中的害虫防治技术体系，实现了生产环节完全杜绝有害化学物质投入，净化了食物链。系统研究了农田害虫的种类和活动规律，采用“四道防线”控制虫害的综合技术、人工除草＋生物除草等措施，从源头杜绝有害化学物质进入农业生态系统，消除了面源污染，保护了生态环境。利用生态平衡的原理管理农田生物多样性，探明害虫活动规律和防控的关键技术，杜绝了生产环节有害化学物质使用，净化了食物链，实现生态农业产品“零农残”的目标。首次提出“有机农业的生物多样性管理”概念（Liu et al.，2016）；所产农产品不含农药残留等，全部达到欧盟有机标准。

（4）提出“六不用”高效生态农业的生产、销售一体化的长效运行机制，消除中间环节，实现了生产者和消费者之间的相互信任。生态农产品实现“六不用”，附加值高，带动了农民种地养地的积极性，促进了大学生就业。生态产品不使用有害物质，不添加激素，不使用防腐剂，不使用保鲜剂等，提高了消费者对产品和生产者的信任度，促进了社会和谐。

（5）创新性地提出“畜南下、禽北上”，构建了种养有机结合的循环型高效生态农业模式。充分利用农区作物制造的光合产物和草原的空间优势，实现了退化草地恢复和农业资源高效利用的双赢。将传统牧业向长城以南转移，将农区废弃的秸秆经过一定技术处理，发酵青贮后养牛，生产有机肥还田，发展高效生态农业，增加粮食产量；将禽类（鸡、鹅等）养殖放在北方的草原，既可减少大型牲畜数量，又可保证牧民经济收入不减少，同时促进退化草地的自然恢复，已取得了双赢的效果（蒋高明 等，2011；2016）。

（6）创建了一整套生产高效有机肥的技术体系，解决了生态农业中关键的制约因素，即有机肥来源问题。本团队首次提出地球上所有的光合产物及其衍生物均可以做肥料，这些生物质包括植物枯落物、秸秆、人与动物排泄物、动植物残体、农产品加工废弃物、菌类养殖废弃物、可降解生活垃圾等，阐明了我国 12 种生物质资源的氮库潜力，每年产生的固体生物质资源量（干重）约为 15.27 亿吨，动物尿液（湿重）约为 8.79 亿吨，共含 2 553 万吨纯氮气，是全国农业栽培植物实际吸收化学合成氮气的 4.12 倍（Cui et al.，2021），大大丰富了有机肥来源。

9.3 弘毅生态农场经营模式与发展策略

9.3.1 经营模式

弘毅生态农场经营模式为“六不用”平台＋农户模式，具体内容如下：“六不用”平台主要负责对农户种植与养殖等进行全面技术指导，并对他们的劳动进行分工与管理。在种植、养殖、加工、销售、旅游和餐饮等环节，按照平台要求合理分工，避免同质化竞争，避免农产品滞销，也避免购买到假种子与假肥料。种植环节包括大田作物、蔬菜作物、果树、中草药等的生产环节；养殖环节包括养牛、养猪、养鸡、养鸭、养鹅等的生产环节。在专家指导下，农户自己为自己劳动，通过优质农产品兑现金的形式将劳动力转化为工资。农户每天都有进账，实行月底结账。

对于提供给城市消费者的食材，该平台进行严格的质量控制，尽量提供足够多的顺季节食材，且均为“六不用”食材，在加工环节杜绝使用防腐剂，养殖过程不能使用激素、瘦肉精等。对销往城市的初级和加工农产品，要求不低于或高于中国有机产品国家标准和欧盟有机标准，进行抽检，实现质量全程监控；产品只有不含或基本不含农药残留、重金属、抗生素、寄生虫、黄曲霉素等，才能进入平台销售。

该平台建有专门对整个生产、销售过程进行全方位质量把控的部门，制定“六不用”企业标准 16 件；平台的团队成员由种植专家、养殖专家、植保专家、销售专家、产品设计专家、客服、包装与物流人员组成，尽量让农民种地变得非常简单，避免风险。农户生产出来的产品不愁销售，以销定产；市民则从中发现理想的优质农产品，避免在市场上毫无目标地试错。如果出现问题，平台直接出面予以解决。

9.3.2　发展策略

在农业生产过程中，植入“六不用”技术，除玉米等少数作物种子使用杂交种外，尽量使用自留种，禁止使用转基因种子。这样，农户投入每亩土地上的物料和机械费用可控制在 300～500 元，如果自有机械，则费用更低。按照“六不用”要求生产的产品，价格平均高于普通农产品的 2～3 倍。反之，如果偷偷使用了农药与化肥，则农场有权利拒收，并且连带其他产品一起拒收。企业有专利技术对农户违规使用农药与化肥进行监控。

该案例发展的核心理念是以“零污染、零残留、高产、高效”为使命，运用生态的方法，利用生物多样性管理技术，发展高效生态农业，生产安全优质的农产品，并且销售出去。该案例适用于全国各地，但发展的优势产品应根据当地的实际情况进行筛选，针对不同的产品研发相应的高效安全栽培技术，根据市场和技术的成熟度适度发展，投资规模前期不宜太大。投资者应优先考虑生态环境好、无污染、有特色产品的地方进行投资，要求投资者具有较强的生态理念。“六不用”平台对产品进行企业标准制定，并对质量进行严格控制，尽量提供足够多的顺季节食材。

9.4　弘毅生态农场主要技术

弘毅生态农场经营模式的应用首先要有相应的生产技术和销售团队，不同的产品需要的技术有所不同，因此需要在现有技术的基础上研发适用于产品的技术，需要聘请相关专家对技术进行攻关，一般 2～3 年即可，但不同的产品也有一些共性的技术，该模式采用的技术如下。

1. 有机农业的生物多样性管理技术

通过采取堆肥、深翻、人工除草＋生物除草、“物理＋生物”防治病虫害、保墒等措施，整合禽粮互作、林禽互作优势，实现粮食增产，即利用生物多样性与生态平衡技术，而非化学灭杀方法控制病虫草害。

2. 优质有机肥生产利用技术

在有机肥腐熟过程中，增施磷矿石、草木灰、甲壳素、腐烂秸秆、杂草、豆科灌木、自然土壤等多种物质，提高肥效，增加微生物多样性，并有利于蚯蚓等土壤动物生长。

3. 环境友好型禽粮互作技术

通过杂草-家禽（鸡、鹅）-禽粪-农田生态循环链，实现种养有机结合，即在玉米生长的小喇叭口期放养鸡；或在大喇叭口期放养鹅，玉米地的杂草被禽类控制，同时起到流动施肥、捕食害虫的作用。

4. 病虫生物防治与物理防治技术

通过采取脉冲诱虫灯、鸡、鸭、鹅、天敌昆虫、野生鸟类、人工除草等多项虫害防治措施，有效控制有机农田虫害。在完全摆脱化肥、农药、农膜污染的环境下，作物生长环境健康，露天种植的作物病害很轻，对产量影响非常小。

5. 肉牛育肥与微贮鲜秸草加工技术

利用遮雨分隔式微贮鲜秸草青贮池，解决秸秆在青贮过程中淋雨腐烂率高的问题。该遮雨分隔式微贮鲜秸草青贮池一次可贮存鲜秸秆 1 500 吨，腐烂率低，发酵效果好，损失率低，将秸秆微发酵生产的微贮鲜秸秆配合花生糠喂牛，通过大型反刍动物转化，产生大量的粪便。该粪便无重金属，无添加剂，无转基因成分，是生产有机肥的来源。该技术不仅能解决秸秆青贮的问题及牛的饲料来源问题，还能解决秸秆在田间焚烧的问题，保护了环境，最终还为改造低产田提供了优质的有机肥。

6. 废弃物资源化利用技术

牛粪、菌棒等农业废弃物通过蚯蚓和黄粉虫再次转化，可形成优质的有机肥。另外，蚯蚓和黄粉虫具有较高的经济价值，可用于饲料、药剂等领域；蚯蚓粪还可作为吸附剂、饲料等。

7. 清洁能源深度开发技术

通过风光互补发电技术、太阳能与沼气能耦合技术、沼气技术，最大限度地整合利用清洁能源，满足农村生产生活用能，缓解能源危机。

8. 温室气体固持技术

生态农田除了满足粮食安全的需要，还对温室气体排放与固持起重要的作用。目前的化学农业属于温室气体释放型的，而采取有机种植模式可将当年捕捉的二氧化碳通过有机肥固定在土壤中，尽管部分碳还会释放出来被作物吸收，但年年增加有机肥可有效增加耕地固碳功能。

9. 优质中草药种植技术

结合中草药“拟境栽培”技术，利用人工除草＋生物除草、“物理＋生物”防治病虫害等方法，生产优质高效的中草药（如金银花、丹参、紫苏、薄荷、薏米等）。

10. 农产品检测技术

由 3 名公司质量监督员不定期对食材生产过程中的土壤和样品抽查取样，利用现代检测技术和先进仪器，根据对象不同，检测指标包括农药残留、塑化剂、重金属、增白剂、黄曲霉素、病原菌、寄生虫等。

11. “互联网＋”销售技术体系

利用生产、销售一体化的产业模式，消除中间环节，解决了生产者和消费者之间的信任难题。利用网络平台，如公司官网、淘宝、微店、微商城、小程序等进行线上销售。结合现代的物流技术，将优质农产品直接送到消费者的手中。

除以上技术外，对农民实施“5 户连带责任”，即 5 户农民为一个单元，进行互相监督，防止农户偷偷使用农药、化肥等，如果有人举报，可将使用者剔除平台采购范围；如果没有人举报，而被平台检测出来，则 5 户农民均被剔除平台采购范围。

9.5　弘毅生态农场产品销售

弘毅生态农场采用“六不用”技术进行种植，突破了产量和质量关。过硬的产品赢得了消费者信赖。截至 2022 年 12 月已有消费会员 11 073 人，会员数量以每月 50～100 人的速度增加。解决了产品的销路问题，弘毅生态农业模式在全国铺开，起到模范试点作用。

弘毅“六不用”产品长期会员组成情况如下。第一梯队为北京占 14.5%、山东 12.8%、广东 12.4%、浙江 6.9%、江苏 6.7%、上海 5.2%，代表了我国经济最发达的一线省（区、市），占 31 个省（区、市）的 58.5%。第二梯队分别为河北 4.3%、河南 3.6%、湖北 3.4%、湖南 3.4%、辽宁 2.6%、四川 2.6%、福建 2.5%、安徽 2.5%，共占 24.9%。第三梯队分别为天津 2.0%、陕西 1.9%、广西 1.9%、山西 1.7%、江西 1.7%，共占 9.2%。其余 12 省为第四梯队，占 7.4%（图 9-1）。该数据充分反映了中国经济发展的规律，与国家低收入县的区位关系非常明显，即生态良好的地区或农牧业区域是低收入区，而这些区域有望通过高效生态农业而兴农致富；弘毅生态农场会员分布趋势与胡焕庸线高度吻合，即我国经济发达的地区在我国的东部，这里对优质农产品的消费能力也最高。

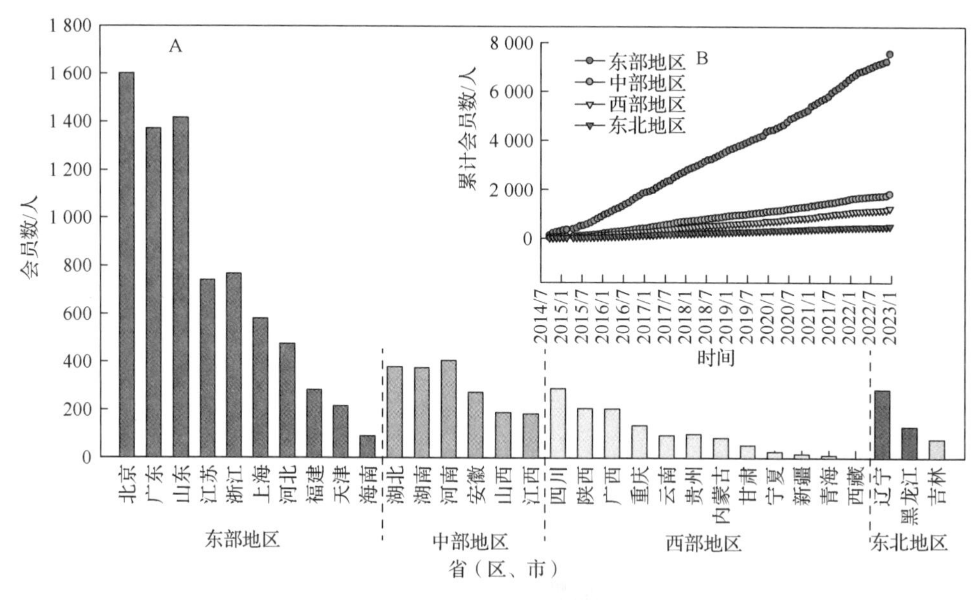

图 9-1　2022 年 12 月弘毅生态农场会员数和分布（A）及
2014 年 9 月～2022 年 12 月各地区累计会员数（B）

通过近 20 年的试验，弘毅生态农场已经解决了产量问题，也解决了质量问题（产品送检几乎都是“零农残”），优质优价，解决生态农产品的销路问题，更利于生态农业模式的实现。推广生态农业模式，源头在于认真生产产品，科学技术是保障，电子商务是手段。

9.6　利益联结机制

在弘毅生态农场经营模式中，企业聘请相关专家提供技术，企业负责管理和质量把控，农民主要提供劳动力。在专家指导下，生产优质农产品，企业将这些农产品转化为工资支付给农民。在该农业模式下，农民投入的成本降低到每亩不足 500 元，实现了每亩 5 000～10 000 元的净收入。下面以 10 个首期参与的农户为例介绍收益情况。

1. 农户甲

农户甲投入土地 25 亩建了养牛场、青贮池、堆肥厂、污水池和小菜园。常年投入两位管理人员，即一对 60 后夫妻，临时用 3～4 个饲养员。有母牛 100 头，大小牛 250～300 头，每年出栏 100 头左右，净收入为 30 万～40 万元。这是一个特殊的农户，要求的技术含量高，需要具有一定的专业知识，一般农户较难胜任。

2. 农户乙

农户乙与弘毅生态农场常年合作，种植“六不用”粮食，主要为小麦、玉米、大豆、高粱、谷子、花生、红薯等。转租农场土地 40 亩，自投土地 10 亩。5 口之家，其中有一对 70 后夫妻，为村里的种植大户，有拖拉机、收割机等。已连续 3 年获得稳定的年收入为 15 万～20 万元。

3. 农户丙

农户丙投入土地 10 亩（包括亲属土地），60 后夫妻经营，主要种植“六不用”苹果、柿子、核桃、山楂、生姜、山药、毛芋头、胡萝卜等各种顺季节露天作物，每年稳定收入为 10 万元左右。据调查，该农民经营的“六不用”食材，以物种计，高达 70 种，部分野菜（如荠菜、马齿苋、蒲公英）都有很好的市场。这么高的土地利用效率，不破坏耕地且具有保养土地的效果，是工业化农业模式根本无法企及的。

4. 农户丁

农户丁以蔬菜种植和食用菌养殖为主。70 后农民经营土地 4.5 亩，严格按照本团队技术要求，主要种植“六不用”顺季节蔬菜，如大葱、大蒜、洋葱、土豆、胡萝卜、白菜、白萝卜、红皮萝卜、黄瓜、番茄、扁豆、鸡腿菇、香菇等，稳定年收入为 10 万元以上。

5. 农户戊

农户戊有土地 10 亩左右，从事弘毅生态农业淘宝销售业务。80 后夫妻，加上一个 90 后妹妹，还有老母亲为农场勤杂工，月总收入为 8 300 元，年收入为 9.96 万元。该组合的就业年轻化趋势十分明显。

6. 农户己

农户己为禽类养殖户，由一对 60 后夫妻组成，投入土地 6 亩，养殖鸡、鸭、鹅，提供各种禽蛋，年收入约为 7.5 万元。所有禽类自由放养，水禽能够自由戏水，且为活水。

7. 农户庚

农户庚为豆类与面制品加工户，4 口之家，自有土地 5 亩，常年加工弘毅生态农场需要的豆类制品，采用古法加工豆腐皮、豆腐、腐竹、豆芽等，严禁使用防腐剂等化学物质。加工毛收入为 8 万元，其他收入为 3 万元左右，合计年收入为 11 万元左右。

8. 农户辛

农户辛为一对 50 后夫妻，承包土地 20 亩，生态养殖猪 20 头。猪粪发酵后作为肥料用于“六不用”作物种植，养殖与种植年收入超过 10 万元。

9. 农户壬

农户壬为了接待全国各地来弘毅生态农场参观学习的客人，经营了生态食材餐厅，发展一户农民从事乡村旅游接待工作。3 口之家，土地 6 亩。目前，每年接待 500～1 000 人，人均消费 100 元，每年稳定性收入为 5 万～10 万元。自种土地也按照弘毅生态农场的要求，种植小麦、玉米、花生、大蒜等。来农场参观与体验的客人的食材，要求 95%以上为弘毅生态农场自产。

10. 农户癸

弘毅生态农场的产品已经覆盖除澳门、香港、台湾外的全国各省（区、市），尤以北京、上海、广州、深圳高端客户为主，涉及上万个家庭。因物流业务量大，弘毅生态农场与该农户组建的物流公司签订长期合作协议，该公司每天上门取货。该农户为 3 口之家，一对 80 后夫妻，有一辆物流运输车，已基本不从事农业生产。土地收入加上物流运输收入合计为 10 万元以上。

当优质农产品获得消费者认可，最终实现亩净收入 5 000～10 000 元时，农民愿意返乡而不在城市打工，一些 80 后、90 后青年进入生态农业领域，避免了空

心村出现。农民在家乡就有工作，且是他们非常熟悉的工作，收入有保障。农民有了收入，也会购买工业品，促进了经济繁荣，实现了真正意义上的城乡和谐发展与环境保护。

9.7　弘毅生态小院

为了进一步验证弘毅生态农场“六不用”技术的优越性，本团队指导蒋家庄村民建立了以“六不用”技术为主的弘毅生态小院。该小院采取立体种植、种养结合、农产品加工等措施，发展以生物多样性利用与保护为主的多种经营，取得了显著的经济效益、环境效益与社会效益。

弘毅生态小院总有效种养面积为 10 亩，主要分为猪舍与储存区、果禽混作区、蔬菜谷物混作区、主粮区、湿地、果树蔬菜间作区、花生大豆间作区和豆科蔬菜混作区（图 9-2）。利用间作、套作、轮作等多种耕作方式合理搭配不同种类作物及家畜的养殖。充分利用生态学的系统性、整体性进行种养结合，如林下养鸡、果树套作蔬菜、合理设置不同地块作物品种。

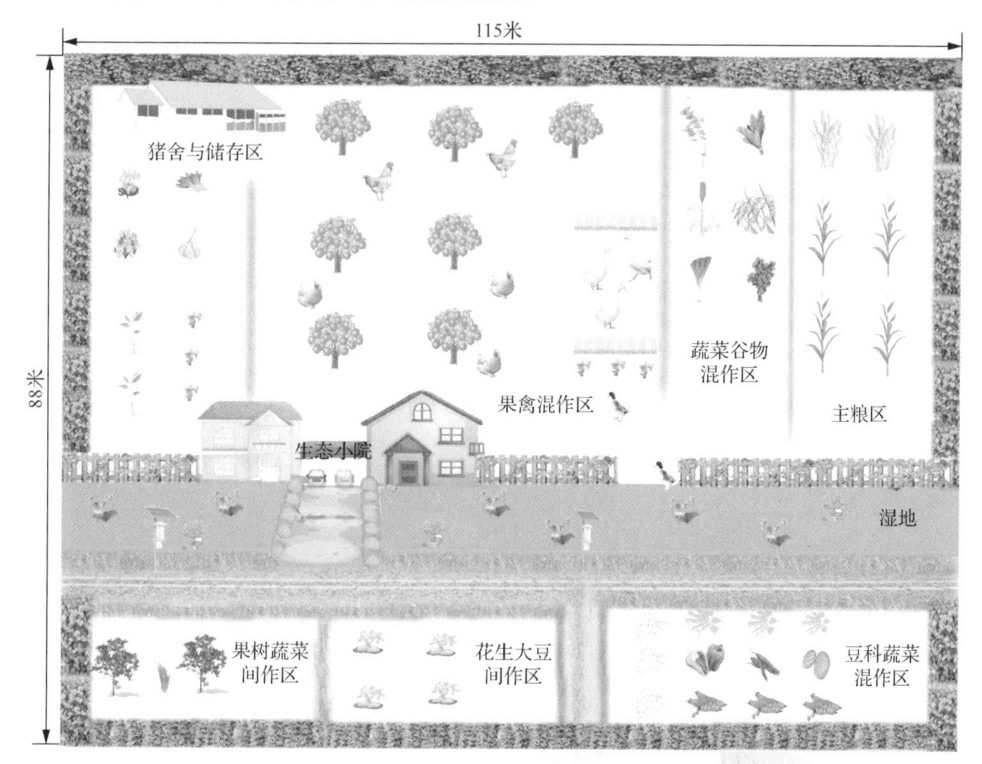

图 9-2　弘毅生态小院设计图（徐子雯，2019）

在有机管理模式下，在生态小院里种植和养殖有经济价值的物种为 70 种（表 9-1 和表 9-2），除杂交玉米外均可以自留种，其中包含 40 种蔬菜、14 种粮油豆类作物、6 种畜禽鱼类、6 种野生可食用植物、4 种水果，其中，苹果包含 8 个品种：藤木 1 号、信浓红、美国 8 号、乔纳金、红将军、嘎啦果、金帅、红富士。常规模式下每个季节在当地只是单一性种植某种作物。生态小院生境多样，包括耕地、菜园、畜禽养殖场、果园和湿地等，鸡、鸭、鹅等家禽可在果园下自由生长。禽类生长周期为 6 个月（工厂化养殖为 0.9～1.5 个月）；猪则半散养，生长 1 年以上屠宰（工厂化养殖为 4.5 个月），恢复了动物福利，体现了有机农业生态系统丰富的生物多样性、遗传多样性、农业生境多样性的特点。

表 9-1 生态小院蔬菜种类统计（徐子雯，2019）

名称	产品种数	销售月数	是否留种
洋葱	1	12	是
韭菜	1	7	是
葱	2	4	是
蒜	4	12	是
芹菜	1	6	是
冬瓜	1	5	是
芸薹	2	8	是
荠菜	1	3	是
青菜	1	5	是
白菜	3	5	是
辣椒	2	12	是
芫荽	2	3	是
紫堇	2	7	是
菜瓜	1	3	是
黄瓜	1	5	是
南瓜	2	6	是
西葫芦	1	2	是
红皮萝卜	2	5	是
胡萝卜	2	4	是
麻山药	1	2	是
薯蓣	1	5	是

续表

名称	产品种数	销售月数	是否留种
茼蒿	1	2	是
蕹菜	2	7	是
扁豆	2	2	是
莴苣	2	2	是
油麦菜	1	2	是
生菜	1	2	是
丝瓜	2	2	是
番茄	1	2	是
苦瓜	1	2	是
莲藕	1	3	是
菜豆	2	2	是
白萝卜	2	5	是
青萝卜	2	5	是
红心萝卜	2	5	是
茄子	1	5	是
菠菜	2	8	是
香椿	2	2	是
豇豆	2	3	是
姜	2	9	是

表 9-2　生态小院粮油豆类作物、畜禽鱼类、野生可食用植物和水果统计（徐子雯，2019）

名称	产品种类	销售月数	是否留种
芋	1	6	是
马铃薯	1	4	是
绿豆	1	3	是
玉米	2	2	否
红小豆	1	2	是
粟	1	2	是
大豆	1	2	是

续表

名称	产品种类	销售月数	是否留种
荞麦	2	2	是
板栗	1	2	是
花生	3	2	是
小麦	1	1	否
高粱	1	1	是
黑麦	1	1	是
燕麦	1	1	是
家鹅	2	12	是
家猪	1	12	是
家鸡	2	12	是
家鸭	2	12	是
鲤鱼	1	1	是
草鱼	1	1	是
花椒	2	12	是
蒲公英	2	4	是
花叶滇苦菜	1	4	是
马齿苋	2	4	是
荠菜	1	4	是
刺槐	1	1	是
苹果	8	8	是
柿子	2	2	是
山楂	1	2	是
甜瓜	1	1	否

由图 9-3 可以看出有机管理模式下的弘毅生态小院与当地单一性种植的农业生态系统相比，可食用的具有经济价值的物种多样性丰富，且在有机生物多样性管理模式下各个季节和月份的产品丰富度波动不大，6 个月以上销售时长（一种农产品可持续销售的时间长度）产品为 18 种，占总产品种类的 26%；3 个月以上为 41 种，占总产品种类的 59%。弘毅生态小院四季都可以生产较为丰富的农产品，明显优于当地集中上市的常规农业模式。

弘毅生态小院模式有效减少了农业面源污染，小院内土壤有机质含量达到 18.1 克/千克；重金属等污染物含量低，果园土壤中的砷含量接近 0；灌溉水中亚硝酸盐含量低于 0.05 毫克/升，具有较好的土壤质量和水环境质量。有机种植夏玉米和冬小麦各项指标中达到优质级别分别占 53%和 40%，保证了产品质量和安全性，丰富了生态系统服务功能（徐子雯，2019）。

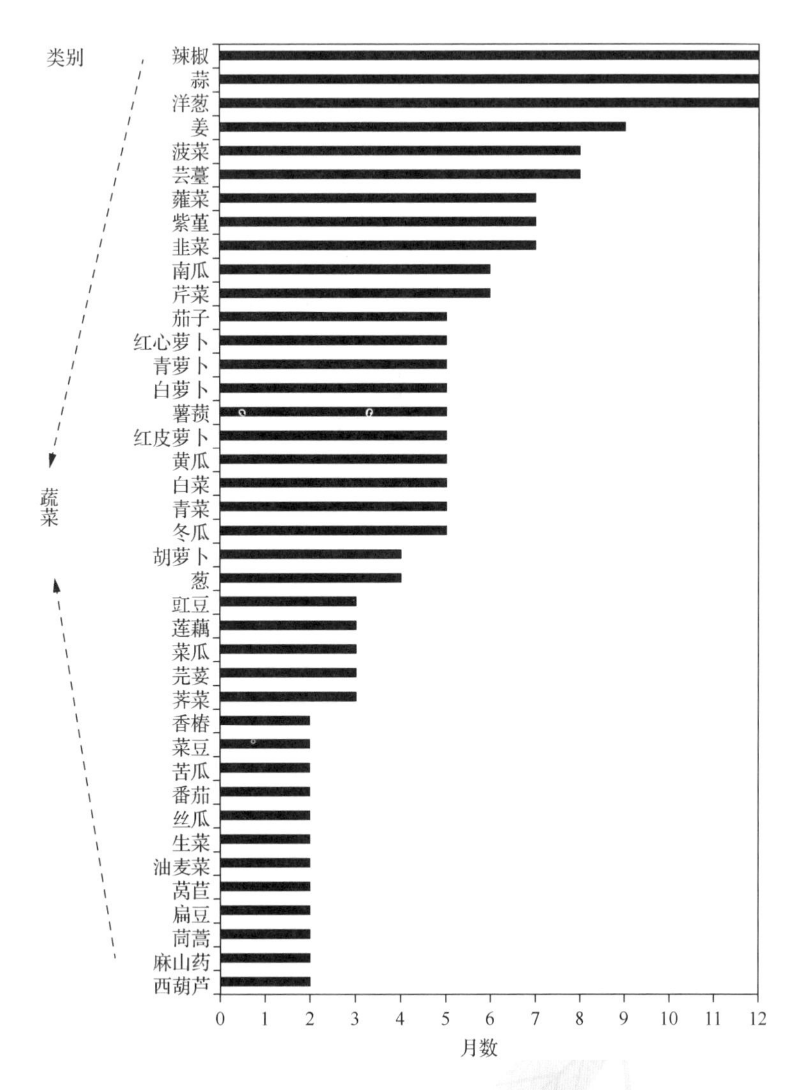

图 9-3　生态小院农产品销售时长（徐子雯，2019）

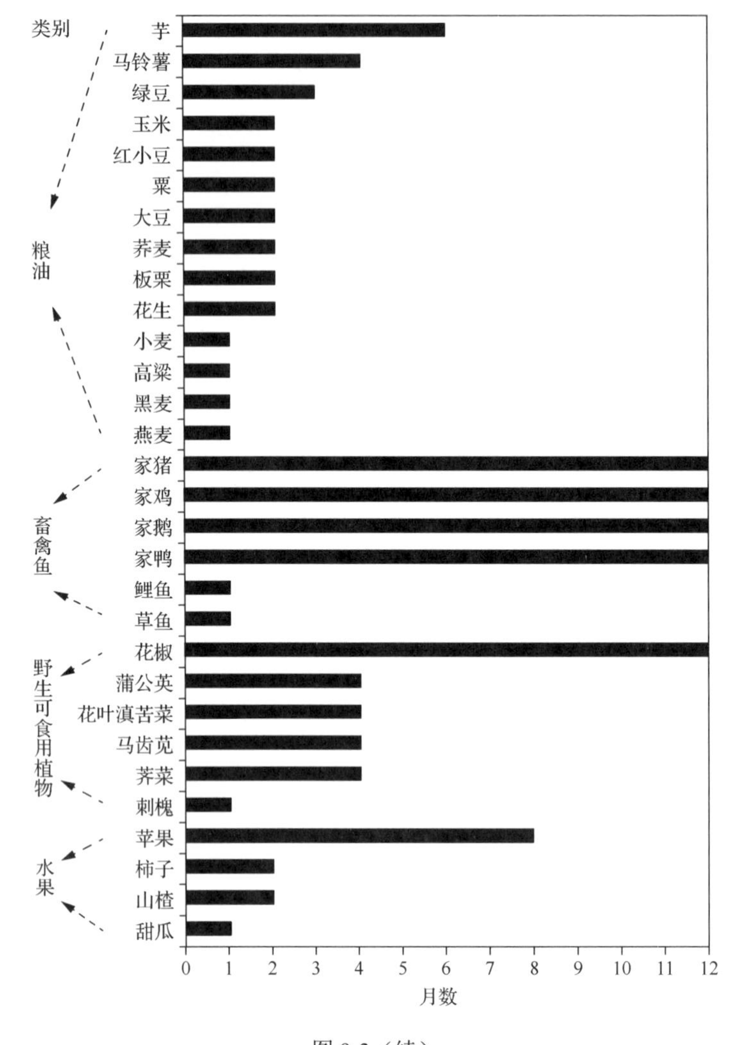

图 9-3（续）

弘毅生态小院具有较强的抵抗收获风险能力、产量稳定性和较高的经济效益。弘毅生态小院的单位面积产值是当地普通农田的 4 倍、山东农田的 10 倍、美国农田的 46 倍。产值从 2015 年的 36 839 美元增加到 2017 年的 42 571 美元，增长了约 16%，具有较高的投入产出比与资源稳定性（徐子雯，2019）。

9.8 农户从怀疑到积极参与

对弘毅生态农场的试验，蒋家庄村民一开始大多持观望态度。与土地打了一辈子交道的农民，对于用有机肥替代化肥，他们是能够理解的，因为以前种地也

根本没有用过化肥，但对于不打农药，靠脉冲诱虫灯来捕获害虫，他们根本就不相信。害虫对作物的危害，农民是记忆犹新的。他们无不激动地向作者倒苦水，说他们打了那么多的农药，到后期收获时，还有那么多虫子，要控制虫子，只能靠科学家研究更有效更毒的农药，让虫子一闻就死。农民不清楚，虫子是繁殖出来的，而是天真地认为，那些烂草甚至牛粪就能生虫子，因为他们亲眼看见过虫子从那里爬出来。

一到作物的生长季节，在田间地头，农民就背上了喷雾器喷洒农药，直到秋后作物收获。喷农药、施化肥，成了现代农村一道特殊的风景线，沿着闷热的田间小路走，一股股刺鼻的农药味扑面而来。

种玉米时种子上有农药包衣，玉米刚出苗时要防治地老虎，第 2 次要防治二点委夜蛾。二点委夜蛾是一种常见的玉米害虫，经常大面积发生。防治二点委夜蛾之后还要防治玉米螟，加上除草剂，仅种植玉米就要前后至少施用 6 次农药。

只要田间发现了哪怕少量的虫子，当地农民就为打农药忙碌开了，谁也不希望虫子往自家地里跑，打农药变成一场竞赛。虽是夏天，但在地里听不到任何虫鸣和蛙叫，看不见小鸟，当今安静的夏季田野，多像蕾切尔 • 卡森（Rachel Carson）笔下的《寂静的春天》（*Silent Spring*）。

农民很快发现，靠近弘毅生态农场的花生田里害虫明显比其他地方的少，因此他们建议本团队教给他们方法，让他们告别那些讨厌的农药。农民打农药，对气味忍受一下就过去了，但是他们对于自己的健康还没有概念。农民对于当季的产量是非常在意的，尽管他们用了那么多毒药，到后期，还是虫害严重，必须提前收获，与虫子抢夺胜利果实。弘毅生态农场就没有这种担忧。例如，花生可以晚收获 7～10 天，这样依然鲜绿的叶片还会将光合产物源源不断地投入地下花生果，从而保证产量。虽然不打农药，但害虫没有产生危害。他们认为弘毅生态农场院子里之所以没有虫害，除了 4 盏脉冲诱虫灯，院墙也起到了阻挡的作用。

农民非常想学本团队的技术，但又不敢冒险，担心一旦不打农药会导致颗粒无收。为了打消他们的顾虑，本团队决定在大田里示范给他们看。农民看到弘毅生态农场的作物即使不打农药也不生虫，但还是不敢用自己的土地来做试验。后来，村里的集体承包土地到期，村两委（村党支部委员会和村民委员会）的几名干部决定拿出弘毅生态农场院墙外的 12 亩地做不打农药的试验。于是，本团队与村两委签订了新的合作协议，该协议要求，他们用本团队的方法生产粮食，完全不用化肥、农药，也不能铺地膜。为防止因粮食减产造成的损失，本团队以每亩 2 200 元的价格给农民保本，作为经济回报，他们生产的有机粮食由弘毅生态农场全部回收。即他们要进行播种、浇水、除草等常规管理，使用弘毅生态农场提供的有机肥。他们的工作量从此减少了喷洒农药这一项。

有了这样的保证，蒋家庄村村支部书记、村支部副书记、村主任、会计、妇女主任5户干部开始按照本团队技术人员的指导来种植。为了取得良好的示范效果，在12亩大田里放置了3盏脉冲诱虫灯（图9-4），等其他农民纷纷打农药治理各种虫害时，这12亩地就靠这3盏脉冲诱虫灯防治虫害。村干部对此将信将疑，后来发现他们的有机玉米田没有虫害时，这才放下心来，而周围农民的玉米田已经打了四五遍农药。在大田里的试验，第一季玉米没有被玉米螟危害，而且产量较高。

图9-4 2010年农民在专家指导下在他们自己的地里挂脉冲诱虫灯

大田里的防虫成果，让蒋家庄村农民彻底相信了原来害虫是可以不用打农药就能够控制的。有了前几年的成功经验，本团队决定继续扩大战果，于2012年5月，应几户农民的强烈要求，又购买了70盏脉冲诱虫灯，将农场外村北约500亩大田实施生态防虫。这一次，村民主动配合，村两委出电线费用，涉及农田的村民出义务工，本团队出钱购买脉冲诱虫灯。自从挂上脉冲诱虫灯之后，蒋家庄村的农药使用次数大幅降低。

9.9 学术界、政府与消费者评价

本团队利用生态学原理，从秸秆、害虫、杂草、粪肥综合利用入手，从源头杜绝使用杀虫（杀菌、杀鼠）剂、除草剂、化肥、人工合成激素和转基因种子，创造性地开发了增氮固碳循环型高效生态农业模式。本团队集成了种养结合、改良土壤、增氮固碳、种地养地、作物产量提高和品质提升的综合技术体系；提出了农田害虫防治的“四道防线”，研发出一种双灯双波段太阳能诱虫灯，成功防治了农田害虫；构建了一整套高效生态农业技术体系，建立了健康、安全、高产的高效生态农业模式；创立了“六不用”生产与销售技术体系，解决了一系列农业、环境、健康与产品信任等难题。该增氮固碳循环型高效生态农业技术较国内外其他相关技术更全面，操作简单，易于大面积推广使用。

9.9.1　学术界评价

围绕弘毅生态农场技术研发，本团队已出版专著 6 部和发表学术论文 59 篇，其中被科学引文索引（Science Citation Index，SCI）收录 45 篇，得到了国内外同行专家的认可，并被广泛引用，代表性评价归纳如下。

（1）刘海涛和蒋高明等首次提出“有机农业的生物多样性管理”概念（Liu et al.，2016），审稿专家认为该成果突破了过去（主流）的生态农业比不上化学农业的观点，而生态农业实践带来的生物多样性保护或恢复，正是可持续农业的发展之路。

（2）刘海涛和蒋高明等发表的论文（Liu et al.，2015）被美国科学促进会旗下的 EurekAlert“News Release”栏目采访报道，报道题目为“Organic farming can reverse the agriculture ecosystem from a carbon source to a carbon sink”（2015 年 4 月 29 日公开发布）。

（3）郭立月和蒋高明等发表的关于牛粪-蚯蚓-玉米种养循环模式的论文（Guo et al.，2015）被 European commissions science for environment policy 进行了专题报道，肯定了本团队研发的农田种养循环体系的创新性，并将其推荐给 19 000 多名欧洲政策决策者、学者和商界人士。

（4）刘慧和蒋高明等发表的有关农村作物秸秆利用的论文（Liu et al.，2008）被美国、英国、德国、加拿大、捷克、印度和我国等的科学家引用 259 次，作为重要例证说明秸秆在生态农业中的重要性。

（5）郑延海等发表的有关农村生物质资源综合利用能够缓解能源危机和全球变暖的论文（Zheng et al.，2010）被国内外科学家认可并引用 88 次，作为重要例证说明高效生态农业生产过程中的有机肥生产技术既可以缓解能源危机，又可以提高土壤碳储量。

（6）郑延海等发表的厌氧发酵技术在作物秸秆利用和沼气生产中应用的论文（Zheng et al.，2012）被 Chandra 等（2012）高度评价，认为其是一项高效环保技术。

（7）2017 年 10 月 2～3 日，蒋高明受邀在伦敦参加有机农业国际会议并做题为“Organic agriculture obtains both larger yield and economic benefit under the condition of none chemical pollution”的大会主题发言（Keynote speaker）。在这次大会上，蒋高明首次向国际同行介绍我国拥有自主知识产权的弘毅生态农场“六不用”生态农业模式，介绍了 10 年生态循环农业科研成果，报告受到英国剑桥大学教授的肯定，并主动提出合作意愿。越来越多的声音从不同国家发出：有机农业并不意味着产量低，而取决于消费者的觉醒；第二次绿色革命应以生态农业技术为主，该模式在我国已有成功案例。

9.9.2 政府评价和采用

（1）弘毅生态农场试验基地已经被山东省省委党校、山东省生态文明研究中心列为研究实践基地；被山东省中小企业局列为生态循环农业科技示范平台；获得临沂市龙头企业、临沂市龙头畜牧企业等称号；被山东大学、南开大学、山东师范大学等高校列为大学生社会实践基地。

（2）本团队研发的生态循环型高效生态农业生产模式多次被媒体报道，如山东电视台农科频道《乡村季风》栏目、甘肃卫视《新财富夜谈》等；还被众多主流新闻媒体竞相报道。

（3）2019 年 10 月，全国 3 个农业和科技著名学术团体——中国系统工程学会草业系统工程专业委员会、上海交通大学钱学森图书馆、中国管理科学研究院农业经济技术研究所在弘毅生态农场联合召开生物新技术与绿色生态农业现场观摩研讨会。与会专家学者和各区代表通过现场观摩调研，一致认为："六不用"生物技术集成和弘毅生态农业模式突破了目前农业生物技术研究和推广上单一分散、不能配套集成、效果不佳的状态，开创了全面根治化学农业、实现绿色高效生态农业的新时代。

9.9.3 消费者评价

消费者对应用循环型高效生态农业模式生产的农产品做出了较高的评价，摘录如下。

（1）口感和市面上的完全不同，微微有一点儿黏，吃起来比较软，熟得很快，大约 15 分钟，而且嚼得动。市面上的黏玉米嚼不动。本来想刚出锅的时候就拍照的，结果发了几个群之后，不知不觉吃了一根，平常是不吃黏玉米的，这回例外了（某客户对玉米的评价，2019 年 8 月 2 日）。

（2）熬粥有一股甜丝丝的味道。我是几乎每天都要喝一点儿，所以吃得非常快。每次只要下单都要买两袋。颜色是淡淡的黄色。这一点很重要哦（某客户对小米的评价，2019 年 8 月 2 日）。

（3）用弘毅的面粉包完饺子，孩子愿意喝饺子汤。我家平时几乎是不喝汤的，不知道为什么，反正不想喝，这次是例外了。原汤化原食嘛，这样才健康。昨天第 1 次用弘毅的面擀面条，这才是真正的筋道，是有弹性的，不会发硬（某客户对面粉的评价，2019 年 6 月 1 日）。

（4）用这个油摊鸡蛋，特别香，比橄榄油香。再配上弘毅的酱油，突然闻见了儿时的味道（某客户对花生油的评价，2019 年 6 月 1 日）。

（5）豆子发白，打出的豆浆也比较白，是奶白的那种，没有豆腥味，孩子和我都特别喜欢喝，口感丝滑，晾凉后没有油皮，但是很好喝（某客户对大豆的评价，2019 年 7 月 5 日）。

（6）小米收到了，小米的包装、品质、口感和味道都是最好的、最纯正的。煮出的小米粥黄澄澄的，喝上一碗美美的，还养胃。“六不用”小米最值得信赖。我已经是第二次购买了，每天早点都煮小米粥，特别滋润哦！物有所值（某客户对小米的评价，2020 年 9 月 8 日）。

（7）好！多次回购。鲜美，有回味，吃完这种酱油，发现我家原来的酱油一点味儿也没有了（某客户对酱油的评价，2020 年 11 月 28 日）。

（8）前段时间，我送了邻居一袋弘毅的 10 斤小麦粉（白色的），邻居家吃后很喜欢，就请我帮他们买一袋，好接着吃。这就安排上了～（某客户对面粉的评价，2020 年 11 月 10 日）。

（9）好醋，好几年一直在用弘毅的产品，“六不用”产品超好，安全食品（某客户对醋的评价，2020 年 11 月 18 日）。

（10）收到货的第二天就用花生油做了鸡蛋饼，那个香噢～（某客户对花生油的评价，2020 年 11 月 18 日）。

9.10　全国推广应用情况与效益

9.10.1　全国推广应用情况

循环型高效生态农业模式自实施以来得到了山东省政府的支持和推广，全国从事有机农业生产的企业家、各地政府等找到本团队进行合作，本团队为他们提供技术支持和保障。到目前为止本团队已经在山东、河南、河北、内蒙古、甘肃、浙江、江苏、广东、海南、贵州、四川、中国人民解放军总装备部某基地进行合作和技术推广共 80 多处，充分展示了该模式的科研示范作用和技术推广价值。

9.10.2　经济效益

循环型高效生态农业模式的经济效益主要来自技术应用后农作物和畜禽产品产量和质量得到保证，而且优质安全，得到了消费者的喜爱，其消费者分布于全国 30 多个省（区、市），消费者愿意以高价购买生态农产品，其价格为普通价格的 3～5 倍，实现了 5 000～10 000 元/亩的净收益。在全国累计推广有机农（草）业面积 60 余万亩，累计经济效益超过 30 亿元，2019～2021 年新增销售额 3.6 亿元。

9.10.3 生态效益与社会效益

循环型高效生态农业模式的研发成果推动了循环型高效生态农业在全国范围内的兴起，并且从概念到集成技术的实施，从政府主导到企业或农民合作社自发地进行生态循环农业生产，促进了人们对传统农业弊端的深刻认识，从以往“农民愁粮食卖不出”到现在“春季预定粮食”，彻底激发了农民种地的积极性。在生产过程中，从以前农民大量施用化肥、农药等，转变为现在积极制作有机肥，完全不使用农药和化肥等化学物质，生产的粮食不含农药残留，实现了农业生产和环境保护并重的转变；在保证产量的同时避免了化学物质对土地的伤害，加强了氮素养分资源的循环利用，降低了农业生产成本和水环境治理的成本，从而在保证粮食安全的前提下实现了自然资源和生态环境保护，促进了农业与环境可持续发展。

循环型高效生态农业模式的实施壮大了从事生态循环农业研究的科研队伍，培养了一批中青年领军科研人才和骨干。通过技术培训、现场示范、应用效果展示等，向地方政府、广大基层农业技术推广人员和农民直观地展示了发展循环型高效生态农业的必要性及项目成果的可行性和有效性；电视台、报纸等媒体对循环型高效生态农业进行报道，向社会普及了生态循环农业的相关知识和技术，提高了农业基层组织和农民的环保意识；通过技术示范区建设，带动了一大批新型农业企业、新型农民和农业合作社等投身于生态循环农业生产中，借着国家乡村振兴建设的春风，相关技术成果在全国范围内扎根落地。

停止使用杀虫（杀菌、杀鼠）剂、化肥、除草剂、地膜、人工合成激素和转基因种子后，使用生物多样性管理技术，提高了土壤有机质含量，恢复了土壤地力，减少了温室气体的排放，从源头减少了面源污染，告别了“白色污染”，恢复了生态平衡，使农田重获生机。

利用高效生态农业生产管理技术，从源头控制了有害物质的进入。因不使用农药、化肥等有害物质，农民自身健康得到保障。市民虽比购买普通农产品多支付一些费用，但他们避免了食物链中有害物质进入身体，自己和家人都获得了健康，减少了医疗费用，尤其对处于身体发育中的孩子意义更大。同时，他们的消费还促进了生态环境保护、老品种资源保护及农业传统工艺保留等，实现了城乡共赢。

第10章 展　望

10.1　发展生态农业更符合中国国情

10.1.1　农业不能学美国

美国规模化、机械化、化学化、生物技术化的农业，被冠以“现代农业”的美称。殊不知，此种现代农业是不可持续的农业。如果我国放弃了自身农业优势，一味学美国，长期下去是非常危险的。发展美国式现代农业能够预见的后果必然是：土地集中到大农场主或农业公司手中，而我国人多地少，大量农民将弃农经商、进城谋生或者在农村失业，大量失业人员可能会造成社会关系不稳定；另外，土地集中后种植指数会下降，可能造成粮食总产量降低，威胁我国的粮食安全。

10.1.2　农业生态问题的根源

自古到今，农业是基础产业，人类社会要想可持续发展，首先要满足食物需求。我国各历史时期从事农业的人群数量，远多于经商或从事其他产业的人群数量。之所以现在用很少的劳动力，就能够生产出许多农产品，主要得益于科技进步。然而，由于一些农业基本原理严重违背了生态学规律，现代农业的运作不可避免地导致农田生态系统退化，主要表现在地力下降，环境污染，超级杂草、超级害虫出现，生物多样性下降，食品营养不均衡，食品受到污染等方面。

农业的特点注定了人们要付出辛勤的劳动，只有农业生态系统具有多样性才能保证其稳定性。但现实却是，人们往农田里投入的劳动力越来越少，如用除草剂替代人工锄草，其后果就是促进杂草进化。为消灭杂草，就需要喷洒更多毒性更高的除草剂，这样，作物就会受到影响；为保护作物，发明了抗除草剂的转基因作物，人们可以放心地加大除草剂的剂量进行喷洒除草，作物虽然保住了，但是作物里除草剂残留不可避免，同时还导致超级杂草出现。害虫防控也一样，在农业生态系统中，有害虫，也有益虫，还有益鸟。使用大量农药不仅灭杀了害虫，还误杀了益虫和益鸟。更严重的是，害虫也对农药产生了顽强的抵抗力，这是因为物种繁衍是一切生物的根本规律，害虫不会轻易放弃其生存权，导致超级害虫出现。在畜禽养殖方面，为了获得更大的经济利益，让动物提前发育，使用大量的抗生素、重金属和激素等，导致食品中的抗生素、重金属、激素含量升高，作为食物链终端的消费者为此要付出健康的代价。

现代农业与资本结合密切。没有政府的高额补贴，现代农业没有能力生存，美国农场主收入的 40%来自政府补贴。美国用约为我国耕地面积的 193%，才生产了相当于我国作物产量 52%的粮食。

10.1.3 生态农业对现代农业的影响和作用

中美两国国情不同，美国地多人少，从事农业的人更少，只能发展规模化的现代农业；我国人多地少，有悠久的农业历史，适合发展生态农业。我国发展生态农业有以下几个方面的好处。

1. 化肥用量减少

生态农田强调元素循环，可将农作物带走的营养通过有机肥的方式弥补。大量研究证实，发展生态农业，化肥用量在现有基础上减少一半并不影响产量。

2. 农药用量大幅减少

生态农田对害虫防控以预防为主，强调生态平衡，而不是待害虫暴发后靠化学物质灭杀。根据本团队的前期研究，在生态农业模式下，农药用量可在现有基础上减少 70%～80%，基本不影响产量。因此，发展生态农业，对生态环境保护的意义是十分巨大的。

3. 消除农膜污染

在农业生产前期使用农膜可提高地表温度、湿度兼有抑制杂草的作用，但农业生产后期农膜是有害的。全球变暖后，作物生长季节延长了，完全可以不使用农膜。生态农业可根据作物生长习性，在不使用农膜的前提下，保证生态农田产量与质量双赢，从源头杜绝二噁英等致癌物质向环境中释放。

4. 消除转基因技术的负面影响

生态农业不采取与自然对抗的措施而达到提高农业生态系统生产力、保护生态平衡、杜绝基因污染、保护消费者健康目的。

5. 生态农业及其下游产业带动更多的人就业

生态农业可吸引更多的农民留在家乡，由农民工转变为农业职业工人；可实现就地城镇化，将城镇建设成有生气的养人之地。这对满足 14 亿人口的食品持续安全供应，促进城乡和谐发展是至关重要的。

我国具备发展生态农业的有利条件，如果再加上适度的合作化、就地城镇化，将大量人口稳定在广大的乡村或城镇，则对国家食品供应、环境保护、社会稳定具有重大作用。建议在全国不同生态类型地区建立生态农业示范区，作为对照，同时建立现代农业包括生物技术的示范区，从而筛选符合我国国情的农业模式，用中国人的智慧解决我国农业可持续发展的瓶颈问题。

10.2 美丽环境下的农田与农庄

10.2.1 从源头解决耕地污染

自我国引进第一次绿色革命成果以来，短短几十年，耕地肥力出现了明显的下降，全国土壤有机质平均含量不到1%，农田里每年聚集着不可降解的农膜。除了化肥造成的直接污染，工矿业废水的污灌也造成了耕地污染。工业化农业已经动摇了我国农业的根本。

要解决上述问题，必须采取生态的方法经营农业，即大面积发展生态农田。除为生产绿色食物施用少量化肥外，生产有机食物时不能使用化肥、农药、塑化剂、重金属等；为了配合生态农田发展，上游的养殖业不能添加抗生素、激素与重金属；下游的食品加工业远离不必要的食品添加剂，让食品还原为食品本身。

10.2.2 未来农业遵循的原则

目前，人与自然的关系出现了一系列的变化；人们的信任也出现了前所未有的危机；地球生命正遭到人类的恶意攻击；全球在变暖（FAO，2011），生物多样性在消失（Gill and Garg，2014），食物安全受到影响（蒋高明，2012）。未来的农业必须利用生态学原理来经营，为农民和大学生制造就业机会。为此，未来农业必将遵循下面的原则。

1. 尊重所有物种生存的权利

“害虫”“杂草”是人类冠以不希望存在的物种身上的贬义词。物种，和人类一样，有着生长、生存、繁殖，享受阳光、空气、水分和食物的基本权利。应该采用生态平衡的方式控制恶性膨胀种群的扩张，管理生物多样性。生态农场应告别农药，利用物理与生物相结合的方式管理物种，将曾经造成危害的物种资源化利用起来，促进农业生态系统的平衡。

2. 保障生态农田高生产力，用地的同时更要养地

化肥虽可以在短期内提供作物需要的养分，但是过量化肥的使用损伤了耕地（Ju et al.，2009；Guo et al.，2010；Tang et al.，2010），化肥中不含土壤动物和微生物生长需要的养分；农膜虽然在短期内提升了土壤温度，但农膜焚烧会制造致癌物；利用农药治虫虽然有效果，但是长期近距离接触农药已令成千上万的农民患上了癌症。应该将被农民焚烧的秸秆等废弃物通过大型反刍动物转化，将产生的大量有机肥返回农田，从而保持土壤的水、肥、气、热和土壤生物多样性；用有机肥养地，让耕地变黑。

3. 带动农民利用家乡的能源，而远离煤炭、天然气及用它们发出来的电力，减少温室气体排放

如今富裕起来的农民开始大量使用煤炭、液化气、电力，这是社会进步的象征，也是环境恶化的开始。沼气中含有的成分与天然气一样都是甲烷，利用秸秆、粪便，采用生物发酵方法，就能得到廉价的甲烷供农民做饭、取暖、照明之需。瑞典人、瑞士人可以将沼气装进轿车、公共汽车里驱动发动机，我国也已成功将沼气通入农户。国家一方面开采更多的煤炭、建设高坝来发电，另一方面利用太阳能、风能甚至高风险的核能发电。殊不知，电力的重要缺口会因农民富裕而不断扩大，引领农民利用家门口的传统生物质能才是大势所趋。

4. 引领农民将二氧化碳等温室气体埋葬在耕地里

我国耕地除了基本满足约 14 亿人口吃饭的需求，还有一个巨大的功能就是可将全球温室气体埋在地下。如果我们恢复了生态循环，植物秸秆固定的碳及大部分粮食中的碳，经过人类和动物消化后可以通过还田途径，将其固定在土壤中。如果经过 10～30 年努力，将土壤有机质含量提高一个百分点，则意味着每年有 10 亿～30 亿吨的二氧化碳埋在土壤里。我国有大量的农民，如果将他们充分动员起来，对温室气体减排的作用将是巨大的。耕地固碳的潜力到底有多大，这需要生态科学家用第一手的数据来证明。

以美国为主的西方国家纷纷推行“高投入、高产出、高补贴”的农业，本团队却坚持“低投入、高产出、零污染、低补贴”的农业。向土地要效益，向生物多样性要效益，杜绝急功近利，相信人民群众的力量，相信消费者的判断能力，更相信物种的力量。未来生态农业要走的路很艰难，但生态农业有光明的前途。中国要引领人们走一条人与自然、人与人协调发展的生态农业道路。

10.2.3 未来的生态农庄

农业生产遵循生态学原理，古人所说的“五谷丰登，六畜兴旺”，恰说明农业生产不能离开植物、动物、微生物与人类之间的密切配合。如果换一个角度思考农业，将被“六要素”[杀虫（杀菌、杀鼠）剂、化肥、农膜、除草剂、人工合成激素和转基因种子]夺走的利润追回并还给农民，并在此基础上实现土地升值，情景会怎么样呢？如果用足生态学原理，充分调动人的主观能动性，这并不是不能实现的。实际上，据作者调查，20 世纪 80 年代山东局部地区的小麦亩产就超过 500 千克，那个时候只使用了一点氨水。下面，以一个 1 000 人、250 户、人均耕地 1 亩的山东中等农村来设计一个生态农庄，看看这个农庄的生态是如何循环起来的。

1. 初级生产区（粮食安全保障区）

生态农庄的重要光合产物来自大田粮食生产，在这方面，C4 植物玉米最具优势。山东一带为小麦-玉米轮作两熟制，在水、肥等管理措施到位的前提下，实现吨粮田已不是难事。用该村 500 亩地生产粮食，可产出 500 吨粮和 600 吨秸秆（均为干重）。由于该区域重点是捕获太阳光能，并固定碳，同时生产粮食与秸秆，其经济效益如果去掉人工等成本是不明显的。即使如此，该村如果获得 500 吨粮食，也相当于 500 亩地平均单产 1 000 千克，超过了国家平均值（300 千克），实现了粮食安全。

2. 次级生产区（一次升值区）

根据本团队的前期试验结果，每 7 千克左右秸秆配合 2 千克粮食可转化为 1 千克活牛重。这样，大田区产出的 600 吨秸秆，加上 170 吨粮食，可转化为约 85 吨活牛重；同时可生产 3 000 多吨鲜牛粪，用于产生能源和生产有机食物，利用反刍动物实现了秸秆等废弃物的第一次升值。如果要充分利用秸秆，该生态农庄约需 200 头牛就可成功实现。

3. 有机食物生产区（二次升值区）

将剩余的 500 亩地，利用其中的 400 亩地生产有机蔬菜（洋葱、胡萝卜、马铃薯等适合长距离运输的蔬菜）、100 亩地生产有机水果。因为生态农庄有大量的有机肥，按照国家或者欧盟的标准生产有机食品，优质优价，可实现亩收入过万元。这是重要的升值区域，所需要的大量有机肥来自动物生产。动物生产剩余的有机肥，再加上人粪尿、沼渣、沼液，大量回到粮食生产区，可保障持续的初级生产。粮食生产区不足的营养元素，还可以通过作物倒茬、休茬、种植豆科牧草等实现“用地养地”。

4. 庭院经济区（三次升值区）

山东一带农户每家基本上有250～260平方米的农家院，这是非常重要的生活居住区。可充分利用其空间发展庭院经济：种植5～8株葡萄或樱桃；利用平房屋顶空间养殖50～100平方米左右的蝗虫，将农田里令人头疼的杂草转化为昆虫蛋白质；再将牲口圈改造，饲养2～3头肉牛；利用地下空间建立沼气池，生产沼气；结合太阳能，杜绝外界化石能源输入。其余少量空间可养殖鸡、鸭、鹅、狗等。按照该设计方案户均庭院毛收入1万元。

5. 乡村经济开发区（四次升值区）

由于生态农庄杜绝了使用“六要素”，并通过严格的生态措施杜绝了传统“三害”（苍蝇、蚊子、蟑螂）骚扰；在所有的空间种植树木、灌木和草本植物，恢复河流、沟渠、池塘湿地，缓解旱情，严格保护大树与古树，使空气新鲜、水源清洁、食物飘香、鸟语花香，这样的农庄对城市人群是非常有吸引力的。可以围绕餐饮、住宿、交通、银行、保险、娱乐、修理、加油站、理发、服装、农业观光等，分离出20～30户从事第三产业，使从事3个产业的农户实现年均收入10万元。

6. 能源生产区（五次升值区）

利用农户庭院建设沼气池，实现厨房革命和厕所革命，在沼气池中实现生活污水、废弃物处理，既生产能源，又生产有机肥。待生态农庄有了雄厚的经济基础后，建设大型沼气池，除满足农户日常需求外，夏秋季大量过剩的沼气可以做成罐装沼气，出售给城镇或直接驱动汽车。总之，农村是巨大的“能源矿”。

7. 教育、文化、医疗、娱乐与休闲区

在农民负担中，教育消费占大部分，从幼儿园开始直到大学毕业，家长为学生投入的费用高达13万～15万元。农村大学生就业也是大问题，教育造成的浪费巨大。如果从小学开始，高薪聘请高素质的教师任教，恢复过去的“村村有小学”，那么农民可节省大量的教育费用。除此之外，农民医疗负担也很重，生态农庄可利用公共财富及国家投资解决农民的上述负担，将过去被医院、交通和城市赚走的钱留在农村，鼓励青壮劳动力返乡，逐步将农村建设为适合人类居住，有就业、有消费、有欢乐、有尊严的理想之地。

生态农庄告别“六要素”后，经过生态循环，效益提高了多少呢？由于远离了危害食品安全的“六要素”，并减少了化石能源使用，其产品质量大幅提高。价格方面，按翻一倍计算，上述产业按毛收入计算，初级生产收入为105万元，次级生产收入为238万元，有机食物收入为500万元，庭院经济收入为125万元，第三产业收入为300万元，这样全生态农庄的毛收入就可逾千万元。因为生产资料基本依靠农业生态系统自身提供，投入的仅为劳动力和部分机械能，生产成本大幅下降，按投入占毛收入的 1/3 计算，该生态农庄也可实现年均 700 万元的纯利润。

同样的 1 000 亩地目前能够收入多少呢？在现代农业模式下，山东农民种植两季（小麦或大蒜、玉米），不但辛苦，而且纯收入不足 1 000 元/亩，1 000 亩耕地收入 100 万元左右。这是年景好的时候，遇到市场行情不好，入不敷出。生态学的方法实现了“1 大于 6”（1 个生态技术大于 6 个现代技术），且六七倍地提高效益。试想什么样的单一技术能有生态学这样的“威力”呢？全国 50%的农庄实现了有机种养（农庄农民自己吃的是有机食品），可为国家解决如环境污染、乡村能源、粮食安全、农民就业等一系列复杂的社会、经济与环境问题。

10.3　未来农业科技暴发点

在我国，1981～2015 年，化肥施用量增加了 4 260 万吨（郭立月，2015）。在现代农业中农畜是分开的，元素不能有效循环，生态平衡被打乱，不得不依靠大量化学物质投入，造成耕地退化，农业生物多样性下降。由于种地不养地，我国各地农田出现了不同程度的退化，耕地出现板结、酸化、化学化，原本的高产田下降到中产田或低产田。针对这一严酷的现实，须利用生态学原理，从秸秆、害虫、杂草、堆肥综合开发利用入手，从源头杜绝使用杀虫（杀菌、杀鼠）剂、除草剂、化肥、激素，研发一整套高效生态农业技术体系，建立健康、安全、高产的高效生态农业。

1）利用农田作物制造光合产物和草原空间优势，实现种养有机结合

我国农田除生产约 6 亿吨粮食外，还生产了约 9 亿吨秸秆（李宗奉 等，2009；Zheng et al.，2010）。我国 60 亿亩草原仅生产 3 亿多吨干物质，即传统意义上的牧草。由于过度利用，广袤的草原出现了严重的退化，国家不得不投入大量的资金进行治理（李青丰，2013）。在农区发展禽类养殖业，由于土地面积限制，不得不将动物压缩到很小的空间内（李德州，2014）。因此，建议发展“畜南下、禽北上”的创新性模式，即将传统牧业南移，利用农区废弃的秸秆养牛，牛粪还田，增加产量并发展生态农业；将养殖禽类放在草原，减少大型牲畜数量，保证牧民经济收入，同时促进自然恢复，取得双赢的效果（苏加义和赵红梅，2006）。

国际和国内生态农业通常将重点放在种植环节，有机肥从他处购买，尚未注重有机肥的生产。高效生态农业模式在较小的循环体系（一个村庄）内建立了农业和牧业的耦合模式，将农作物制造的 60%以上的光合产物（秸秆）有效利用起来。

通过对农业和草地进行系统研究，研发遮雨分隔式微贮鲜秸草青贮池，解决秸秆在青贮过程中因淋雨而造成腐烂率高的问题，发酵效果好，损失率低。将秸秆微发酵生产出的微贮鲜秸秆配合花生糠喂牛，通过大型反刍动物转化，产生大量有机肥。解决秸秆青贮及牛的饲料来源问题，避免秸秆在田间焚烧，保护了大气环境。同时，研发为沙质草地恢复植被、发展生产的方法，每亩草地养殖大约30只鸡，既可促进草地恢复，又保证牧民收入不减。

2）创建高效有机肥生产的技术体系，解决生态农业中关键的制约因素，为有机植物种植提供技术保障，控制农业生产面源污染

国内生态农业中常用的堆肥方式有常规堆肥、生物动力学堆肥和蚯蚓堆肥。常规堆肥即直接堆制动物粪便，利用堆积时所产生的高温（60～70℃）杀死原材料中含有的病菌、虫卵和杂草种子，实现无害化。但常规堆肥时间较长，而且往往达不到能杀死病原菌的温度，导致病原菌较多。生物动力学堆肥即在堆肥材料中添加少量的有机物质，这些生物准备过程的主要目的不是添加营养物质，而是刺激堆肥过程中的营养和能量循环，加速分解，改善土壤性质和作物品质，与常规堆肥相比，生物动力学堆肥能增加土壤有机碳含量和氮含量，增加微生物生物量和生物活性，并且减少磷的流失，但是堆制过程比较烦琐。蚯蚓堆肥是指在粪便里饲养蚯蚓，能够加速有机肥中有机质的分解，提高有机肥中植物可吸收利用养分的含量（Guo et al.，2015），使有机肥更稳定、更均匀，但要对原料的碳氮比进行调整。

未来生态农田的有机肥来源重在就地取材。将秸秆等所有光合产物经动物转化，产生有机肥，添加适量矿物磷肥和矿物钾肥以补充磷、钾肥，添加虾蟹壳粉起到抗生作用，缩短堆肥时间。在动物饲料里添加适量的豆粕等植物蛋白质，经动物转化产生的有机肥，不用调整碳氮比，即可经过蚯蚓处理产生优质有机肥，替代化肥，从源头减少由化肥引起的面源污染问题，使退化耕地得到修复，综合产量高于单纯施用化肥的作物产量，低产田逆转为高产田。

3）利用生态平衡的方式建立农田生物多样性，建立害虫防治的综合技术体系，实现生态农业“零农药”目标

结合“3S”技术建立多种农林害虫的监测预警系统，同时以源头预防为主（乌云塔娜 等，2010；郭立月，2015），其主要做法如下：①利用诱虫灯诱捕交配或未交配的雌虫，不使雌虫留下后代，从源头减少害虫种群暴发概率；②利用天敌昆虫捕食；③利用诱集植物的保护；④利用植物本身的抵抗力。采用物理与生物方法相结合管理物种，利用物种天敌来控制种群恶性膨胀面积，解决农田虫害的早期防控问题，成功控制农田害虫，使作物产量持续升高，并达到吨粮田水平。这样，我国仅需要6亿亩农田就能够生产出6亿吨主粮，所使用的耕地面积仅占全国耕地面积的1/3。

4）统筹城乡发展，将可降解生物质氮还原到农业生态系统中

随着人们物质生活水平的提高，我国城乡生活垃圾量呈逐渐增多的趋势，其中可降解生活垃圾排放量也不断增加，由此带来严重的环境污染问题。2018年，我国城乡生活垃圾量达到31 037万吨，城乡可降解生活垃圾含氮量随之升高，2018年可降解生活垃圾含氮量为72.59万吨。城乡可降解生活垃圾主要由厨余、纸张及木屑组成，其氮储量分别为62.34万、6.55万和3.70万吨。其中，厨余垃圾氮储量占86%，相当于全国农业栽培植物实际吸收化学合成氮量的10%，可通过农田转换为有机粮食。试验表明1千克厨余垃圾（干重）可转化为1.53千克有机粮食，我国可降解生活垃圾（厨余垃圾）拥有生产4 608万吨有机粮食的潜力。因此，通过生态农业将可降解生活垃圾循环利用起来，从而替代化学肥料，既养了土地，又增加了粮食供应，还解决了垃圾污染问题。

5）将食品废弃物通过农田、果园、菜园等重新转化回食物

除了生活垃圾，通过生态农田降解并能够替代化肥的物资还包括果蔬废弃物、粮仓的陈化粮、酒糟、醋糟、烟草加工废弃物、中草药渣、屠宰场肉及毛发废弃物、海洋及水产废弃物等。我国是果蔬生产大国，在传统蔬菜产业中，对从田间生产到市场销售，再到加工、食用的整个过程产生的蔬菜废弃物，常见的处理方式是堆置、焚烧、填埋，或还田、堆肥、喂养畜禽。随着我国蔬菜种植面积不断扩大、蔬菜总产量不断增加，以及人们对蔬菜品质的要求不断提高，蔬菜废弃物的产生量也急剧上升。据统计，2013年我国蔬菜种植面积约2 300万公顷，年产量近7亿吨，而蔬菜废弃物总量达到2.69亿吨左右，可资源化利用的蔬菜废弃物为2.15亿吨（杜鹏祥 等，2015；宋玉晶和柴立平，2018）。上述物质通过生态农田、果园、菜园、中草药园等重新生成食物或中草药，变废为宝，增加食物供应。但需要研发相应的技术，实现上述生态循环。

10.4 高效生态农业

生态学在农业中的应用方向非常明确。首先是解决吃饭问题，即发展生态农业；其次是解决自然保护问题，即物种与生境就地自然保护；最后是为迁移进城市的人群创造一种近自然的生态空间。未来理想的生态农业模式是，将生态农业发展成为一种能够保护耕地与提高作物质量、适当增产、保护环境、带动就业、带动养老、保障健康的高效益的生态农业。

1. 我国近50%的人口生活在城市化乡村中

如果生活在城市化乡村中的人们从事有机食品生产、加工、销售、服务的涉农产业，那么他们吃的是有机食品，住的是别墅或准别墅；呼吸的是清新的空气；

喝的是没有污染的水；他们居住的环境鸟语花香；他们愉快地劳作，人们之间有分工但不竞争，有合作但不吃“大锅饭”；他们之间有亲情，更有人情；他们活到百岁自然老去；他们是一类快乐的人群；他们的职业是稳定的；他们不受市场的剥削，有自己的定价权。因此，在当前城镇化热潮中，我们需要反思，需要逆城市化，将城市中合理的要素（市政设施、医疗设施、卫生设施、娱乐设施、学校、银行、暖气、空调）搬到农村，而不是将人装进城市。这样，大量资金向农村流动，而不是让农民砸锅卖铁进城，从此永远告别“三留守”现象。

2. 生态农业的生态环境优美

理想的生态农业模式是告别了化学化主导的对抗模式，人类尝试了半个多世纪的化学化农业模式，被证明是不可持续的。生态农业远离杀虫（杀菌、杀鼠）剂、化肥、农膜、除草剂、人工合成激素和转基因种子 6 项不可持续的技术，但不排斥现代的物理与农业机械技术。农民种地再也不用担心害虫危害，而是有专业的队伍负责创造无虫害的农田环境，其动力来自太阳能；农民开的拖拉机、收割机里燃烧的是沼气等生物质能。农民不仅生产了人类赖以为生的健康食品和衣物，生产了预防或治疗疾病的有机中草药，生产了可供城市消费的宠物、花卉、苗木，还生产了能源。在这一切生产过程中，农民都没有增加对大自然的掠夺，他们利用的仅仅是太阳能，利用的是大自然创造的万物生灵。

3. 高效生态农业效益大幅提高

高效生态农业效益大幅提高即有机农产品的价格必须在现有基础上翻几倍，足以带动农民在家务农，足以吸引资本下乡，足以吸引生态专业、农学专业、管理专业的大学生在乡村就业。有文化的“农二代”不必进城打工，在家乡就能就业，就能过上非常舒适的生活。农民也要开汽车、住别墅、使用互联网，他们的收入来自高效的生态农业产业模式。高效生态农业通过科技、信息、资本、管理的投入而升值，其增值部分，一来自国内外的市场，二来自政府的农业投入，三来自政府对退化环境修复与污染治理的投入，四来自社会公益团体。发展高效生态农业，从源头恢复被严重污染的自然生态环境、农业生态环境、社会道德诚信环境。

4. 使将近 70%的国土得到严格保护，从此远离化学物质的污染

用我国约 18 亿亩农田中的 6 亿亩低产田发展高效生态农业，保护 60 亿亩的草原（1 亩农田产生的秸秆生物量相当于 10 亩草原生物量）；还有 24 亿亩的森林、9.9 亿亩的湿地、300 万平方公里海洋，这些区域完全可以告别现代农业“六要素”，生产出安全的有机食品。这样，可以留下近 70%的国土给后代开发。在高效生态

农业带动的其他区域，可以达到减少一半的化肥使用量而作物不减产，减少70%～90%的农药使用量而不暴发虫灾。

5. 实现人与人、人与自然的和谐发展

高效生态农业之所以重要，是因为这个促进人类社会和谐发展的产业，从来强调的就是人与人、人与自然的和谐，遵循的是生态学上的种间和谐共生原理，而非竞争对抗乃至相互残杀的做法。在高效生态农业链条中的人，无论是农民还是城市人，无论是高官还是乞丐，他与小麦、玉米，乃至牛羊、害虫、杂草一样，是一个物种，物种有其生存的基本权利，而这个权利不能因任何原因而被剥夺。

10.5 发起真正的绿色革命

第一次绿色革命解决了19个发展中国家粮食自给自足问题。但是，此期间全球人口同步激增，环境污染加剧。要解决这一问题，需要发起真正的绿色革命，即以生态学为主导的绿色革命。

无论在理论上还是实践中，用生态学的方法完全能够生产出足够数量的食物满足人类的日常生活需求，且避免大量的食物浪费与环境污染。令人担心的产量问题其实可以通过科技进步解决。以我国为例，农田中有9亿吨秸秆；养殖场有38亿吨畜禽粪污（仅猪粪就达6亿吨）（杨帆 等，2010）；屠宰场有6亿吨内脏、下水等废弃物；城乡生活垃圾中有3.1亿吨可降解的植物光合产物，均可通过土地系统转化、重新生产出粮食、水果、蔬菜等，甚至中草药，同时从源头解决了环境污染问题。除此之外，广袤的草原、森林、天然湿地、辽阔的海洋中还分布有大量的人类食物或饲料原料，都可以在保护环境的前提下提供大量的食物。

添加进农业生态系统中的有害化学物质，会通过食物链的放大作用进入人体，进入人体中的那些非生命元素尤其是重金属，以及“三致”（致病、致癌、致突变）有机化合物是无法从人体中排出去的，日积月累会带来健康隐患。体内毒素长年累月、层层沉积形成毒垢，牢固地附着在五脏六腑及各种管道的组织细胞上，甚至骨缝中，不易被人体代谢。另外，采用工业化方法生产食物，其营养成分下降，造成“营养空洞”“隐性饥饿”等。

从源头控制环境污染。从农业生产源头不用农药、化肥、地膜等，可大幅减少工业生产与农业应用过程中的环境污染。为家畜生产饲料时可以使用少量的化肥和农药，进行集约化种植，但这不在生态农业考虑的范围之内。人类面临的很多环境问题，如环境污染、全球变暖、臭氧层消失及生物多样性消失等，都与人类从事工业化农业有很大的关系（Tang et al.，2010）。

要保护种子及人类几万年驯化而来的动植物物种。为追求产量，采用杂交、转基因技术以后，很多作物不能留种，农业受制于人，并造成一些优良的遗传基因丧失。以高粱为例，虽然杂交高粱可以实现亩产千斤，但容易遭受病虫害，酿酒口感差，而传统的红高粱虽然产量低，但亩产也有三四百斤。但由于民间不留种，如今已经很难找到红高粱种子了。因此，在利用杂交等技术带来优势的同时，要注意对种质资源进行保护。

保留我国传统的农业技艺。不合理的农业模式、农产品廉价导致社会分工不合理，农业附加值低，年轻人不愿意从事农业。靠发达国家提供的用工业化、化学化、生物技术化生产的食物，不适合人类食用。要接受我国通信无芯被人“卡脖子”的教训，牢记中国人的饭碗必须端在自己手里，这就需要农业必须成为令人羡慕的产业。没有农民参与的生态农业是假的生态农业，是不可持续的。只有农业附加值高，从事农业的农民收入高，这个产业才能可持续发展。

只有唤醒消费者，才能从源头减少重大疾病的发生。医生应当建议患者从源头注意饮食安全，而不是等到有病发，靠药物和医疗器具来医治。

目前我国实施乡村振兴战略，要实现乡村振兴，必须遏制乡村消失趋势。有些地方实行撤乡并镇，让农民上楼，原本存在了几千年的乡村消失，这是非常令人痛心的。美丽乡村是适合人类居住的，一方水土养一方人，不必舍近求远、违背农民意志模仿西方人的城市化。目前年轻人群中出现的不孕不育问题应当引起高度重视，一个不能留下遗传基因的民族是非常危险的。食物链中充满了各种破坏生殖细胞或生殖系统的有害物质应当将其减少到最低水平，如除草剂、激素、塑化剂、重金属等应从人类食物链中逐步清除出去。

参考文献

白由路, 2019. 植物营养中理论问题的追本溯源[J]. 植物营养与肥料学报, 25（1）: 1-10.

边金凤, 2009. 节水增效农田灌溉新技术: 膜下滴灌[J]. 农民致富之友, 3（3）: 30.

博文静, 郭立月, 李静, 等, 2012. 不同耕作与施肥方式对有机玉米田杂草群落和作物产量的影响[J]. 植物学报, 47（6）: 637-644.

蔡美芳, 李开明, 谢丹平, 等, 2014. 我国耕地土壤重金属污染现状与防治对策研究[J]. 环境科学与技术, 37（120）: 223-230.

车晋滇, 2008. 北京市麦田杂草群落演替与防除技术[J]. 杂草科学（2）: 26-30.

陈恒铨, 詹岚, 1989. 棉田种植诱集带诱杀棉铃虫的效果[J]. 新疆农业科学（6）: 26.

陈佳鹏, 林刚, 周宝森, 2004. 农药暴露与女性乳腺癌的相关性研究[J]. 中国公共卫生, 20（3）: 289-290.

陈洁, 梁国庆, 周卫, 等, 2019. 长期施用有机肥对稻麦轮作体系土壤有机碳氮组分的影响[J]. 植物营养与肥料学报, 25（1）: 36-44.

陈丽, 郝晋珉, 王峰, 等, 2016. 基于碳循环的黄淮海平原耕地固碳功能研究[J]. 资源科学, 38（6）: 1039-1053.

陈能场, 2015a. 从“镉米杀机”到“土十条”[J]. 景观设计学, 3（6）: 30-35.

陈能场, 2015b. 构建土壤健康 助力化肥农药零增长[J]. 甘肃农业（13）: 57.

陈世国, 强胜, 2015. 生物除草剂研究与开发的现状及未来的发展趋势[J]. 中国生物防治学报, 31（5）: 770-779.

陈欣, 王兆骞, 唐建军, 2000. 农业生态系统杂草多样性保持的生态学功能[J]. 生态学杂志, 19（4）: 50-52.

成升魁, 高利伟, 徐增让, 等, 2012. 对中国餐饮食物浪费及其资源环境效应的思考[J]. 中国软科学（7）: 106-114.

崔明理, 2016. 2016 年世界有机农业“白皮书”发布[J]. 农产品市场周刊（8）: 5.

代会会, 2015. 豆科间作和地表覆盖对作物生长和土壤养分的影响研究[D]. 上海: 上海大学.

邓向东, 任小林, 朝鲁, 2016. 发展生态农业从根本上治理耕地“白色污染”[J]. 农村牧区机械化（5）: 18-19.

杜华, 王玲, 孙炳剑, 等, 2004. 防治植物病害的生物农药研究开发进展[J]. 河南农业科学（9）: 39-42.

杜鹏祥, 韩雪, 高杰云, 等, 2015. 我国蔬菜废弃物资源化高效利用潜力分析[J]. 中国蔬菜（7）: 15-20.

杜相革, 董民, 曲再红, 等, 2004. 有机农业和土壤生物多样性[J]. 中国农学通报, 20（4）: 80-81, 83.

杜晓童, 廖森泰, 邹宇晓, 等, 2018. 昆虫活性蛋白的功能和抗菌机制及开发利用研究进展[J]. 蚕业科学, 44（4）: 638-644.

杜叶红, 胡美华, 叶飞华, 2019. 水旱轮作对土壤性状及大棚瓜菜生产的影响[J]. 浙江农业科学, 60（5）: 774-775, 778.

方精云, 2000. 全球生态学: 气候变化与生态响应[M]. 北京: 高等教育出版社.

冯宜林, 2003. 黄色粘虫板诱杀斑潜蝇技术研究[J]. 甘肃农业科技（11）: 47-48.

高宝嘉, 2005. 雾灵山森林植物与节肢动物群落结构及多样性研究[D]. 北京: 北京林业大学.

戈峰, 2001. 害虫区域性生态调控的理论、方法及实践[J]. 昆虫知识（5）: 337-341.

龚伟, 胡庭兴, 王景燕, 等, 2007. 川南天然常绿阔叶林人工更新后土壤团粒结构的分形特征[J]. 植物生态学报, 31（1）: 56-65.

顾德兴, 1989. 杂草中的拟态[J]. 自然杂志（10）: 766-768, 800.

顾德兴, 1994. 杂草性状的选择[J]. 杂草科学（4）: 2-6.

郭冬梅, 吴瑛, 2011. 南疆棉田土壤中邻苯二甲酸酯（PAEs）的测定[J]. 干旱环境监测, 25（2）: 76-79.

郭立月, 2015. 沂蒙山区环境友好型冬小麦-夏玉米害虫防控与肥料配施技术效益研究[D]. 北京: 中国科学院植物研究所.

郭胜利, 党廷辉, 郝明德, 2005. 施肥对半干旱地区小麦产量、NO_3^--N 积累和水分平衡的影响[J]. 中国农业科学, 38（4）: 754-760.

国家环境保护总局, 2000. “三河”“三湖”水污染防治计划及规划[M]. 北京: 中国环境科学出版社.

国家统计局农村社会经济调查局, 2021. 中国农村统计年鉴[D]. 北京: 中国统计出版社.

国土资源部中国地质调查局, 2015. 中国耕地球化学调查报告[R].（2015-05-26）[2022-08-10]. https://huanbao.bjx.com.cn/news/ 20150626/635198.shtml.

海生, 2004. 实用节水灌溉技术之五: 微喷灌技术[J]. 当代农机（1）: 18-19.

韩晓增, 李娜, 2018. 中国东北黑土地研究进展与展望[J]. 地理科学, 38（7）: 1032-1041.

何笙, 王朝阳, 赵珠莲, 等, 1990. 大白菜应用银灰膜避蚜防病增产效果[J]. 新疆农业科学（3）: 120-121.

侯红乾, 李世清, 李生秀, 2007. 不同施氮条件下麦田杂草氮素吸收的研究[J]. 麦类作物学报, 27（3）: 548-553.

胡晓, 张敏, 2008. 有机磷农药对土壤微生物群落的影响[J]. 西南农业学报, 21（2）: 384-389.

胡晓寒, 秦大庸, 2006. 黄河流域污水处理与回用现状及展望[J]. 人民黄河（12）: 28-29, 32.

胡亚洲, 2018. 调亏灌溉在农业中的应用分析[J]. 现代农业科技（22）: 170, 172.

胡越, 周应恒, 韩一军, 等, 2013. 减少食物浪费的资源及经济效应分析[J]. 中国人口•资源与环境, 23（12）: 150-155.

黄伟, 郭燕枝, 2014. 我国雨养农业发展的现状和展望[J]. 河南农业（17）: 60.

黄耀, 孙文娟, 2006. 近 20 年来中国大陆农田表土有机碳含量的变化趋势[J]. 科学通报, 51（7）: 750-763.

蒋高明, 1989. 城市中的伴人植物[J]. 植物学通报, 6（2）: 116-120.

蒋高明, 2004. 植物生理生态学[M]. 北京: 高等教育出版社.

蒋高明, 2012. 中国未来农业向哪里去: “生态农业: 试验与前景”专栏主持人语[J]. 工程研究: 跨学科视野中的工程, 4（1）: 7-9.

蒋高明, 刘美珍, 牛书丽, 等, 2011. 浑善达克沙地 10 年生态恢复回顾与展望[J]. 科技导报, 29（25）: 19-25.

蒋高明, 吴光磊, 程达, 等, 2016. 生态草业的特色产业体系与设计: 以正蓝旗为例[J]. 科学通报, 61（2）: 224-230.

蒋高明, 郑延海, 吴光磊, 等, 2017. 产量与经济效益共赢的高效生态农业模式: 以弘毅生态农场为例[J]. 科学通报, 62（4）: 289-297.

蒋志斌, 2018. 农田玩出新花样“稻虾”共生效益高: 记湖南省长沙县新型职业农民涂旭[J]. 农民科技培训（4）: 39-40.

靖湘峰, 雷朝亮, 2004. 昆虫趋光性及其机理的研究进展[J]. 昆虫知识（3）: 198-203.

巨晓棠, 张福锁, 2003. 中国北方土壤硝态氮的累积及其对环境的影响[J]. 生态环境, 12（1）: 24-28.

康绍忠, 潘英华, 石培泽, 等, 2001. 控制性作物根系分区交替灌溉的理论与试验[J]. 水利学报, 32（11）: 80-86.

康绍忠, 张建华, 梁宗锁, 等, 1997. 控制性交替灌溉: 一种新的农田节水调控思路[J]. 干旱地区农业研究, 15（1）: 1-6.

康轩, 黄景, 吕巨智, 等, 2009. 保护性耕作对土壤养分及有机碳库的影响[J]. 生态环境学报, 18（6）: 2339-2343.

李德州, 2014. 草原退化原因与草原保护长效机制的构建研究[J]. 当代畜牧（5）: 15-16.

李冠甲, 刘朝晖, 赵琦, 等, 2018. 黄板在小麦蚜虫防控中的作用[J]. 农业科技通讯（3）: 64-66.

李合生, 2012. 现代植物生理学[M]. 3 版. 北京: 高等教育出版社.

李红娜, 叶婧, 刘雪, 等, 2015. 利用生态农业产业链技术控制农业面源污染[J]. 水资源保护, 31（5）: 24-29.

李建波, 2018. 沼液在我国植物病虫害防治上的应用[J]. 中国沼气, 36（3）: 92-97.

李金鞠, 廖甜甜, 潘虹, 等, 2011. 土壤有益微生物在植物病害防治中的应用[J]. 湖北农业科学, 50（23）: 4753-4757.

李明姝, 王瑶瑶, 郝毅, 等, 2018. 华北小麦玉米轮作体系下土壤重金属污染研究进展[J]. 山东农业科学, 50（12）: 144-151.

李青丰, 2013. 草地畜牧业生产方式调整: 草业发展的机遇与挑战[J]. 草原与草业, 25: 11-15.

李顺鹏, 蒋建东, 2004. 农药污染土壤的微生物修复研究进展[J]. 土壤, 36（6）: 577-583.

李涛, 华朝晖, 林少波, 等, 2009. 栗疫病菌单个营养体不亲和性基因差异对弱毒性病毒传递的影响[J]. 南京农业大学学报, 32（2）: 65-69.

李为争, 杨雷, 申小卫, 等, 2013. 金龟甲对蓖麻叶挥发物的触角电位和行为反应[J]. 生态学报, 33（21）: 6895-6903.

李现华, 张树礼, 尚学燕, 等, 2005. 发展有机农业与生物多样性保护[J]. 内蒙古环境保护, 17（2）: 11-15.

李霄, 2011. 有机肥与化肥配施对土壤微生物群落及作物产量影响研究[D]. 北京: 中国科学院植物研究所.

李新, 焦燕, 杨铭德, 2014. 用磷脂脂肪酸（PLFA）谱图技术分析内蒙古河套灌区不同盐碱程度土壤微生物群落多样性[J]. 生态科学, 33（3）: 488-494.

李勇, 2013. 有机无机肥配施对土壤团聚体碳及微生物群落结构的影响[D]. 北京: 中国科学院植物研究所.

李云河, 彭于发, 李香菊, 等, 2012. 转基因耐除草剂作物的环境风险及管理[J]. 植物学报, 47（3）: 197-208.

李宗奉, 郑延海, 刘雪莉, 等, 2009. 农村废弃生物质资源开发获重要突破[J]. 生态学报, 29（9）: 5158-5160.

梁书民, 2011. 中国雨养农业区旱灾风险综合评价研究[J]. 干旱区资源与环境, 25（7）: 39-44.

刘彩霞, 焦如珍, 董玉红, 等, 2015. 应用 PLFA 方法分析氮沉降对土壤微生物群落结构的影响[J]. 林业科学, 51(6): 155-162.

刘海涛, 2016. 有机种植模式下作物高产机理与效益分析: 以弘毅生态农场为例[D]. 北京: 中国科学院植物研究所.

刘红梅, 赵建宁, 王志勇, 等, 2011. 供氮水平和有机无机配施对夏玉米氮利用效率的影响[J]. 中国农学通报, 27（12）: 77-81.

刘鸣达, 黄晓姗, 张玉龙, 等, 2008. 农田生态系统服务功能研究进展[J]. 生态环境（2）: 834-838.

刘霞，2022. 421ppm!大气中二氧化碳浓度 5 月攀新高[N]. 科技日报，2022-06-08（004）.

刘晓忠, 汪宗立, 高煜珠, 1991. 涝渍逆境下玉米根系乙醇脱氢酶活性与耐涝性的关系[J]. 江苏农业学报, 7（4）: 1-7.

刘旭霞, 汪赛男, 2011. 转基因作物与非转基因作物的共存立法动态研究: 以美、日、欧应对基因污染事件为视角[J]. 生命科学, 23（2）: 216-220.

刘亚柏, 刘伟忠, 马军, 等, 2017. 句容葡萄园健康土壤培育措施探析[J]. 农学学报, 7（12）: 42-45.

刘亚苓, 于营, 雷慧霞, 等, 2019. 植物病害生防因子的作用机制及应用进展[J]. 中国植保导刊, 39（3）: 23-28.

娄庭, 龙怀玉, 杨丽娟, 等, 2010. 在过量施氮农田中减氮和有机无机配施对土壤质量及作物产量的影响[J]. 中国土壤与肥料（2）: 11-15.

吕军杰, 姚宇卿, 王育红, 等, 2003. 不同耕作方式对坡耕地土壤水分及水分生产效率的影响[J]. 土壤通报, 34（1）: 74-76.

马国胜, 薛吉全, 路海东, 等, 2007. 播种时期与密度对关中灌区夏玉米群体生理指标的影响[J]. 应用生态学报, 18（6）: 1247-1253.

马海芹, 2003. 转 Bt 基因棉对棉田非靶标生物及次要害虫的影响研究[D]. 南京: 南京农业大学.

马力, 杨林章, 肖和艾, 等, 2011. 长期施肥和秸秆还田对红壤水稻土氮素分布和矿化特性的影响[J]. 植物营养与肥料学报, 17（4）: 898-905.

孟杰, 2016. 有机苹果园土壤生物多样性、果实品质与经济效益研究[D]. 北京: 中国科学院植物研究所.

莫金桦, 赵瑰丽, 李思慧, 等, 2018. 2005～2014 年不孕不育门诊男性人群精液质量的单中心研究[J]. 生殖医学杂志, 27（4）: 368-371.

穆心愿, 2016. 耕作方式与秸秆还田对黄淮潮土性质及小麦玉米生长的调控效应[D]. 郑州: 河南农业大学.

南博一，韩丽婷，2019. UN 报告：全球百万物种遭遇灭绝危机，人类社会处于危险境地[EB/OL].（2019-05-07）[2020-10-11]. https://www.ipbes.net/global-assessment.

欧国良，吴刚，2015. 我国城镇化与工业化进程中的土地污染问题[J]. 社会科学家，2: 73-78.

欧阳芳，王丽娜，闫卓，等，2019. 中国农业生态系统昆虫授粉功能量与服务价值评估[J]. 生态学报，39（1）: 131-145.

钱晓辉，孟德财，李茂林，2000. 试述农业节水灌溉中的渗灌技术[J]. 农机化研究（4）: 72-73.

强胜，2010. 我国杂草学研究现状及其发展策略[J]. 植物保护，36（4）: 1-5.

邱学礼，高福宏，方波，等，2011. 不同土壤改良措施对植烟土壤理化性状的影响[J]. 西南农业学报，24（6）: 2270-2273.

任乃芃，曲善民，刘香萍，等，2021. 黑龙江省大庆市草地蝗虫发生动态研究[J]. 畜牧与饲料科学，42（5）: 61-65.

单峰，黄璐琦，郭娟，等，2015. 药食同源的历史和发展概况[J]. 生命科学，27（8）: 1061-1069.

邵颖，李强，曹晓华，等，2017. 泾惠渠灌区冬小麦合理灌溉制度研究[J]. 节水灌溉（11）: 16-20.

沈斌斌，任顺祥，2003. 黄板诱杀及其对烟粉虱种群的影响[J]. 华南农业大学学报（4）: 40-43.

史文娟，胡笑涛，康绍忠，1998. 干旱缺水条件下作物调亏灌溉技术研究状况与展望[J]. 干旱地区农业研究，16（2）: 84-88.

史学正，于东升，高鹏，等，2007. 中国土壤信息系统（SISChina）及其应用基础研究[J]. 土壤，39（3）: 329-333.

宋玉晶，柴立平，2018. 我国蔬菜废弃物综合利用模式分析：以寿光为例[J]. 中国蔬菜，1: 12-17.

苏加义，赵红梅，2006. "北繁南育"发展现代种畜产业[J]. 畜牧与饲料科学，27（6）: 40-42.

苏琴，2011. 化学防治与生物防治的优缺点浅析[J]. 内蒙古农业科技（6）: 84-85, 132.

苏少泉，2007. 除草剂助剂及其应用[J]. 农药研究与应用，11（5）: 3-7.

孙海峰，王喜军，周磊，等，2005. 中药提取物对龙胆斑枯病病原菌抗菌活性的筛选[J]. 东北林业大学学报，33（2）: 96-97.

孙洪仁，韩建国，张英俊，等，2004. 蒸腾系数、耗水量和耗水系数的含义及其内在联系[J]. 草业科学，21（增刊）: 522-526.

孙景生，康绍忠，2000. 我国水资源利用现状与节水灌溉发展对策[J]. 农业工程学报，16（2）: 1-5.

孙宁科，索东让，2011. 有机肥与化肥长期配施对作物产量和灌漠土养分库的影响[J]. 水土保持通报，31（4）: 42-46.

孙晓飞，2018. 真菌性病害主要症状要点简述[J]. 现代农业（4）: 22.

谭伯勋，1989. 干旱地区土壤的灌溉和保墒[M]. 北京：农业出版社.

谭东，2018. 番木瓜畸形花叶病毒弱毒突变体的筛选及其交叉保护作用[D]. 海口：海南大学.

唐海龙，2012. 有机肥与化肥配施对土壤环境质量影响的研究[D]. 泰安：山东农业大学.

唐海龙，徐玉新，李勇，等，2012. 生态农业模式下耕地固碳潜力分析：以弘毅生态农场冬小麦-夏玉米轮作体系为例[J]. 工程研究：跨学科视野中的工程，4（1）: 26-33.

逯超普，颜晓元，2010. 基于氮排放数据的中国大陆大气氮素湿沉降量估算[J]. 农业环境科学学报，29（8）: 1606-1611.

万年峰，徐春春，陆建飞，等，2006. 转基因作物的生态风险性分析[J]. 农业现代化研究，27（6）: 439-442.

王长永，王光，万树文，等，2007. 有机农业与常规农业对农田生物多样性影响的比较研究进展[J]. 生态与农村环境学报，23（1）: 75-80.

王春晓，胡永红，杨文革，等，2016. 地衣芽孢杆菌 NJWGYH 833051 的抑菌作用[J]. 湖北农业科学，55(4): 904-907.

王凤民，张丽媛，2009. 微喷灌技术在设施农业中的应用[J]. 地下水，31（6）: 115-116.

王光州，2018. 土壤微生物调节植物种间互作和多样性：生产力关系的机制[D]. 北京：中国农业大学.

王华, 黄璜, 2002. 湿地稻田养鱼、鸭复合生态系统生态经济效益分析[J]. 中国农学通报, 18（1）: 71-75.

王敬中, 2006. 我国每年因重金属污染粮食达 1 200 万吨[J]. 农村实用技术（11）: 27.

王立国, 崔宝明, 张克祥, 等, 2007. 棉花枯、黄萎病的生态防治及其机理分析[J]. 现代农业科技（15）: 66-70.

王龙昌, 玉井理, 永田雅辉, 等, 1998. 水分和盐分对土壤微生物活性的影响[J]. 垦殖与稻作（3）: 40-42.

王宁, 袁美丽, 2020. 入侵植物节节麦种子萌发及幼苗生长对盐碱胁迫的响应[J]. 南京林业大学学报（自然科学版）, 44（5）: 167-173.

王淑红, 张玉龙, 虞娜, 等, 2005. 渗灌技术的发展概况及其在保护地中应用[J]. 农业工程学报, 21（增刊）: 92-95.

王曙光, 侯彦林, 2004. 磷脂脂肪酸方法在土壤微生物分析中的应用[J]. 微生物学通报, 31（1）: 114-117.

王小彬, 武雪萍, 赵全胜, 等, 2011. 中国农业土地利用管理对土壤固碳减排潜力的影响[J]. 中国农业科学, 44（11）: 2284-2293.

王晓, 陈鹏, 张硕, 等, 2019. 12 种杀虫剂对日本通草蛉不同虫态的毒力及安全性评价[J]. 植物保护, 45（2）: 211-217.

王鑫, 刘建新, 张希彪, 等, 2007. 黄土高原半干旱地区土地利用变化对土壤养分、酶活性的影响研究[J]. 水土保持通报, 27（6）: 50-55.

王彦军, 沈秀英, 王留运, 1997. 一种新型的节水灌溉技术: 渗灌[J]. 节水灌溉（2）: 3-7.

王玉, 2018. 番木瓜环斑病毒西瓜株系抗血清制备、抗性品种筛选及交叉保护[D]. 泰安: 山东农业大学.

魏琮, 罗昌庆, 2014. 蝉总科昆虫的发声行为及相关系统学与生态学研究进展[J]. 西北农业学报, 23（6）: 1-10.

温晓慧, 2010. 浅谈蓄水保墒耕作技术[J]. 现代化农业（6）: 33-34.

文佳筠, 2010. 环境和资源危机时代农业向何处去?——古巴、朝鲜和美国农业的启示[J]. 开放时代（4）: 34-44, 11-12.

乌云塔娜, 李玉灵, 蒋高明, 等, 2010. “鸡-玉米-小麦”有机模式与“玉米-小麦”常规模式生产力之比较研究: 以弘毅生态农场为例[J]. 河北农业大学学报, 33（4）: 10-16.

吴春华, 陈欣, 2004. 农药对农区生物多样性的影响[J]. 应用生态学报, 15（2）: 341-344.

吴玉娥, 姚怀莲, 林惠莲, 等, 2013. 设施蔬菜作物连作障碍研究进展[J]. 中国园艺文摘, 29（3）: 46-48.

武川县农技站, 乌盟农科所调查组, 1974. 三深耕作法: 武川县聚宝庄生产队旱地小麦增产经验[J]. 内蒙古农业科技（6）: 20-24.

西北农业大学干旱半干旱研究中心, 1992. 旱地农业蓄水保墒技术[M]. 北京: 农业出版社.

谢玉梅, 冯超, 2012. 有机农业发展和有机食品价格的国际比较[J]. 价格理论与实践（5）: 84-85.

邢福, 周景英, 金永君, 等, 2011. 我国草田轮作的历史、理论与实践概览[J]. 草业学报, 20（3）: 245-255.

熊顺贵, 2001. 基础土壤学[M]. 北京: 中国农业大学出版社.

徐国钧, 徐珞珊, 金蓉鸾, 等,1996. 中国药材学[M]. 北京: 中国医药科技出版社.

徐基胜, 赵炳梓, 张佳宝, 2017. 长期施有机肥和化肥对潮土胡敏酸结构特征的影响[J]. 土壤学报, 54（3）: 647-656.

徐树明, 龚贵金, 2018. 沼渣、沼液在水稻田的综合利用与实践[J]. 南方农机（3）: 28-29.

徐子雯, 2019. 有机管理模式下农业生态系统质量与稳定性初步研究: 以弘毅生态农场为例[D]. 北京: 中国科学院植物研究所.

续彦龙, 2015. 抗小麦纹枯病生物有机肥的制备及其效果评价[D]. 大连: 大连理工大学.

闫实, 2012. 白色污染对农业生态环境安全影响研究[J]. 农业环境与发展（5）: 40-42.

严火其, 2021. 农业害虫危害何以越来越严重[J]. 中国农史, 40（3）: 3-15.

阎世江, 张继宁, 刘洁, 2017. 施用农田除草剂的副作用: 飘移[J]. 农药市场信息, 8: 67-68.

颜慧, 蔡祖聪, 钟文辉, 2006. 磷脂脂肪酸分析方法及其在土壤微生物多样性研究中的应用[J]. 土壤学报, 43（5）: 851-859.

颜慧, 钟文辉, 李忠佩, 等, 2008. 长期施肥对红壤水稻土磷脂脂肪酸特性和酶活性的影响[J]. 应用生态学报, 19（1）: 71-75.

晏莹, 2011. 关于农村土地制度改革的探讨: 以岳阳县为例[J]. 长沙铁道学院学报（社会科学版）, 12（3）: 25-27.

杨帆, 李荣, 崔勇, 等, 2010. 我国有机肥料资源利用现状与发展建议[J]. 中国土壤与肥料（4）: 77-82.

杨合法, 李季, 范聚芳, 2006. 复合微生态制剂对棉花生长及抗病性的影响[J]. 河南农业科学（6）: 49-52.

杨靖, 2019. 不孕不育症的研究进展[J]. 广东化工, 46（10）: 77, 102.

杨峻, 侯燕华, 林荣华, 等, 2022. 我国生物农药登记品种清单式管理初探[J]. 中国生物防治学报, 38（4）: 812-820.

杨丽, 2018a. 微喷灌技术在设施农业中的应用分析[J]. 农村经济与科技, 29（6）: 192, 213.

杨丽, 2018b. 农业发展中滴灌技术的应用研究[J]. 农业开发与装备（11）: 80, 147.

杨曙辉, 宋天庆, 陈怀军, 2016. 中国农业生物多样性: 危机与诱因[J]. 农业科技管理, 35（4）: 5-8, 28.

姚姗姗, 谢华东, 王溶, 2015. 不同土壤改良方法对黔江植烟土壤养分和 pH 的影响[J]. 安徽农业科学, 43（34）: 196-198.

姚晓东, 王娓, 曾辉, 2016. 磷脂脂肪酸法在土壤微生物群落分析中的应用[J]. 微生物学通报, 43（9）: 2086-2095.

冶晓云, 2012. 论土壤保墒技术的要点分析[J]. 北京农业（21）: 86.

叶全宝, 李华, 霍中洋, 等, 2004. 我国设施农业的发展战略[J]. 农机化研究, 5（5）: 36-38.

叶云峰, 付岗, 缪剑华, 等, 2009. 植物病害生态防治技术应用研究进展[J]. 广西农业科学, 40（7）: 850-853.

易晓华, 冯俊涛, 王永宏, 等, 2007. 除虫菊内生真菌 Y2 菌株的分离鉴定及其发酵产物抑菌活性初步研究[J]. 农药学学报, 9（2）: 193-196.

尹飞, 毛任钊, 傅伯杰, 等, 2006. 农田生态系统服务功能及其形成机制[J]. 应用生态学报, 17（5）: 929-934.

尹姣, 薛银根, 乔红波, 等, 2007. 粘虫（*Mythimna separata* Walker）选择产卵场所的意义及颜色在定位中的作用[J]. 生态学报, 27（6）: 2483-2489.

游红涛, 2009. 农药污染对土壤微生物多样性影响研究综述[J]. 安徽农学通报, 15（9）: 81-82.

俞丹宏, 柴伟国, 2003. SC27 微生物土壤增肥剂在温室瓠瓜、丝瓜上的应用效果[J]. 浙江农业学报, 15（4）: 260-262.

俞丹宏, 黄锦法, 黄昌勇, 2003. SC27 微生物土壤增肥剂在巨峰葡萄上的应用效果[J]. 浙江大学学报（农业与生命科学版）, 29（4）: 27-29.

喻健, 2010. 安徽地区玉米地老虎发生特点及综合防治技术[J]. 现代农业科技（20）: 185-186.

袁新民, 同延安, 杨学云, 等, 2000. 施用磷肥对土壤 NO_3^--N 累积的影响[J]. 植物营养与肥料学报, 6（4）: 397-403.

袁正, 闵庆文, 成升魁, 等, 2014. 哈尼梯田农田生物多样性及其在农户生计支持中的作用[C]. 第十六届中国科协年会: 分 4 民族文化保护与生态文明建设学术研讨会论文集, 昆明.

曾祥伟, 王霞, 郭立月, 等, 2012. 发酵牛粪对黄粉虫幼虫生长发育的影响[J]. 应用生态学报, 23（7）: 1945-1951.

张昌爱, 王艳芹, 袁长波, 等, 2009. 不同原料沼气池沼渣沼液中养分含量的差异分析[J]. 现代农业科学, 16（1）: 44-46.

张传玖, 2007. 不“干净”的耕地: 中科院植物所首席研究员蒋高明谈耕地污染[J]. 中国土地（5）: 18-23.

张凤珍, 张沛明, 公晓霞, 2012. 水分对农作物生长的影响[J]. 吉林农业: 学术版（12）: 205.

张福锁, 巨晓棠, 2002. 对我国持续农业发展中氮肥管理与环境问题的几点认识[J]. 土壤学报, 39（增刊）: 41-55.

张福锁, 王激清, 张卫峰, 等, 2008. 中国主要粮食作物肥料利用率现状与提高途径[J]. 土壤学报, 45（5）: 915-924.

张光辉, 赵光耀, 赵有恩, 1997. 论雨水资源化开发利用的可持续发展[J]. 水土保持通报, 17（7）: 103-105.

张洪芳, 2016. 立体种植技术的现状和原则[J]. 乡村科技（29）: 5-6.

张洪勋, 王联谊, 齐鸿雁, 2003. 微生物生态学研究方法进展[J]. 生态学报, 23（5）: 988-995.

张静辉, 2011. 如何区分真菌、细菌和病毒性病害[J]. 河北农业（3）: 32.

张倩, 2017. 长期施肥下稻麦轮作体系土壤团聚体碳氮转化特征[D]. 北京: 中国农业科学院.

张瑞娟, 李华, 林勤保, 等, 2011. 土壤微生物群落表征中磷脂脂肪酸（PLFA）方法研究进展[J]. 山西农业科学, 39（9）: 1020-1024.

张书函, 许翠平, 丁跃元, 等, 2002. 渗管深埋条件下日光温室渗灌技术初步研究[J]. 中国农村水利水电, 1（1）: 30-33, 34.

张细桃, 罗洪兵, 李俊生, 等, 2014. 农业活动及转基因作物对农田生物多样性的影响[J]. 应用生态学报, 25（9）: 2745-2755.

张翔, 皇甫湘荣, 范艺宽, 等, 2004. 河南烟区土壤有机质和氮的含量及施肥技术[J]. 土壤肥料（2）: 44-45.

张翔鹤, 满芮, 王晓丽, 等, 2021. 2013～2018 年中国主要作物田杂草发生危害数据集[J/OL]. 中国科学数据, 6（4）: 196-205.

张妤, 郭爱玲, 崔烨, 等, 2015. 培养条件下二氯喹啉酸对土壤微生物群落结构的影响[J]. 生态学报, 35（3）: 849-857.

张玉山, 梁伟杰, 杨森, 等, 2018. 绿化废弃物资源化利用促进绿色农业循环发展[J]. 广西植物, 38（8）: 1070-1080.

章立建, 朱立志, 2005. 中国农业立体污染防治对策研究[J]. 农业经济问题, 2: 4-7.

赵东彬, 仵峰, 宰松梅, 等, 2011. 不同灌水方式下灌水均匀度评价[J]. 人民黄河, 33（3）: 76-78.

赵玲, 滕应, 骆永明, 2018. 我国有机氯农药场地污染现状与修复技术研究进展[J]. 土壤, 50（3）: 435-445.

赵鹏, 陈埠, 马新明, 等, 2010. 麦玉两熟秸秆还田对作物产量和农田氮素平衡的影响[J]. 干旱地区农业研究, 28(2): 162-166.

赵胜利, 杨国义, 张天彬, 等, 2009. 珠三角城市群典型城市土壤邻苯二甲酸酯污染特征[J]. 生态环境学报, 18（1）: 128-133.

赵伟, 陈雅君, 王宏燕, 等, 2012. 不同秸秆还田方式对黑土土壤氮素和物理性状的影响[J]. 玉米科学, 20（6）: 98-102.

赵玉信, 杨惠敏, 2015. 作物格局、土壤耕作和水肥管理对农田杂草发生的影响及其调控机制[J]. 草业学报, 24（8）: 199-210.

甄珍, 2014. 堆肥处理对农田土壤微生物特性、土壤肥力和作物产量的影响[D]. 北京: 中国科学院植物研究所.

甄珍, 博文静, 吴光磊, 等, 2012. 有机肥对土壤地力和作物产量的影响及应用示例[J]. 工程研究: 跨学科视野中的工程, 4（1）: 19-26.

郑聚锋, 程琨, 潘根兴, 等, 2011. 关于中国土壤碳库及固碳潜力研究的若干问题[J]. 科学通报, 56（26）: 2162-2173.

郑顺安, 2010. 我国典型农田土壤中重金属的转化与迁移特征研究[D]. 杭州: 浙江大学.

中国灌溉排水发展中心, 2015. 节水灌溉篇[J]. 中国农村水利水电（12）: 46-49.

中国气象局, 2013. 降雪为农业带来三个有利于[Z].（2013-11-7）[2021-1-11]. http://www.cma.gov.cn/2011xzt/2013zhuant/20131105/2013110506/201311/t20131107_230907.html.

仲崇信, 1983. 大米草的引种和利用[J]. 资源科学（1）: 43-50.

周德庆, 郭杰炎, 1999. 我国微生态制剂的现状和发展设想[J]. 工业微生物（1）: 34-43.

周健民, 沈仁芳, 2013. 土壤学大辞典[M]. 北京: 科学出版社.

周彦, 2007. 弱毒株交叉保护防治柑橘衰退病毒研究[D]. 重庆: 西南大学.

朱廷恒, 邢小平, 孙顺娣, 2004. 木霉 T97 菌株对几种植物病原真菌的拮抗作用机制和温室防治试验[J]. 植物保护学报, 31（2）: 139-144.

ADAIR C, KEPFER-ROJAS S, SCHMIDTB I K, et al., 2018. Early stage litter decomposition across biomes[J]. Science of the Total Environment (628-629): 1369-1394.

ARAHAD M A, FRANZLUEBBERS A J, AZOOZ R H, 1999. Components of surface soil structure under conventional and no-tillage in northwestern Canada[J]. Soil and Tillage Research (53): 41-47.

BADGLEY C, MOGHTADE J, QUINTERO E, et al., 2007. Organic agriculture and the global food supply[J]. Renewable Agriculture and Food Systems, 22(2): 86-108.

BETARBET R, SHERER T B, MACKENZIE G, et al., 2000. Chronic systemic pesticide exposure reproduces features of Parkinson's disease[J]. Nature Neuroscience, 3(12): 1301-1306.

BISHOP B, 1988. Organic food in cancer therapy[J]. Nutrition and Health, 6(2): 105-109.

BONNICI J, FENECH A, MUSCAT C, et al., 2017. The role of seminal fluid in infertility[J]. Minerva Ginecol, 69(4): 390-401.

BOSSIO D A, SCOW K M, GUNAPALA N, et al., 1998. Determinants of soil microbial communities: Effect s of agricultural management, season, and soil type on phospholipid fatty acid profiles[J]. Microbial Ecology, 36(1): 1-12.

BOUCHARD M F, CHEVRIER J, HARLEY K G, et al., 2011. Prenatal exposure to organophosphate pesticides and IQ in 7-year-old children[J]. Environmental Health Perspectives, 119(8): 1189-1195.

BOURN D, PRESCOTT J, 2002. A comparison of the nutritional value, sensory qualities, and food safety of organically and conventionally produced foods[J]. Critical Reviews in Food Technology, 42(1):1-34.

BUCK K W, 1986. Fungal virology: An overview[M]. Boca Raton Florida: CRC Press.

BURCHI F, FANZO J, FRISON E, 2011. The role of food and nutrition system approaches in tackling hidden hunger[J]. International Journal of Environmental Research and Public Health, 8(2): 358-373.

BUTLER S J, VICKERY J A, NORRIS K, 2007. Farmland biodiversity and the footprint of agriculture[J]. Science, 315(5810): 381-384.

CALATAYUD-VERNICH P, CALATAYUD F, SIMÓ ENRIQUE, et al., 2018. Pesticide residues in honey bees, pollen and beeswax: Assessing beehive exposure[J]. Environmental Pollution (241): 106-114.

CHANDRA R, TAKEUCHI H, HASEGAWA T, 2012. Methane production from lignocellulosic agricultural crop wastes: A review in context to second generation of biofuel production[J]. Renewable and Sustainable Energy Reviews, 16(3): 1462-1476.

CHAPIN III F S, ZAVALETA E S, EVINER V T, et al., 2000. Consequences of changing biodiversity[J]. Nature, 405(6783): 234-242.

CLAUSEN R, 2007. Healing the rift: Metabolic restoration in Cuban agriculture[J]. Monthly Review, 59(1): 40-52.

CLEMENTS D R, WEISE S F, SWANTON C J, 1994. Integrated weed management and weed species diversity[J]. Phytoprotection, 75(1): 1-18.

CUI X H, GUO L Y, LI C H, et al., 2021. The total biomass nitrogen reservoir and its potential of replacing chemical fertilizers in China[J]. Renewable and Sustainable Energy Reviews (135): 110215.

DAVIS D R, EPP M D, RIORDAN H D, 2004. Changes in USDA food composition data for 43 garden crops, 1950 to 1999[J]. Journal of The American College of Nutrition, 23(6): 669-682.

DIAZ J R, DE LAS CAGIGAS A, RODRIGUEZ R, 2003. Micronutrient deficiencies in developing and affluent countries[J]. European Journal of Clinical Nutrition (57): S70-S72.

DRENOVSKY R E, STEENWERTH K L, JACKSON L E, et al., 2010. Land use and climatic factors structure regional patterns in soil microbial communities[J]. Global Ecology and Biogeography, 19(1): 27-39.

DURU M, THEAU J P, MARTIN G T, 2015. A methodological framework to facilitate analysis of ecosystem services provided by grassland-based livestock systems[J]. International Journal of Biodiversity Science, Ecosystem Services & Management (11): 128-144.

ELSEN T V, 2000. Species diversity as a task for organic agriculture in Europe[J]. Agriculture Ecosystems & Environment, 77(1-2): 101-109.

ERDEM Y, MEHMET S, 2017. The role of organic/bio-fertilizer amendment on aggregate stability and organic carbon content in different aggregate scales[J]. Soil and Tillage Research, 168(5): 118-124.

EUREKALERT, 2015. Organic farming can reverse the agriculture ecosystem from a carbon source to a carbon sink[Z]. (2015-04-29)[2023-02-11]. https://www.eurekalert.org/news-releases/472923.

FAO, 1995. Report of the sixth session of the commission on plant genetic resources[R]. Rome.

FAO, 2011. Organic farming and climate change mitigation[R]. Rome: World Food Programme. https://www.docin.com/p-665450342.html.

FAO, 2014. Agriculture, forestry and other land use emissions by sources and removals by sinks[R]. (2014-03-02)[2022-10-09]. Rome: World Food Programme. https://catalogue.unccd.int/356_i3671e.pdf.

FAO, 2015. The state of food insecurity in the world—Meeting the 2015 international hunger targets: Taking stock of uneven progress[R]. Rome: UN Food and Agriculture Organization.

FEDOROFF N V, BATTISTI D S, BEACHY R N, et al., 2010. Radically rethinking agriculture for the 21st century[J]. Science, 327(5967): 833-834.

FERNANDES M F, SAXENA J, DICK R P, 2013. Comparison of whole-cell fatty acid (MIDI) or phospholipid fatty acid (PLFA) extractants as biomarkers to profile soil microbial communities[J]. Microbial Ecology, 66(1): 145-157.

FILLION L, ARAZI S, 2002. Does organic food taste better? A claim substantiation approach[J]. Nutrition & Food Science, 32(4): 153-157.

FONTAINEA S, HENAULT C AAMOR A, 2011. Fungi mediate long term sequestration of carbon and nitrogen in soil through their priming effect[J]. Soil Biology and Biochemistry, 43(1): 86-96.

FUNES F, GARCIA L, BOURQUE M, et al., 2002. Sustainable agriculture and resistance: Transforming food production in Cuba[J]. Appropriate Technology, 29(2): 34-46.

GEISZ H N, DICKHUT R M, COCHRAN M A, et al., 2008. Melting glaciers: A probable source of DDT to the Antarctic marine ecosystem[J]. Environmental Science & Technology, 42(11): 3958-3962.

GILL H K, GARG H, 2014. Pesticide: Environmental impacts and management strategies[J]. Pesticides Toxic Aspects, 8: 187-230.

GODFRAY J, BEDDINGTON J R, CRUTE I R, et al., 2010. Food security: The challenge of feeding 9 billion people[J]. Science, 327(5967): 812-818.

GRUBER K, 2016. Re-igniting the green revolution with wild crops[J]. Nature Plants, 2(4): 16048.

GRUBER S, CLAUPEIN W, 2009. Effect of tillage intensity on weed infestation in organic farming[J]. Soil and Tillage Research, 105: 104-111.

GU X J, TIAN S F, 2005. Pesticides and cancer[J]. World Sci-tech R & D, 27(2): 47-52.

GUO J H, LIU X J, ZHANG Y, et al., 2010. Significant acidification in major Chinese croplands[J]. Science (327): 1008-1010.

GUO L Y, MUMINOV M A, WU G L, et al., 2018. Large reductions in pesticides made possible by use of an insect-trapping lamp: A case study in a winter wheat-summer maize rotation system[J]. Pest Management Science, 74(7): 1728-1735.

GUO L Y, WU G L, LI C H, et al., 2015. Vermicomposting with maize increases agricultural benefits by 304%[J]. Agronomy for Sustainable Development, 35(3): 1149-1155.

GUO L Y, WU G L, LI Y, et al., 2016. Effects of cattle manure compost combined with chemical fertilizer on topsoil organic matter, bulk density and earthworm activity in a wheat-maize rotation system in Eastern China[J]. Soil and Tillage Research, 156(3):140-147.

GUYTON K Z, LOOMIS D, GROSSE Y, et al., 2015. Carcinogenicity of tetrachlorvinphos, parathion, malathion, diazinon, and glyphosate[J]. The Lancet Oncology, 16(5): 490-491.

HAUSER S, NOLTE C, CARSKY R J, 2006. What role can planted fallows play in the humid and sub-humid zone of West and Central Africa? [J]. Nutrient Cycling in Agroecosystems, 76(2-3): 297-318.

HENRY M, BÉGUIN M, REQUIER F, et al., 2012. A common pesticide decreases foraging success and survival in honey bees[J]. Science, 336(6079): 348-350.

HUNGRIA M, FRANCHINI J C, BRANDÃO-JUNIOR O, et al., 2009. Soil microbial activity and crop sustainability in a long-term experiment with three soil-tillage and two crop-rotation systems[J]. Applied Soil Ecology, 42(3): 288-296.

IPCC, 2007. Climate change 2007: The physical science basis[Z]. Working Group I Contribution to the Fourth Report of the Intergovernmental Panel on Climate Change. Geneva.

JU X T, XING G X, CHEN X P, et al., 2009. Reducing environmental risk by improving N management in intensive Chinese agricultural systems[J]. Proceedings of the National Academy of Sciences of the United States of America, 106(9): 3041-3046.

KIERS E T, LEAKEY R R B, IZAC A M, et al., 2008. Agriculture at a crossroads[J]. Science, 320(5874): 320-323.

KIM W K, LEE H, SUMNER D A, 1998. Assessing the food situation in North Korea[J]. Economic Development and Cultural Change, 46(3): 519-535.

KRUIDHOF H M, BASTIAANS L, KROPFF M J, 2010. Ecological weed management by cover cropping: Effects on weed growth in autumn and weed establishment in spring[J]. Weed Research, 48(6): 492-502.

LAIRON D, 2010. Nutritional quality and safety of organic food: A review[J]. Agronomy for Sustainable Development, 30(1): 33-41.

LAVEE H, POCSEN J, YAIR A, 1997. Evidence of high efficiency water-harvesting by ancient farmers in the Negev Desert, Israel[J]. Journal of Arid Environments, 35: (2) 341-348.

LI F R, COOK S, GEBALLE G T, et al., 2000. Rain water harvesting agriculture: An integrated system for water management on rainfed land in China's semiarid areas[J]. AMBIO: A Journal of the Human Environment, 29(8): 477-483.

LIN X G, YIN R, ZHANG H Y, et al., 2004. Changes of soil microbiological properties caused by land use changing from rice-wheat rotation to vegetable cultivation[J]. Environmental Geochemistry and Health (26): 119-128.

LIU E K, HE W Q, YAN C R, 2014. "White revolution" to "white pollution" - agricultural plastic film mulch in China[J]. Environmental Research Letters, 9(9): 091001.

LIU H, JIANG G M, ZHUANG H Y, et al., 2008. Distribution, utilization structure and potential of biomass resources in rural China: With special references of crop residues[J]. Renewable and Sustainable Energy Reviews, 12(5): 1402-1408.

LIU H T, LI J, LI X, et al., 2015. Mitigating greenhouse gases emissions through replacement of chemical fertilizer with organic manure in a temperate farmland[J]. Science Bulletin, 60(6): 598-606.

LIU H T, MENG J, BO W J, et al., 2016. Biodiversity management of organic farming enhances agricultural sustainability[J]. Scientific Report (6): 23816.

LOTTER D W, 2003. Organic agriculture[J]. Journal of Sustainable Agriculture, 21(4): 59-128.

MENG F, QIAO Y, WU W, et al., 2017. Environmental impacts and production performances of organic agriculture in China: A monetary valuation[J]. Journal of Environmental Management (188): 49-57.

MESNAGE R, RENNEY G, SÉRALINI G E, et al., 2017. Multiomics reveal non-alcoholic fatty liver disease in rats following chronic exposure to an ultra-low dose of roundup herbicide[J]. Scientific Reports (7): 39328.

MULLER A, SCHADER C, EL-HAGE S N, et al., 2017. Strategies for feeding the world more sustainably with organic agriculture[J]. Nature Communications, 8(1): 1290.

OLAWOYIN R, OYEWOLE S A, GRAYSON R L, 2012. Potential risk effect from elevated levels of soil heavy metals on human health in the Niger delta[J]. Ecotoxicology & Environmental Safety, 85(8): 120-130.

PARRIS K, 2011. Impact of agriculture on water pollution in OECD countries: Recent trends and future prospects[J]. International Journal of Water Resources Development, 27(1): 33-52.

PIMENTEL D, 2005. Environmental and economic costs of the application of pesticides primarily in the United States[J]. Environment, Development and Sustainability, 7(2): 229-252.

PIMENTEL D, HARVEY C, RESOSUDARMO P, et al., 1995. Environmental and economic costs of soil erosion and conservation benefits[J]. Science, 267(5201): 1117-1123.

PINGALI P L, 2012. Green revolution: Impacts, limits, and the path ahead[J]. Proceedings of the National Academy of Sciences of the United States of America, 109(31): 12302-12308.

POTTS S G, BIESMEIJER J C, KREMEN C, et al., 2010. Global pollinator declines: Trends, impacts and drivers[J]. Trends in Ecology & Evolution, 25(6): 345-353.

PRUSINER S B, 1997. Prion diseases and the BSE crisis[J]. Science, 278(5336): 245-251.

REGANOLD J P, WACHTER J M, 2016. Organic agriculture in the twenty-first century[J]. Nature Plants (2): 15221.

REHAN A, FREED S, 2014. Resistance selection, mechanism and stability of *Spodoptera litura* (Lepidoptera: Noctuidae) to methoxyfenozide[J]. Pesticide Biochemistry and Physiology (110): 7-12.

RICE D, 2018. Earth's carbon dioxide levels continue to soar, at highest point in 800 000 years[EB/OL]. USA Today, May 5.

RICHTER E D, 2002. Acute human poisonings//Encyclopedia of Pest Management[M]. New York: Marcel Dekker.

RYNK, 2000. Contained composting system review[J]. Biocycle, 41(3): 30-36.

SANTOS V B, ARAÚJO A S F, LEITE L F C, et al., 2012. Soil microbial biomass and organic matter fractions during transition from conventional to organic farming systems[J]. Geoderma (170): 227-231.

SCOTT W M, BRINTON C M, CHRIS R H S, 2016. Weed suppression and soybean yield in a no-till cover-crop mulched system as influenced by six rye cultivars[J]. Renewable Agriculture & Food Systems, 31(5): 429-440.

SHAN Z J, 1997. Status of pesticide pollution and management of China[J]. Environmental Protection (7): 40-43.

SOSNOSKIE L M, CULPEPPER A S, 2014. Glyphosate-Resistant palmer amaranth (*Amaranthus palmeri*) increases herbicide use, tillage, and hand-weeding in Georgia cotton[J]. Weed Science, 62(2): 393-402.

SPONSLER D B, GROZINGER C M, HITAJ C, et al., 2019. Pesticides and pollinators: A socioecological synthesis[J]. Science of the Total Environment (662): 1012-1027.

STAMM A J, 1944. Surface properties of cellulosic meterials[M]// WISE L, Wood Chemistry. New York: Rheinhold.

STEWART P W, LONKY E, REIHMAN J, et al., 2008. The relationship between prenatal PCB exposure and intelligence (IQ) in 9-year-old children[J]. Environmental Health Perspectives, 116(10): 1416-1422.

STREICHSBIER F, 1986. Utilization of chitin as sole carbon and nitrogen source by *Chromobacterium violaceum*[J]. FEMS Microbiology Letters, 19(1): 129-132.

SU Z Z, MAO L J, LI N, et al., 2013. Evidence for biotrophic lifestyle and biocontrol potential of dark septate endophyte *Harpophora oryzae* to rice blast disease[J]. PLoS ONE, 8(4): e61332.

TANG W, SHAN B, ZHANG H, et al., 2010. Heavy metal sources and associated risk in response to agricultural intensification in the estuarine sediments of Chaohu Lake Valley, East China[J]. Journal of Hazardous Materials, 176(1-3): 945-951.

THE WORLD BANK, 1993. The human development report for the period of 1985-1988[M]. Oxford: Oxford University Press.

THONGPRAKAISANG S, THIANTANAWAT A, RANGKADILOK N, et al., 2013. Glyphosate induces human breast cancer cells growth via estrogen receptors[J]. Food and Chemical Toxicology (56): 129-136.

TILMAN D, FARGIONE J, WOLFF B, et al., 2001. Forecasting agriculturally driven global environmental change[J]. Science, 292(5515): 281-284.

TOYOTA K, KUNINAGA S, 2006. Comparison of soil microbial community between soils amended with or without farmyard manure[J]. Applied Soil Ecology, 33(1): 39-48.

UNEP, 2014. Assessing global land use: Balancing consumption with sustainable supply[R]. Nairobi: United Nations Environment Programme.

VAN DER MARK M, BROUWER M, KROMHOUT H, et al., 2012. Is pesticide use related to Parkinson disease? Some clues to heterogeneity in study results[J]. Environmental Health Perspectives, 120(3): 340-347.

VANDERMEER J, 1995. The ecological basis of alternative agriculture[J]. Annual Review of Ecology & Systematics (26): 201-224.

VANENGELSDORP D, HAYES J JR, UNDERWOOD R M, 2008. A survey of honey bee colony losses in the US, fall 2007 to spring 2008[J]. PLoS ONE, 3(12): e4071.

VIRCHOW D, 1998. Conservation of genetic resources[M]. Berlin: Springer-Verlag.

VRIES F T, HOFFLAND E, EEKEREN N V, et al., 2006. Fungal/bacterial ratios in grasslands with contrasting nitrogen management[J]. Soil Biology and Biochemistry, 38(8): 2092-2103.

WEICHENTHAL S, MOASE C, CHAN P, 2010. A review of pesticide exposure and cancer incidence in the agricultural health study cohort[J]. Environmental Health Perspectives, 118(8): 1117-1125.

WELCH R M, GRAHAM R D, 2004. Breeding for micronutrients in staple food crops from a human nutrition perspective[J]. Journal of Experimental Botany, 55(396): 353-364.

WHITE D C, DAVIS W M, NICKELS J S, et al., 1979. Determination of the sedimentary microbial biomass by extractible lipid phosphate[J]. Oecologia (40): 51-62.

WILKINSON S C, ANDERSON J M, 2001. Spatial patterns of soil microbial communities in a norway spruce (Picea abies) plantation[J]. Microbial Ecology, 42(3): 248-255.

WILLER H, TRÁVNÍČEK J, MEIER C, et al., 2022. The world of organic agriculture statistics and emerging trends 2022[M]. Berlin: Druckerei Hachenburg.

XIAO Q, ZONG Y T, LU S G, 2015. Assessment of heavy metal pollution and human health risk in urban soils of steel industrial city (Anshan), Liaoning, Northeast China[J]. Ecotoxicology & Environmental Safety, 120(6): 377-385.

XIE J, HU L, TANG J, et al., 2011. Ecological mechanisms underlying the sustainability of the agricultural heritage rice-fish coculture system[J]. Proceedings of the National Academy of Sciences of the United States of America, 108(50): E1381-E1387.

YU B H, SONG W, LANG Y Q, 2017. Spatial patterns and driving forces of greenhouse land change in Shouguang city, China[J]. Sustainability, 9(3): 359.

YU X F, GUO L Y, JIANG G M, et al., 2018. Advances of organic products over conventional productions with respect to nutritional quality and food security[J]. Acta Ecologica Sinica, 38(1): 53-60.

YU X, LI B, FU Y P, et al., 2010. A geminivirus-related DNA mycovirus that confers hypovirulence to a plant pathogenic fungus[J]. Proceedings of the National Academy of Sciences of the United States of America, 107(18): 8387-8392.

YU X, LI B, FU Y P, et al., 2013. Extracellular transmission of a DNA mycovirus and its use as a natural fungicide[J]. Proceedings of the National Academy of Sciences of the United States of America, 110(4): 1452-1457.

ZHANG W, JIANG F, OU J, 2011. Global pesticide consumption and pollution: With China as a focus[J]. Proceedings of the International Academy of Ecology and Environmental Sciences, 1(2): 125.

ZHENG Y H, LI Z F, FENG S F, et al., 2010. Biomass energy utilization in rural areas may contribute to alleviating energy crisis and global warming: A case study in a typical agro-village of Shandong, China[J]. Renewable and Sustainable Energy Reviews, 14(9): 3132-3139.

ZHENG Y H, WEI JG, LI J, et al., 2012. Anaerobic fermentation technology increases biomass energy use efficiency in crop residue utilization and biogas production[J]. Renewable and Sustainable Energy Reviews, 16(7): 4588-4596.

索　引